第十四届全国运动会和全国
第十一届残运会暨第八届特奥会
气象保障服务感言集

十四运会和残特奥会组委会气象保障部

陕西省气象局

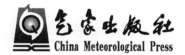

China Meteorological Press

内 容 简 介

十四运会和残特奥会气象保障服务范围广、时间长，精准高效的气象保障服务难度极大。本书在此次盛会的气象保障服务工作的基础上，收集、整理了十四运会和残特奥会气象台专家成员、组委会气象保障部工作人员以及各赛区气象保障组一线工作人员的感言。书中既有亲历者参与赛事气象保障的成功经验，又有结合多年气象领域工作的感悟；既有激情澎湃的情感表达，又有平实扎实的业务技术总结。本书可供气象人员业务学习和交流之用，也可供意欲对十四运会有更多了解的读者品鉴。

图书在版编目（CIP）数据

第十四届全国运动会和全国第十一届残运会暨第八届特奥会气象保障服务感言集 / 十四运会和残特奥会组委会气象保障部，陕西省气象局编 . --北京：气象出版社，2022.11

ISBN 978－7－5029－7861－7

Ⅰ.①第… Ⅱ.①十… ②陕… Ⅲ.①全国运动会－气象服务－研究成果－汇编－西安－2021 ②残疾人体育－全国运动会－气象服务－研究成果－汇编－西安－2021 Ⅳ.①P451

中国版本图书馆 CIP 数据核字（2022）第 221297 号

Di-shisi Jie Quanguo Yundonghui he Quanguo Di-shiyi Jie Canyunhui ji Di-ba Jie Teaohui Qixiang Baozhang Fuwu Ganyanji

第十四届全国运动会和全国第十一届残运会暨第八届特奥会气象保障服务感言集

出版发行：气象出版社

地　　址：北京市海淀区中关村南大街 46 号　　　　**邮政编码**：100081

电　　话：010－68407112（总编室）　　010－68408042（发行部）

网　　址：http://www.qxcbs.com　　　　E-mail：qxcbs@cma.gov.cn

责任编辑：蔺学东　张盼娟　　　　　　　　　**终　审**：张　斌

责任校对：张硕杰　　　　　　　　　　　　　**责任技编**：赵相宁

封面设计：楠竹文化

印　　刷：三河市君旺印务有限公司

开　　本：710 mm×1000 mm　1/16　　　　**印　张**：22

字　　数：296 千字

版　　次：2022 年 11 月第 1 版　　　　　　**印　次**：2022 年 11 月第 1 次印刷

定　　价：88.00 元

本书编委会

本书编写组

统稿人：张树誉　郑小华

撰稿人：

郭学良	马学款	师春香	焦荣华	任素玲	郭建侠
苏德斌	丁传群	薛春芳	杜毓龙	罗　慧	李社宏
熊　毅	胡文超	赵光明	杨文峰	张树誉	王　毅
王　川	段昌辉	贺文彬	赵艳丽	杨凯华	吴宁强
杨　新	赵奎锋	李　明	张雅斌	邓凤东	高武虎
王　楠	王景红	刘映宁	罗俊颉	刘跃峰	胡　皓
白光弼	白光明	王维刚	牛桂萍	郭清厉	周　林
白作金	袁再勤	张向荣	李建科	苏俊辉	石明生
王建鹏	戚玉梅	董长宝	胡春娟	潘留杰	王　垒
屈振江	郭　新	卓　静	吴　刚	呼新民	徐军昶
马远飞	张小峰	陈雷华	牛乐田	预警中心宣传团队	
陈小婷	马　楠	卢　珊	曹　波	杨家锋	龙亚星
徐颂捷	王　玮	宋嘉尧	范　承	吴　剑	马　艳
方永侠	闫　婷	苗　爽	许　娜	韩娇娇	赵　荣
毕　旭	白水成	贾毅萍	白慧玲	廖小玲	刘瑞芳
王红军	杨晓春	王　登	杜萌萌	李　萌	王　琳
董立凡	贺　瑶	李玉婷	金丽娜	高雪娇	曹雪梅
汪媛媛	刘　峰	张颖梅	贺晨昕	郭庆元	刘丽娟
高宇星	陈欣昊	杭崇星	薛　荣	翟　园	杨　睿
杨亦典	王　珊	曹　梅	王雯燕	杨　瑾	钟　鸣
张晓梅	李朋举	史　钰	张　楠		

序 言

2021 年 9 月，在陕西举行的第十四届全国运动会和全国第十一届残运会暨第八届特奥会（简称"十四运会"或"第十四届全运会"）已经闭幕，但人们对本届运动会的好评还在继续。疫情防控常态下的陕西为全国奉献的一场"精彩圆满的体育盛会"成为热词，让人们津津乐道。而赢得"精彩圆满"赞誉的背后正是那些默默奉献者付出的结果。

本届全运会是全国首次全运会与残特奥会同年同地举办。陕西气象部门坚持以习近平总书记关于十四运会筹办工作和气象工作重要指示精神为指引，聚焦"精彩圆满"办会目标和"简约、安全、精彩"办赛要求，提高政治站位，构建"四级联动"工作机制，推进气象保障"五个融入"，汇全国气象部门之智、举全省气象部门之力圆满完成十四运会气象保障服务，得到了组委会、陕西省委省政府和中国气象局领导的高度肯定。

为顺利完成此次任务，中国气象局局长庄国泰专程来陕检查部署，并在开幕式当天全程坐镇指挥；副局长余勇出任组委会副主任并先后召开 3 次专题协调会议；中国气象局正式印发《十四运会气象保障服务总体工作方案》，成立中国气象局十四运会工作协调指导小组；相关职能司和直属单位结合陕西实际需求，在加密观测、卫星探测、天气会商、智慧服务、信息网络、人影保障、新闻宣传等方面先后派出 43 名国内顶尖专家赴陕提供全方位的技术指导和支持；陕西省气象局抽调全省专家骨干 83 人组建十四运气象台；各项目竞委会设立气象服务

1

主管，6名气象专家入驻十四运会赛事指挥中心，全面融入组委会整体工作布局。气象保障部和陕西省气象局各部门各司其职、分工协作，共同完成了这一光荣使命。

本书收集了100多名专家、领导和一线人员参与十四运会气象保障服务的心路历程。他们从各自的工作岗位出发，积极创新、甘于奉献、履职尽责，高水平保障、专业化服务，充分发扬了顽强拼搏的精神、求真务实的作风和精益求精的态度，彰显了气象人有担当、能吃苦的"拧劲"。回顾一起走过的日子，有回望的眼泪，有最深体会的感慨，但更多的是收获的喜悦和完成光荣使命后的舒畅。气象人苦干实干、倾情奉献，必将在全运会筹办史上留下浓墨重彩的一笔。

十四运会和残特奥会的圣火已经熄灭，但留给与会者和参与者的美好记忆永存。为"办一届精彩圆满的体育盛会"，系统谋划、精细管理、倒排工期、挂图作战的那些火热场面至今一遍又一遍地浮现在眼前。

前　言

　　十四运会和残特奥会是中国共产党建党百年之际、"十四五"开局之年，在我国西部地区举办的一次大型体育盛会。在疫情防控常态化条件下，在2022年北京冬奥会即将举办之际，十四运会和残特奥会精彩圆满落幕，意义非凡。

　　十四运会的举办，对气象部门来说，既是非凡的机遇，更是巨大的考验和挑战。各级气象部门凝聚在一起，以时不我待、只争朝夕的劲头，把做好十四运会气象保障服务作为党和国家交给陕西的一项重大政治任务。十四运会，气象部门跑出加速度。

　　盛会"精彩圆满"的背后，凝结着组委会、中国气象局和陕西省委省政府的殷切关怀，浓缩着全国气象部门开拓创新的智慧结晶，汇聚着各省份、各部门、各单位的通力协作，更浸透着全省气象部门广大干部职工的辛勤汗水。

　　本书收录了各级气象人在十四运会的奋斗足迹和心得感悟，有的以个人感受和体验为出发点，有的从理论上进行思考、总结和提炼，形成了一些富有成就的经验做法和很有价值的理论成果。文章感情热烈真挚，有着强烈的时代画面感，充满对工作细节的观察和体悟，达到了相互学习、相互启迪、相互借鉴、相互促进的目的。既突出了陕西特色，也为其他地区提供了有益的参考和借鉴。

陕西省气象局党组书记、局长

2022 年 9 月 15 日

目　录

第三部分　一线感言

第一部分

专家感言

人影助力十四运精彩圆满

郭学良

作为人工影响天气保障专家组组长，我认为陕西十四运会人工消减雨保障活动，堪称人工影响天气历史上最具挑战，也是最完美的重大活动人工影响天气保障实践，充分展现了我国气象事业和人工影响天气现代化建设及其发展的伟大成就。在保障期间，我也充分感受到中国气象局、陕西省委省政府的高度重视和支持，也深刻感受到陕西省气象局领导、各职能和业务部门的专业、高效协调和支撑保障能力，同时也因陕西人影同行爱岗敬业精神深受感动。在保障期间，我也充分感受到气象一家人、人影大家庭的温暖，在遇到困难时，得到陕西周边省市和在陕相关企事业单位、同行的鼎力和热情支持。可以说，陕西十四运会真正实现了气象和人工影响天气保障的"精彩圆满"，必将在人工影响天气历史上写下浓墨重彩、辉煌的一页。

（作者单位：中国科学院大气物理研究所）

智慧气象护航全运

马学款

　　作为国家气象中心十四运会气象保障专家组组长，我有幸参加了赛会的保障任务，并在开幕式期间赴西安十四运气象台一线进行现场服务。面对全国综合性重大体育赛事，在中国气象局的精心指导和兄弟省份单位的大力支持下，陕西省气象局举全省之力，陕西气象人以精益求精的工匠精神完美奉献了一次圆满的赛事保障。无论是集成化智能化的预报信息平台、多方位立体观测和数据处理系统、响应迅速声势浩大的人影作业，还是各岗位预报人员的兢兢业业，都给我留下深刻印象。特别是开幕式的气象保障中，天气形势复杂多变，西有大尺度锋面雨带，东有副热带高压，远方洋面还有台风遥相呼应，多个天气系统相互作用下的不确定性使得天气敏感而多变，天气保障可谓惊心动魄。但正是这种复杂而重大的保障任务，充分展现了陕西气象的现代化建设成果，陕西气象人精益求精、精准服务的气象精神，也使智慧气象在十四运会的赛事保障中得到充分体现。

（作者单位：国家气象中心）

精密监测　精细服务

师春香

　　我非常荣幸作为第十四届全国运动会和残特奥会（以下简称"十四运会"）气象保障团队驰援专家成员参加了为期一周的十四运会气象保障工作，也深刻体会到天气的风云变幻与高精尖核心技术的威力。作为中国气象局实况业务团队首席，我很高兴看到我们研制的高分辨率多源融合实况产品与十四运会的渊源已久。早在 2019 年，根据十四运会气象保障需求，国家气象信息中心研制的 1 公里/1 小时分辨率的实况分析产品率先实时传送到西安市气象局开展应用。2021 年，"冬奥同款"的 100 米/10 分钟分辨率的实况分析产品再次率先提供给十四运会气象保障应用，为精密监测提供高质量网格数据产品，为精准预报提供智能网格预报所需要的"零时刻"实况，为精细服务提供高时空分辨率数据支撑。

（作者单位：国家气象信息中心）

守初心　担使命

焦荣华

2021 年 9—10 月，我受西北民航空管局委托，进驻第十四届全国运动会开幕式人工消减雨工作专班联合指挥中心，担任指挥中心副指挥长。作为一名空中交通管制专业的高级工程师，能够与各行业专家学者一起共商开幕式保障，参与陕西省举办的全国性盛会，我深感责任重大、使命光荣。岂曰无衣，与子同袍。

面对人工消减雨保障的艰巨情势，专班各成员同并肩、共奋斗，以高度的政治责任感和使命感，以勇挑重担的勇气，以集智决策的工作模式，让盛会在三秦大地顺利开幕，彰显的是"老秦人"团结拼搏的精神延续，也让我体会到了这个团队专业、细致、高效、担当的工作精神，感慨良多，也收获颇多。

同时，我特别感谢西北民航空管局的专班工作团队，在开幕式当天创造单日 13 架次、空中作业 50 小时飞机人影作业纪录，是西北民航空管人"守初心 担使命"，展现行业特色，发扬民航精神，彰显陕西力量的又一贡献。

全运会圣火已熄，但拼搏精神永存；专班工作已结，但局地合作成果斐然。希望未来能有更多机会再次与各领域的专家合作，一起为陕西省气象高质量发展并肩战斗，一起向未来。

（作者单位：西北民航空管局运管中心）

卫星气象　全力保障

任素玲

　　2021年9月初，十四运会开幕式在即。根据国家卫星气象中心针对此次重大活动气象保障服务整体安排，我和单天婵非常荣幸地被选派为现场卫星应用保障人员，分别负责卫星天气应用服务和卫星地表生态遥感服务，于9月12日奔赴陕西西安。2021年，风云四号B星（FY-4B）和风云三号E星"黎明星"（FY-3E）相继成功发射。此时，两颗卫星正值在轨测试期间，为了更好地发挥卫星的服务效益，国家卫星气象中心集全中心力量"边测试、边应用、边服务"。根据十四运会重大活动气象保障需求，FY-4B对陕西省及周边地区启动快速扫描观测。临行前，我们深刻感受到此次气象保障服务的责任重大和任务艰巨。

　　9月中旬，西安正处于华西秋雨影响之下，在气象保障服务的关键时间段内，副热带高压系统势力强大，我国近海海域有台风"灿都"在活动，中纬度冷空气活动和副热带高压系统的进退给气象保障带来巨大挑战。9月12日晚上到达西安后，在陕西省遥感中心王钊副主任的精心安排下，我们立刻开始进行卫星遥感天气分析，为第二天早上的专题服务会商做准备。在此后的三天时间内，团队克服卫星产品大数据网络传输困难，和在北京的国家卫星气象中心十四运会气象服务团队密切沟通合作，共完成6次专题气象服务会商；利用风云四号气象卫星云图、副热带高压识别产品，以及卫星反演风场、云相态、云顶高度、对流识别产品和风云三号 E 星湿度场、温度场等产品，对可能影响西安天气的大气环境场、台风、副热带高压、西风带高空槽云系发展演变进行严密监视；利用卫星观测实况进行数值预报模式结果订正，形成会商发言材料，为天气预报和人影作业提供最新的决策参考。FY-4B 快速扫描 1 分钟 250 米高时空分辨率云图实时监视西安市及周边区域云系发展演变，FY-3E "黎明星" 微波温度和湿度产品也首次应用于业务服务。9 月 15 日，西安市南部山区不断有云系北上生消，西部的主锋面云系也在缓慢东移，天气形势异常复杂，令我第一次深刻感受到气象现场服务的紧张氛围。

现在回想起来，在陕西西安十四运会气象保障服务期间的场景还历历在目，持续三天每日不超过三小时睡眠的高强度工作经历，还有全体参与此次重大活动气象保障气象人的专业和敬业、精益求精、严谨认真、通力合作的精神，都将成为我职业生涯成长路上的宝贵财富。

（作者单位：国家卫星气象中心）

光荣的使命　难忘的经典

郭建侠

　　我对陕西省气象局有无比深厚的感情，因为我在这个具有光荣传统的先进集体中学习工作了 15 年，感恩党组织和同志们给予我的关怀、支持与帮助。2021 年 9 月，根据探测中心的安排，我带队到西安与陕西省气象局的同志们并肩参加第十四届全国运动会开幕式气象保障服务工作，我感到特别亲切，特别光荣，特别有信心。

　　中国气象局气象探测中心李良序主任对我们做好十四运会的气象保障服务工作非常重视，提出了一系列要求和具体部署。我和综合气象观测产品研发团队积极与陕西省气象局的同事进行对接，介绍我们的产品和系统，了解十四运会服务需求，共同制定产品研发与应用计划。

　　十四运会前两个月，我们圆满完成了天安门广场庆祝建党百年重大活动气象保障任务。其中的系列产品，我第一时间想到可以在十四运会服务中全面应用。为此，我们团队与陕西省气象局观测处对接垂直观测设备及数据，将北京超大城市观测试验的垂直观测产品进行推广应用。同时，专门开发了"十四运·天气雷达监测"产品系统，把最新研发的 6 分钟雷达三维拼图，以及陕西 7 部雷达反演的 6 分钟频次三维风场、强对流识别产品、水汽、垂直观测、实况融合场等新产品进行集成，形成陕西专版。紧接着，又开发了基于三维实况格点场的三维天气沙盘产品，在西安等主要比赛城市进行巡游，直观展示当地的风、云、雨等仿真天气情况。

9月12日，我带领团队赴西安开展现场保障服务。首先将有关属地化的系统、天气沙盘等先后在陕西省气象探测中心、预警中心，以及陕西省气象台、十四运气象台进行了安装和示范培训。在与一线互动中，我们了解到更多新的需求，立即组织技术人员根据这些需求进行开发优化。比如，实现场馆天气沙盘5分钟频次更新，为气象保障服务快速决策与快速部署提供了有力支持。

开幕式当天，我们团队与陕西省气象局的同志们严密监视降水天气实况变化，凌晨三点即到十四运气象台参加会商，报告实况。根据前方需求，气象探测中心北京实时业务平台与陕西省气象局联动，提供逐小时实况报告。我们在前线平台紧盯雷达回波与三维风场变化，看到雷达回波显示出的人影作业效果，周边地区的雨量剧增，三维风场低层持续东风阻挡锋面系统东移，不禁感到松了一口气，期盼东风能更加强劲并持续时间长一些。系统每一次强弱快慢的变化，都牵动着每名同志的紧张心情。尤其是开幕式临近，看到低层东风减弱，系统仍然在向体育场缓慢逼近，我们紧张万分。开幕式期间，虽然大屏直播现场演出，但是我们的目光时刻紧盯观测屏幕，测算回波的移速。回波突然加速，一下子心都快跳到嗓子眼了；速度减缓，心情又回落一下，在这种高度紧张感中度过了整个开幕式。开幕式宣布结束不久，云团到达体育场上空，倾盆大雨如期而至。虽然天气变化惊心动魄，但是我们的天气实况监测和人工影响天气效果监测非常精准，确保了开幕式不受降雨的影响。现场所有人为精彩的开幕式和气象保障欢呼鼓掌，我和大家一样非常激动。这无疑是一次成功的保障和完美的服务，体现了新时代气象事业的高质量发展和高水平科技，是陕西省气象局、西安市气象局和周边省气象局，以及中国气象局各业务单位同心合力的结果，是一代又一代中国气象人艰苦奋斗的崇高荣誉，是可以写入气象科学的经典范例。我为参与十四运会重大气象保障任务而倍感幸运、光荣与自豪。

（作者单位：中国气象局气象探测中心）

人影服务精彩圆满

苏德斌

2021 年 9—10 月，第十四届全国运动会和全国第十一届残运会暨第八届特奥会在陕西成功举办。本人有幸受邀参加十四运会人影保障服务，见证了十四运会气象保障服务，特别是开幕式人工消减雨作业服务的精彩瞬间，也领略了陕西气象人，特别是人影工作者饱满的精神风貌，对这次服务过程印象深刻。虽未见新闻报道，但现场"在有明显降雨天气条件下，奥体中心在开幕式期间未受降雨影响，人影消减雨完胜"。成功背后的人影服务可称"精彩圆满"，也让人对我国人影服务能力有了新的认识！

我国人影工作始自新中国成立初期。经历几代人不懈的努力，人影工作已经从土枪土炮走入由现代科技支撑的光辉年代。如果回到 60 多年前，我们现在能做到的服务就是一个幻想，即使回到 10 年前，我们也会心存志忐。亲历此次全运会气象保障服务，我有以下几点粗浅感受。

（1）对这次服务的总体感觉是陕西省气象局为全运会服务做了充足细心的安排，管理规范，上下一心。工作人员坚守岗位，细心执行好每项工作任务；领导亲临一线，了解工作进展，靠前指挥，现场协助解决重点、难点问题。他们务真求实的工作态度，快速、高效的工作方式对全运会开幕式及其后的赛事服务打下了坚实的基础。

（2）对开幕式人工消减雨服务成功的体会是：如果各项安排科学

得当，在"合适"的大气环境条件下（需要有强大的监测、信息技术支撑，对大气环境条件变化有足够的了解），通过人工干预的方式（需要制定科学的作业方案），合理安排人力物力（需要决策者思路清晰、指挥果断，参与者群策群力、勠力同心），完全可以施加足够的影响（技术进步具有强大的应用潜力），以至于天遂人愿，外界虽看似神奇，但内部自有成竹在胸。

（3）所谓天道酬勤，古往今来成大业者，有修为之人，都知道"勤奋"的重要性。气象人是甘愿奉献、勤不言苦、乐在其中的这样一类人群。没有艰苦的付出，就结不出甜美的果实。人影工作的辛苦无须言表，常年的野外工作，高炮、火箭、飞机作业安全保障，各项工作都要细致入微，同时还要有科学的思维、细致的分析、果断的决策，没有勇于担当的精神，没有不怕苦、不怕累，没有在困境前不妥协、不放弃的勇气是无法修成正果的。

（4）合作共赢，掌握人影核心科技。现代社会，几乎没有一件事情不需要通过合作就能完成，合作已经成为这个时代发展的最大动力。气象部门、科研院所、大专院校、企事业单位需要进一步加强合作，互相学习，创新驱动，为同一个目标持续不断地去努力。人影工作涉及先进探测技术、信息技术、作业装备、管理科学，有着巨大的发展潜力，如何趋利避害，造福人类，有着无尽的可探索空间，未来任重而道远！

（作者单位：成都信息工程大学电子工程学院）

第二部分
工作感言

难忘的一天

丁传群

2021 年 9 月 15 日是一个极平常的日子。但对于负责第十四届全国运动会开幕式气象保障工作的我们这些气象人来说却是难忘的一天。

这一天从黑暗开始。我们 3 点多起床，黑夜中从所住的陕西省气象局（简称"省局"）招待所坐车前往设在西安市气象局的十四运气象台，参加 4 点的第一次天气会商。我一进门，就看到中央气象台国家级首席预报专家马学款研究员黑着脸、一声不吭、一个人坐在椅子上，两眼死死盯着显示屏。原来他一夜没有睡好，早就来会商室分析资料、研究天气。我们立即有了不好的预感，很快在随后的会商中得到验证：从最新的资料分析发现，由于台风减弱东移影响，副热带高压系统东退较昨日预报明显加快，引导降水天气系统加速东移，预计 15 日举办十四运会开幕式的西安奥体中心降水开始时间提前至 17 时，且降水强度增大。昨天仅有的一点希望彻底破灭，我们的心掉进了黑洞。

这一天用"乌鸦嘴"叫醒大家。人们都喜欢喜鹊报春，讨厌"乌鸦嘴"报告坏消息而打碎美梦。但把天气实况和最新预报结果如实及时报告全运会组委会、执委会、各级党委政府及相关部门和单位是我们的职责，提醒各领导、部门、单位和公众发现风险，采取应急预案防范风险、防灾减灾、保护人民生命财产安全是我们的使命。6 时整，经中国气象局副局长、组委会副主任余勇同志同意，"紧急报告：9 月 15 日傍晚开始西安有明显降水，对奥体中心开幕式活动影响大，须紧

13

急启动应急预案"通过公文系统、电话、微信、传真、短信等方式第一时间传了出去。降水提前并影响开幕式的消息吵醒了大家，迅速传至每一位领导、工作人员、运动员、群众。大家和我们一样心里沉甸甸的。

这一天注定是忙碌的一天。7时35分，中国气象局局长庄国泰决定，紧急协调、就近调用山西空中国王350和四川空中国王c90飞机到咸阳机场加入作业或到指定区域作业。"中办不断来电来信组委会询问气象情况和工作情况"。陕西省委常委、开幕式活动总指挥王晓"希望用最大的气力，确保开幕式顺利进行"。省政府副省长方光华认为，中国气象局采取的紧急措施"非常好"，希望陕西气象部门"要下定决心，排除万难，确保晚上8点到9点40分无雨或微微一点雨"。余勇副局长到十四运气象台查看资料，与探测、信息和预报专家马学款、师春香、郭建侠等分析天气，与业务服务人员审定服务材料；到人影联合指挥中心与郭学良、丁德平等人影专家、技术、指挥、作业人员研究调整作业方案。国家气象中心、国家气候中心、国家气象信息中心、国家卫星气象中心、中国气象科学研究院、中国气象局气象探测中心、中国气象局人工影响天气中心等国家级业务科研单位和北京市、上海市气象局分别组织专家组加强监测、预测，多次与十四运气象台会商。四川、甘肃、宁夏、内蒙古、山西、河南、湖北、重庆等省（区、市）气象局按照部署全力提供支撑。十四运会组委会气象保障部工作人员承受巨大压力，面临各种批评和不解的声音，同时指导他们启动应急预案，开展现场保障服务。陕西省气象局十四运会组委会气象保障部领导小组成员及办公室的工作人员高强度运转，指挥精准，请示、汇报、决策、指导、组织、协调、监督、检查、审定、签发有条不紊，忙而不乱。陕西省气象台、省气候中心、省气象信息中心、省气象服务中心、省大气探测技术保障中心、省突发事件预警信息发布中心、省气象科学研究所、省气象局财务核算中心、省农业遥感与经济作物气象服务中心等按要求全力开展技术指导和支撑保障。十四运气象台工作人员认真工作，一份份反复斟酌、凝结着心血和汗水的材料形成和发出。移动气象台的值守人员坚守工作岗位，边观测边服务。十四运会人影联合指挥中心专家组成员时而思考、时而讨论，分析影响奥体中心的天气系统，评估作业效果，提出工作建议，一条条切实可行的措施汇向指挥组；指挥组成员时而请示、时而了解、时而命令，科学决策、高效工作、精准指挥，一个个指令发向机场、空管、人影机组和地面火箭作业点。参与保障的辽宁、内蒙古、陕西、山西、四川、甘肃省（区）气象局和榆林等市气象局人影作业飞机不断起飞，不间断地在西安市正西、西南、西北三个区域由远及近实施人工消减雨，最多时有七架飞机同时在空中作业。甘肃省气象局副局长陶健红赶赴庆阳亲自指挥所辖 80 多个火箭点作业；西安、咸阳、宝鸡、杨凌、渭南、铜川等气象局地面作业人员在当地人影指挥分中心的领导下开展作业；由榆林、延安、汉中、安康、商洛等气象局组成的移动作业小分队按指挥中心的要求加强正西、西南、西北三个区域的作业力量；陕西省气象局机关服务中心和干部培训学院全体动员，干部下沉一级，全力以赴做好疫情防控和后勤保障工作。

这一天一定是天道酬勤。14 日降水系统位于甘肃、四川、重庆区域，15 日上午已经快速压到宝鸡、秦岭一线，下午继续向东向北延伸，天气形势很不乐观。16 时，闭环在各宾馆的观众开始分批进场。由于曲江附近的宾馆出现阵雨，工作人员和观众对晚上活动期间的好天气已经不抱幻想，只祈求活动能正常进行。据 16—17 时气象监测，主要降水云系位于内蒙古中东部、华北北部、宁夏、甘肃中东部、陕西大部和四川东部等地，陕西省内有 485 个站点出现降水，主要在陕西西部、安康北部和西安东南部。17 时，中国气象局庄国泰局长、黎健总工带领中国气象局十四运会组委会气象保障部协调小组全体在北京的中国气象局十四运会气象保障指挥中心坐镇指挥。庄国泰局长对前期陕西省气象局及人工消减雨作业联合指挥中心的工作给予了肯定，并要求举全国气象部门之力全力保障开幕式活动。他强调：一要紧盯西南来向的系统云带，继续加强监测及人工消减雨作业；二要注意人工消减雨作业安全并继续开展作业，尽最大努力进行消减雨。中国气象局副局长、组委会副主任余勇在十四运气象台和人工消减雨作业联合指挥中心对开幕式气象保障服务进行现场指挥和调度。17时30分，我们终于迎来转机。据监测分析，在自然条件及人工影响的共同作用下，与上午预报结论相比，降水趋势略有减弱。预计降水从15日18时前后持续到16日上午，过程累计降水量8~12毫米。其中，18—20时阴有阵雨，2小时降水量0~2毫米；20—23时降水趋于明显，3小时降水量2~4毫米，并持续至16日，最大小时降水量达1~2毫米。偏东风转西南风2~3级，阵风4级。降雨时段最低能见度在1~3公里。"据分析，在自然条件及人工影响的共同作用下，与上午预报结论相比，降水趋势略有减弱"的消息一出，各方欢欣鼓舞。我们建议"活动能更紧凑一点"。方光华副省长要求"努力，撑住"。19时，形势进一步好转。在自然条件及人工影响的共同作用下，与上午预报结论相比，降水趋势进一步有所减弱。据气象监测显示，主要降水云系位于华北北部、宁夏、甘肃中东部、陕西大部和四川东部等地，云系向东偏北方向移动，移动速度减缓。陕西大部被中低云覆盖，降水主要分布在西部地区。奥体中心开幕式现场阴天，温度27.4 ℃，湿度57%，西南风，风速0.9米/秒，无降雨。预计降水从15日19时后持续到16日上午，过程累计降水量8~11毫米。其中，19—20时阴有小阵雨，1小时降水量0~0.5毫米；21—23时降水趋于明显，3小时降水量2~4毫米，并持续至16日，最大小时降水量达1~2毫米。偏东风转西南风2~3级，阵风4级。降雨时段最低能见度在1~3公里。陕西、甘肃、内蒙古、辽宁、四川、山西6省（区）7架增雨飞机已经完成第二轮次保障飞行任务并落地。7架飞机累计飞行12架次，飞行时间42小时44分钟。长安、周至、宁陕、佛坪、鄠邑、柞水、镇安等7县（区）共计23个地面骨干作业点，发射火箭弹247枚，其余点也同时作业。甘肃分指挥中心组织20县（区）80个作业点发射人雨弹 2671 发。四川分指挥中心组织广元、巴中市的 5 个作业点发射人雨弹 166 发，燃烧地面烟条 45 根。所有作业均安全顺利进行。雷达图分析显示，飞机和火箭人工消减雨效果明显。"奥体中心开幕式时段降水趋势有所减弱，气象部门正全力消减雨力保开幕式圆满成功"的消息传出时，各领导、工作人员、观众和演职人员已经全身心投入活动中，我们在作业、在监测、在会商、在报告、在服务、在坚守。19 时45 分，"报告领导，降雨已到周至，以速度每小时 30 公里靠近。我们全力抵挡"。21 时 20 分，"报告领导，就剩下这一块了"。21 时 45 分，开幕式活动圆满结束，现场人员登车离去。22 时，奥体中心大雨如注。马学款研究员笑了，北京指挥中心、十四运气象台、十四运人工消减雨作业联合指挥中心沸腾了，陕西省气象部门、全国气象人沸腾了。全国人民乃至世界记住了这一天。

这一天是神奇的一天。14 日开始影响陕西省的这次天气过程，是一次范围大、持续时间长、强度高的系统性天气过程。天气系统前期受海上双台风维持的影响虽然向东北方向移动，但速度比较慢。15 日台风开始消退后，天气系统向东北方向移动的速度明显加快，而且向东的分量加大。是全力开展飞机和火箭消减雨，还是期待秦岭的阻挡或台风消退放慢速度？15 日 15 时开始，天气系统向东北移动的速度明显放慢，更偏北，过秦岭后的强度也减弱了，并且局地阵性降水打头，22 时才转为普雨。降雨是位于骊山之西，位于渭水和灞河交汇处，还是位于西安主城东郊？虽然不远的东、南、西面下午就出现了大小不一的阵性降水，但西安奥体中心一直到 22 时才降水，而且一发不可收拾。气象监测显示，14 时开始，陕西省自西向东出现了明显降水，1024 个监测站出现降水，主要分布在陕北大部、关中中西部、陕南中西部。14—20 时累计降水量：陕北 0.1～16.8 毫米，关中 0.1～22.9 毫米，陕南 0.1～45.2 毫米。西安的周至、蓝田、鄠邑、临潼出现了小到中雨，其中最大为周至厚珍子镇政府 15.0 毫米，西安奥体中心无明显降水。20 时 30 分，主要降水云系位于华北北部、宁夏、甘肃中东部、陕西大部和四川东部等地，云系向东偏北方向移动。陕西大部被中低云覆盖。西安奥体中心开幕式现场阴天，温度 24.6 ℃，湿度 69%，偏西风，风速 1.3 米/秒。15 日 22 时后，西安普降中到大雨。陕西进入强秋淋期。

保障结束后，中国气象局局长庄国泰通过视频听取了十四运气象台、十四运人工消减雨作业联合指挥中心、机组、移动气象台和陕西省气象局的汇报，与余勇副局长、黎健总工等一起慰问大家，给予保障工作高度肯定和表扬。十四运会组委会、陕西省委省政府、相关部门及兄弟省（区、市）气象局领导、同事、好友纷纷来电来信赞扬和祝贺。这一天的气象"神奇"开始在各领导、工作人员、运动员、群众中流传。**这一天我们听着领导的表扬、看着群众的称赞、裹着满身的疲惫进入梦乡。**

（作者单位：陕西省气象局）

何止四年磨砺

薛春芳

全运会每四年举办一届。气象工作要保障一届精彩、圆满的全运会，仅有届期间隔的四年做准备，是不是够？

第十四届全运会确定首次在我国中西部举办，陕西省从申办到成功举办历经十载，成为第八个承办全运会的省份。与往届举办场地相对集中不同，本届场地分布在以西安市为主的全省 13 个市（区）。这无疑对一个西部省份做好精准预报、精彩保障提出了挑战。

工作三十余年，担任陕西省气象台预报员，负责全省预报、服务业务发展和开展气象服务是我主要、经常的工作。我曾组织参与实施了多次重大活动保障服务——2011 年世园会、2016 年央视春节和中秋晚会西安会场、中国艺术节、"西安城墙"等国际马拉松赛、2020 年习近平总书记来陕考察等。在历次重大活动气象保障中，预报工作都要满足不同的要求、需求，都要经受定时、定点、定量的考验。这些成功保障的例子，在带给我们喜悦的同时，也留下很多启示，不断激励我们努力攻克预报技术难关，增强坚持不懈提高预报精准水平、力争圆满保障十四运会的信心和动力。

记得在服务保障世园会时，陕西省预报业务还处于"站点"预报阶段。由每天仅制作发布 98 个县城镇预报，逐步发展到制作发布 1280 个乡镇预报，同期也开展分县气候预测、旬滚动预测和月内强降水强降温过程预测等业务，这个阶段我们依托应用中国气象局

MEOFIS、CIPAS 等系统平台，研制了全省分县灾害性天气和气象要素预报等指标体系，统一了全省城镇预报制作平台，开展了数值预报释用客观技术方法系统研发。经过几年的努力，我省预报预测质量逐年提高，气温、晴雨和一般性降水预报实现了从负技巧到正技巧的历史转变；气候预测准确率提高 8.4%；西安大城市站点预报从逐 12 小时细化到逐 6 小时。尽管有了这些努力和进展，但在面对定点、定时预报保障要求时，其精细度和准确性仍让我们捉襟见肘、如履薄冰。

记得在服务保障央视春节和中秋晚会西安会场、省内渐增的马拉松赛时，陕西预报业务尚处于由"站点"向"格点"转型发展的阶段。2013—2014 年，我们试验开展了省级 10 公里×10 公里格点降水预报业务。2015 年 9 月，省局成立领导小组，组建攻关团队，推进精细化预报工作。我作为分管负责人，全力组织团队攻关精细化格点预报技术和推进业务建设。经过近两年夜以继日、艰苦卓绝的奋战，我们研发了一套具有陕西特色的精细化网格气象要素客观预报方法及协同预报技术，研制了一套高精细度、高准确率的智能网格预报客观产品，开发了一套具有陕西自主知识产权的智能网格预报业务系统平台（秦智）。2017 年，陕西率先在全国建成了格点预报业务并单轨运行，实现了精细预报能力的跨越，要素协同技术被纳入 MICAPS 4。短中期预报由 98 个站点拓展到责任区 3 公里×3 公里的 14 万个网格点，两天内预报精度由逐 3 小时提高到逐 1 小时；要素由 4 个增加至 19 个，客观预报更新频次由一天 2 次发展到 4 次。同期，我们开展了网格定量客观气候预测方法和自动监测评价技术研发，自主研发建立了陕西气候监测评价业务系统和陕西智能网格气候预测业务系统，进一步提高了气候监测评估预测的精细化、准确率和稳定性。组织推进雷达识别外推等短临预报技术研发和业务平台建设，实现了预警信号自动生成提醒和 1 公里、10 分钟的临近强对流预报滚动更新。初步建立实况业务，实现国家级 5 公里和 1 公里网格实况产品落地应用。智能网格预报技术的发展，引领了陕西省预报预测质量的稳定和进一步提高。

2019 年一般性降水格点预报质量较 2016 传统站点预报 TS 评分提高 3%～5%，暴雨预报质量提高 4%～8%。24 小时最低、最高温度＜1 ℃的准确率较国际先进的 ECMWF 模式分别提高 22.8% 和 11.9%，标志着陕西气象预报业务正式进入精细化、智能化时代。智能网格预报核心技术获第一届全国智能预报技术方法交流大赛优秀奖和陕西省科技三等奖。至此，气象精细准确服务保障全省户外定点定时的、沿线的重大活动、重大赛事，我们的心里才有了底儿。

还记得 2020 年习近平总书记来陕考察、十四运会气象保障的情景。已建成的无缝隙智能网格预报业务体系，能否满足"贴身式"服务更快响应、更准预报的要求，进而支撑十四运会气象预报服务的各项需求，成为我们面临的新考验新课题。这一阶段，我们持续深化"动态检验评估＋智能取优推优＋客观订正协同"网格预报全流程技术迭代升级，网格预报质量稳步提升，预报产品更加丰富精细。针对十四运会保障准备，2016 年 7 月，陕西省委省政府根据《第十四届全国运动会总体工作方案》成立气象保障部，主要负责赛事期间各赛区的天气预报服务等工作。当时，我作为党组分管负责人，提请省局成立了十四运会气象保障服务筹备领导小组，选派管理和预报人员赴天津观摩学习十三运会气象保障工作，调研学习十一运会、十二运会等重大体育赛事气象保障组织管理、业务建设和服务经验。2017—2018年，组织编制了《十四运会和残特奥会气象保障工程项目建议书》，邀请中国气象局等单位专家论证后提请陕西省政府支持。2020 年，我负责组织编制和实施了《十四运会和残特奥会一体化气象预报预警系统建设方案》。基于已有的智能网格预报业务，我们自主研发针对十四运会各个场馆及不同赛事的客观预报技术，研制了沙温、水温、高空风和暑热压力指数等面向赛事需求的专项预报产品，研发"十四运会和残特奥会一体化气象预报系统"布局省、市、县，实现 0～45 天全省网格化、西安区域 1 公里×1 公里定点、定时预警预报预测产品分析制作，成为十四运会气象保障的核心支撑系统。在北京市气象局的指导帮助下，我们加快构建陕西快速更新区域数值预报模式，推出系列模式客观预报产品作为十四运会技术支撑新成员。为了强化支撑，我们积极赴国家气象中心、国家卫星气象中心、国家气象信息中心、中国气象科学研究院等国家级业务单位学习请教，引入了精细实况、分钟降水外推预报等国家级最新、最先进产品技术用于十四运会保障。基于这些"利器"，我们准确预报了赛区 31 次区域性降水过程，报出 14 次区域暴雨过程，提前 26 天预测火炬传递启动日"无雨"，特别是精准预报了开幕式的降水过程，为开幕式在降水来临之前圆满完成全部议程"赢得了时间"。开幕式当晚，18:18，雷达显示降水回波已生成并向奥体中心缓慢移动。留给开幕式的天气窗口非常紧凑，十四运气象台里，面对精确到分钟的预报要求，全体人员压力陡增。国、省首席预报员全神贯注紧盯每一个最新资料的细微变化，国、省天气会商紧张而肃穆。作为把关领导，我仔细核准每一份专报。19:00，我们发出"预计 20 时开始奥体中心阴有小阵雨（0~0.5 毫米），21 时之后逐渐转为小雨（0.2~0.8 毫米），22 时之后雨量开始增大（0.5~1.5 毫米）"的预报。开幕式如期准时举行，而在 21:35 圆满落下帷幕的刹那，大雨如注……在众多参考产品中，陕西区域模式给出降水大约 2 小时后影响奥体中心的精准预报，这令我们欣慰。而在高尔夫、公路自行车等户外比赛中，提前、精细的或场点或沿线预报都为赛事日程调整和顺利完赛提供了决策依据和有力支撑。十四运会气象保障进一步检验和提升了我们的预报水平和服务能力，2021 年全省预报质量有新提高，暴雨、一般性降水预报水平近五年最高。

让党建成为十四运会气象保障的"红色引擎"也是我们着力的工作。我们从全省选调 80 名专家骨干组建十四运气象台，汇聚 57 名专家组建人工消减雨作业联合指挥中心，挂牌成立临时党支部，开展"人民至上、生命至上""党建＋气象保障，护航十四运"活动，激发党员干部为"办一届精彩、圆满的体育盛会"积极作为，成为我们推进党建与业务深度融合的生动实践。十四运会气象保障为青年人才成长提供了历练的机会，搭建了磨砺的舞台，他们也不负众望，涌现出了一批优秀代表。参与保障的同志中，3 人入选中国气象局气象高层次科技创新人才计划；25 个集体、100 名个人获得中国气象局十四运会和残特奥会优秀表彰，24 个集体、127 名个人获得省局通报表扬；11 人取得高级职称任职资格，60 人入选省局气象高层次科技创新人才计划；首席预报员赵强同志被省委省政府表彰为"陕西省先进工作者"，陈小婷同志获得"陕西省五一巾帼标兵"，等等。在重大任务中，使用人才、发现人才、激励人才也成为我们培养人才锻炼队伍的一条宝贵经验。

艰难方显勇毅，磨砺始得玉成。十四运会已经过去，未来的路还很长。气象事业高质量发展的新征程更加需要我们增强自信、发扬传统，以永不懈怠的精神状态和一往无前的奋斗姿态，乘风破浪、坚毅前行，在忠实履行气象工作者使命担当中再立新功、再创佳绩。

（作者单位：陕西省气象局）

走实"气象＋＋"融合开放共生式发展之路

罗　慧

2021 年 9—10 月，第十四届全国运动会和全国第十一届残运会暨第八届特奥会首次同年同地同期筹办，首次在我国中西部地区圆满成功举办，恰逢中国共产党成立 100 周年和第二个百年奋斗目标开局之年，具有重要的政治影响和社会意义。中国气象局高度重视、有力组织，举全国气象之力参与全程筹办、助力精彩圆满，不仅充分展示了新时代气象现代化发展的新成就，更为探索气象高质量发展开拓了新路径、积累了新经验。本人从兼职入驻十四运会组委会的两年多工作中，总结如何走实融合开放共生式发展之路，为今后完成重大任务、重大活动气象保障服务提供借鉴。

一、开放创新，"气象＋＋"走融合共生式服务之路

十四运会组委会共设有 23 个独立部室，另设有 13 个执委会和 53 个竞委会。如何将"气象＋＋"融入横向到边、纵向到底的十四运会组织体系中，深度融入组织架构、管理体系、赛事运行等过程，建立面对面供需双方互动反馈机制，强化以需求为中心、以用户反馈改进服务供给，进而改进十四运会气象服务供给内容、方式、方法，让气象服务产品融得进、看得懂、用得上、有价值，考验的是我们变中求新、变中求突破的拓展创新能力。

（一）深度融入组委会整体组织架构

本人兼职入驻十四运会组委会期间（2019 年 8 月到 2021 年 11 月），坚持将气象服务由"外挂式"变为"融合式"，融入决策管理运行等各个工作环节。两年多共参加组委会秘书长办公会、开闭幕式指挥部工作会、调度会等各类会议活动 200 余次，围绕党建培训、综合管理、展演大纲讨论、LOGO 会歌吉祥物遴选、财务审计等不同主题，发气象"声音"，提服务建议。特别是在开闭幕式等重大活动日期 6 次选择、气象保障服务项目 3 次推进会、开幕式人工消减雨作业 7 次工作会、保障重要户外赛事 20 余场次调度会等中提供气象决策建议并得以采纳。建立了面向组委会决策层的"直报"式气象服务机制，"直报"和现场服务各类气象信息上千条，陕西省分管副省长、组委会领导直接回复指导工作，有力有效拓宽气象服务路子、扩大气象影响力。特别是 2021 年 9 月 15 日开幕式当日，气象保障部带一名首席预报员到位于开幕式现场——西安奥体中心北三门的安保现场指挥中心，应组委会和陕西省委省政府领导的直接电话指示要求，综合加工来自"后方"的产品，现场制作《开幕式现场重大气象服务专报》五期，第一时间"直报"组委会和开幕式指挥部领导。

（二）深度融入组委会、竞委会管理体系

2021 年，陕西省气候年景极其复杂，开幕式和正式赛期间在历届全运会中降雨日数最多、累计降雨量最大，且赛事场馆遍布陕西全省，秋淋强、挑战大。历时 8 个月编制、推动组委会正式印发《高影响天气风险应急预案》，组织各执委会、竞委会编制预案、开展演练，梳理风险点及整改措施，做好安全生产风险管理。8—9 月，6 次下发做好高影响天气防范应对工作通知，督促各执委会、竞委会提早采取措施、防范应对。主动挖掘用户群对气象服务的新需求，围绕大型活动部、竞赛组织部、群众体育部、残运工作部、信息技术部、安全保卫部、交通保障部等 20 多个部室的不同需求，快速响应，开展订单式、个性化专报专题气象保障服务 50 次。带动、推动陕西省各市气象局均参与到 13 个执委会筹办中，其中 7 个市局独立成立气象保障部。53 个竞委会均设立气象服务主管，8—9 月，气象保障部以视频会议培训全省各竞委会的气象主管，超 500 人参加培训。气象服务信息策略以独立篇幅，写入各体育代表团的《通用政策》和各竞委会的《比赛指南》，在全运会历史上尚属首次。

（三）全程融进竞委会的全部赛事组织运行

气象保障工作纳入测试赛和正式赛全部比赛项目评估考核指标，从第 1 场跳水测试赛（3 月 12—14 日）开始，到第 53 场现代五项赛（7 月 23 日）结束，气象保障部参与了所有测试赛的评估检查考核打分。开幕式圆满结束后进入正式赛，组委会赛事指挥中心（MOC）成为比赛指挥枢纽，集赛事监测、管理和应急处置于一体，笔者兼任独立运行的 12 个大组之一的气象保障组组长，参与轮值和调度。指挥中心依托十四运会大数据统一平台，通过竞赛专网和赛事信息化系统与所有比赛场馆实现互联互通，构建了十四运会智能"全运一张图"，在气象信息服务、医疗疫情防控、场馆道路交通保障、生态环境等方面实现提示和预警。气象信息服务高居十四运会大数据智能分析统一平台各部门业务数据榜首，融入其余各图层、各环节，横向拉通各专业保障单元，纵向贯通组委会、执委会、竞委会的指挥调度机制。正式赛 12 天中，除常规服务专报之外，气象保障部（组）、十四运气象台面向赛事指挥中心决策层，联合发布高影响天气专报 33 期；针对暴雨、雷电、连阴雨、大风等可能诱发对公路自行车、高尔夫、小轮车、网球、攀岩、垒球等户外比赛的不利影响，智慧气象系统实时监测并进行超阈值自动告警，为赛事指挥调度户外比赛精准选择"窗口时间"，调整比赛时间 16 次。赛事指挥中心指挥长和值班室主任高度重视高影响气象服务专报，根据专报提示评估全省户外竞赛项目的安全指数，提前安排赛程并进行分析优化，对场馆内人群实时预警、人流疏导、广电直播、电力保障等开展调度，共同助力最多降水量秋雨季完美完赛。

二、充分发挥气象部门双重领导管理体制优势，挂图作战、科学管理

（一）充分发挥气象部门双重领导管理体制优势，集中力量办大事是关键所在

中国气象局、陕西省委省政府主要负责同志高度重视、靠前指挥、一线推进。中国气象局突出抓好保障服务和人工消减雨两大关键，全国气象部门"一盘棋"统筹有序推进。中国气象局局长庄国泰、副局长余勇一行于8月赴陕实地调研，研究、督促解决重点难点问题，并在开幕式当日在京坐镇指挥。余勇副局长自2020年9月出任十四运会组委会副主任，三次召开十四运会协调领导小组专题会议，常态化指导保障服务工作，开幕式前亲自赴陕现场指挥。中国气象局各内设机构、各直属业务单位、周边省气象局主动担当、各尽其责，形成了举全国之力办十四运会气象工作格局。陕西省委省政府动态调度、常态督导、多次批示肯定，省长赵一德两次密集到气象局检查指导。特别是因地制宜、因用制宜，气象保障服务、人影保障经费争取到来自"地方财政＋中央投资＋组委会市场开发"的多元化投入保障，支持力度前所未有。其中，来自市场机制开发的补充经费支撑了整个开幕式人工消减雨作业保障，气象保障部也自觉组织人工消减雨专班联合指挥中心、省人影中心接受组委会审计部、省审计厅的延伸审计。

（二）创新建立"前店后厂"式工作模式，以"扁平化管理"和"穿透式指挥"推进挂图作战重点工作

十四运会组委会气象保障部、赛事指挥中心气象保障组等位于"前线"的"前店"机构，紧紧依托中国气象局、各业务单位技术支撑，以及省气象局及其直属单位、十四运气象台等"大后方""后厂"强有力支持，建立健全了"前店后厂"式工作机制，强化气象保障服

务的前后、上下、左右协同，共同完成气象保障服务各项挂图作战和目标任务。位于"前店"、入驻组委会气象保障部全程参与筹办仅有4人，人员精干高效，组委会有严明的工作纪律和考勤考核，兼职驻会十分考验统筹协调"弹钢琴"的水平和能力，以及在应急突发处理中"既当指挥者又当冲锋兵"的智慧与担当，酸甜苦辣个中滋味，唯有坚信天道酬勤、勇毅前行。虽是气象保障部规模最小部室，却两次获组委会"优秀部室"称号，3人次获"奉献全运之星"。围绕开幕式人工消减雨作业，2019—2021年"三年磨一剑"，从不同层面论证、观摩和完善十四运会开幕式人工消减雨工作方案和技术方案。省政府2021年8月正式组建开幕式人工消减雨工作专班，专班办公室和联合指挥中心由26个成员单位组建，自上而下统筹协调军地、国省、行业之间联动合作，不断磨合机制，争分夺秒、主动对接空军西安辅助指挥所航空管制室、公安、中国民用航空西北地区空中交通管理局等核心成员单位，召开专题协调会7次，形成7次纪要，组织开展27次桌面推演、4次实战演练，为9月14—15日首次在稳定性天气系统下成功实施人影作业打下坚实基础。

（三）挂图作战的工作方法是筹办工作的有力抓手

组委会紧盯"精彩圆满"目标，坚持"系统谋划、精细管理、倒排工期、挂图作战"工作方法，以"最高标准、最快速度、最实作风、最佳效果"要求推进筹办工作。陕西省气象局、气象保障部按照要求，坚持目标导向、问题导向和结果导向，按照"挂图作战""正排工序、倒排工期"要求，聚焦重点任务，系统梳理筹办工作任务，逐一细化任务、夯实责任、明确节点。以时间为主轴，横向覆盖各相关直属单位、各市区县气象局，纵向向上到中国气象局、向下延伸13个市区执委会和相关户外比赛竞委会，梳理出挂图作战重点任务流线100项（2020年40项、2021年60项）。从倒计时一周年开始，实行一月一视频会或者工作推演会议点评制度，逐一细化、夯实到单位，强化督查督办，形成工作闭环。从倒计时50天开始，以战时状态全程盯办，逐项落实，将气象筹办工作按下快进键，实行重大事项"一票否决"，以强有力的执行力推动各项工作高效落实。

三、创新助力，走数字化智能化保障服务之路

创新是引领发展的第一动力，强化科技创新助力，凸显了全运会智慧气象，推进了高质量的十四运会气象服务。

（一）瞄准十四运会需求，开展气象科技新技术、智慧智能应用创新

依托风云气象系列卫星、高性能人影飞机、智能网格预报、"天擎"、"天衍"等科技手段，40多名国家级气象专家赴陕，为赛事赛会提供重要科技支撑。陕西气象服务创新团队应用人工智能、大数据分析、智能语音识别（ASR）、机器学习等技术，在原有的陕西气象APP架构，攻关研发基于位置、赛会和场景的智慧气象·追天气决策服务系统和"全运·追天气"APP核心技术，采用微应用框架、智能用户交互、智能告警等先进设计理念，深度挖掘和集约整合全省各类自动站、新建相控阵雷达等特种观测监测实况数据，以及精细化预报预警产品的实时接入和可视化展示，提高多源数据处理、海量数据分析和气象服务定制能力，明显增强了气象服务的精细化和智慧化水平。

（二）坚持"嵌入式"服务理念，为用户群和老百姓提供多种灵活的气象服务方式

面向组委会、各市区执委会、各项目竞委会、体育代表团和裁判员以及公众用户，开发服务模块，制作服务产品。直接面向陕西省分管副省长、组委会各部长等决策用户群测试，3—8月测试赛期间不断优化，特邀秦岭四宝和安安吉祥物"代言"网络机器人语音定制，给推动"人找信息"和"信息找人"的有机结合探出一条路子，受到"追捧"。正式比赛开始后，智慧气象·追天气决策系统正式"嵌入"

组委会赛事指挥中心、安保指挥部，直接定制使用"全运·追天气"APP 的用户数超 15 万；以气象插件嵌入十四运会官方"全运一掌通"APP 中，提供普惠式气象服务基础数据和信息，再增用户数 23 万，老百姓访问超百万次。服务让运动员、技术官员、观众仅靠一部手机，就可以随时随地获得分灾种、分赛事、分场馆的影响预报和风险预警信息。

（三）举全省之力集结队伍，通过科技赋能提升气象制作和服务自动化水平，为省市气象保障服务人员"减负"

围绕组委会赛事指挥中心气象保障组值班值守要求，陕西省气象局抽调省气象台、服务中心的 6 名年轻气象专家，从 7 月 9 日测试赛开始到 9 月 27 日正式赛结束，累计值班 66 天（测试赛期间无比赛时不值班）。轮流值班值守期间，每日 50 多个席位互通信息，当晚参加"零点会议"并通报全省天气预报服务情况。倒计时一周年之际，抽调来自省级业务单位、地市级气象局的 20 多名年轻气象骨干组建十四运气象台，通过筹办筹备、"大战"历练，培养了一批高素质复合型青年后备人才。针对不同类型的气象服务用户，建立全省多级气象产品靶向差异化服务体系，优化减少省市县业务冗余，将气象保障服务人员从繁杂且琐碎工作中解放出来。筹办两年多，省、市、县三级有序完成圣火采集、火炬传递、测试赛、开闭幕式和正式赛等各项十四运会气象保障服务工作，累计向组委会、执委会、竞委会、各省体育代表团发布气象专报 3000 余期。

（作者单位：宁夏回族自治区气象局；作者时任陕西省气象局副局长）

以赛为媒　一"网"情深

杜毓龙

　　"自一见钟情时开始"。陕西省曾申办过第十一届和第十三届全运会，尤其是第十三届全运会，在 2011 年最后一轮申办投票环节以微弱的差距惜败于天津市。2015 年 10 月 31 日，各省递交申办第十四届全运会报告截止。2015 年 12 月 29 日，国务院同意陕西省承办第十四届全运会。从那时起，我便与十四运会产生了千丝万缕、无法割舍的关系"网"——十四运会天空地立体综合气象观测网。作为十四运会和残特奥会赛事气象保障指挥部副指挥长以及后勤保障组组长，我有幸参与到本次气象保障服务工作当中。

　　"在两相情愿间加深"。重大运动赛事对气象条件有较高的要求，不同的比赛项目对气象条件要求也有区别。赛事有需求，气象必保障。为全力保障十四运会，打好气象监测预报预警服务基础，早在 2019 年，我们就组织相关单位筹划建设十四运会综合观测系统，编制项目建设可研报告、初步设计方案，积极争取到 3000 多万元省级专项建设资金。项目批复后即着手建设十四运会观测系统，历经一年的艰苦奋战，2021 年 7 月，在全省十三个赛区建成了十四运会气象观测系统 16 种 81 套设备，包括 1 部 X 波段双偏振相控阵天气雷达、7 部微波辐射计、2 部激光测风雷达及暑热温度等观测设备，与应急保障车、新一代天气雷达、高空探测雷达、边界层风廓线雷达等组合成以十四运会场馆为中心、面向赛事赛会服务的天空地立体综合气象观测网，不仅有效弥补了现有高空观测时间、空间密度的不足，而且为十四运会精细化气象预报制作提供了重要支撑。在重要室外场馆附近新建的自动气象站，可获取逐分钟气温、气压、湿度、降水、风向风速、天气现象等数据，结合现有的地面气象观测网，为赛事赛会提供更加精细的气象实况监测数据服务。针对水上运动、沙滩排球、马术、高尔夫球等比赛特点，建设 3 部水体浮标站、2 部沙温监测仪、1 部暑热压力仪、3 部大气电场仪、2 个测风塔等，使得气象观测更有针对性和个性化。同时建设 2 部辐射、紫外线等观测设备，结合现有交通气象站、负离子观测站等，为公众出行提供精细化气象服务。X 波段双偏振相控阵天气雷达采用新型相控阵雷达技术，雷达体扫时间由过去的 7 分钟一次缩短到 100 秒，高影响和灾害性天气预警能力将明显增强，也对我省新型气象装备应用及大城市气象服务起到积极作用。

值得一提的是，在十四运会开幕式前，距开幕式不到 3 天时间的时候，陕西省气象局接到组委会通知，为做好十四运会开幕式高空威亚节目精细化气象保障服务工作，在奥体中心加密观测设备。我们立即部署开展设备调运及安装等工作，航天新气象厂家连夜发货，千里星夜驰援，组委会、气象局、厂家三方联动，多方协调，攻坚克难，仅用 50 个小时就在西安奥体中心新建了 7 套智能微型气象站，可精细监测西安奥体中心 50 米、30 米、20 米的风场、温度、降水等气象要素，为现场决策提供科学、可靠的技术支撑，再次展现了新时代的气象"保障速度"。9 月 15 日 21 时 30 分，新建 7 套智能微型气象站的观测数据顺利接入陕西省气象数据共享网。9 月 16 日上午，这些精细化气象数据已全部接入全运追天气 APP、全运天气巡游等业务系统中，直接服务于十四运会各部门，为十四运会圆满成功献上了厚礼。

"从三生有幸中自豪"。2021 年 9 月 27 日，万众瞩目的第十四届全运会圆满落幕。赛场上运动员们拼搏奋进、争创佳绩，为观众们奉献了体育运动的"饕餮盛宴"。而赛场外的陕西省气象人以最好的精神状态、最大的工作热情、最高的工作标准，为十四运会提供了一流的气象保障服务，有力确保了赛事期间各类气象观测设备的安全运行和气象监测预报预警服务。共襄盛举、擘画未来。在建党百年的重要历史时刻，能够全程参与此次盛会，为全运会的顺利召开保驾护航，过程很辛苦，却也很充实，作为一名陕西气象人，我以能为全运会贡献力量为荣！也十分感恩人生中能有如此一段珍贵的经历。

（作者单位：陕西省气象局）

众志成城护"花"开　中流奋楫再扬帆

李社宏

此时此刻，我非常激动、非常感慨！习近平总书记亲临西安宣布第十四届全国运动会开幕。中国气象局庄国泰局长坐镇北京统揽全局。余勇副局长坐镇西安亲自指挥。省气象局党组高度重视，党组成员全链条指导、检查、督促，给予了我们最大的鼓舞、最大的关怀、最大的动力！

西安市气象局和十四运气象台全体干部职工牢记习近平总书记"办一届精彩圆满的体育盛会"和"简约、安全、精彩"的重要指示，坚决扛起气象保障服务主会场、主阵地责任，连续奋战700多个日日夜夜，集众智、借众力，精心筹备、精益求精，全力以赴、多线作战。特别是开幕式当天天气复杂多变，保障难度前所未有，在上级领导的正确指挥下，我们经历了惊心动魄，通过了严峻考验，保证了"长安花"精彩绽放，最终成就了一段神奇佳话。在这里，我非常感谢我的同事们，感谢中国气象局党组和各职能司、直属各单位的关心指导和倾力相助，各兄弟省、市气象局和有关单位的大力支持，省气象局党组和机关各处室、直属各单位的鼎力帮助。是所有参与单位和同志们的密切协作、无私奉献，铸就了今天的精彩圆满。我非常荣幸亲历了这次重大保障服务。

我们坚持"短期全运，长期惠民"，着力补短板、强功能、提水平。服务保障十四运会使我们的监测预报预警与科技创新能力得到了全面提升，干部人才队伍得到了锻炼成长，现代化水平迈上了新台阶，为西安气象高质量发展奠定了重要基石。

追风赶月莫停留，平芜尽处是春山。服务国家中心城市建设，谱写西安气象事业高质量发展新篇章，是国家使命、时代责任。让我们更加紧密地团结在以习近平同志为核心的党中央周围，高举习近平新时代中国特色社会主义思想伟大旗帜，在省气象局党组和市委市政府的坚强领导下，聚焦城市需求，聚焦创新驱动，坚定信心、真抓实干，推动十四运会气象保障服务成果应用转化，不断提升西安大城市气象保障服务能力，切实发挥"气象防灾减灾第一道防线作用"，在新时代新征程上展现新气象、新作为，创造无愧于历史、无愧于时代、无愧于人民的新业绩、新辉煌！

（作者单位：陕西省气象局）

气象服务诠释气象精神

熊 毅

　　2021年9月9日，我到陕西省气象局就任党组成员、纪检组长。到岗后我才逐步了解到陕西省气象局当前一段时间的工作重点，尤其是9月15日十四运会开幕式气象保障服务已经到了最后关键时刻，整个陕西气象部门进入特别工作状态，11日、12日是周末但也全员在岗。于是，我每日跟着参加天气会商和省局十四运会气象服务工作调度会，在这种猝不及防的状态下不知不觉地逐渐融入陕西气象工作。

　　这种和气象业务紧密联系的亲切有一种久别重逢的欣喜。12年之前，我在中国气象局监测网络司雷达处工作时，全国雷达业务稳定运行是工作重心，尤其到了汛期，每天参加中央气象台天气会商，对于台风、暴雨、强对流天气发生区域的雷达运行心里总是很紧张，就怕雷达故障，"关键时候掉链子"，这种"如履薄冰"的感觉，时隔多年，在我一来到陕西省气象局就恰逢十四运会气象服务，特别是开幕式气象保障服务进入最紧张、最惊心动魄的时候，再一次感同身受。

　　对标"监测精密、预报精准、服务精细"，有我们最可敬的基层气象台站气象人的辛勤工作，有我们最可爱的气象业务和保障人员的努力，广大陕西气象人在十四运会气象保障服务中完美诠释了"准确、及时、创新、奉献"的气象精神，所以十四运会气象保障服务工作的圆满是水到渠成的必然。

　　我到陕西正是桂花飘香的季节，以十四运会气象保障服务作为切入点，开始逐渐了解陕西气象工作，熟悉陕西气象人，这种缘分正如淡雅清香的桂花慢慢沁入心脾。有了这个美妙的开局，陕西气象必将成为我人生中重要的历程。唐朝开元盛世时期的宰相张九龄在长安城有一首《感遇》，写到"兰叶春葳蕤，桂华秋皎洁。欣欣此生意，自尔为佳节"，有幸在这座千年古都相逢陕西气象于中秋桂花香味馥郁的时节，也祝愿陕西气象事业如春天兰花一般朝气蓬勃、欣欣向荣。

（作者单位：陕西省气象局）

战　友

赵奎锋

　　第十四届全运会和残特奥会从测试赛到正式赛，从开幕式到闭幕式，完成了总书记"办一届精彩圆满的体育盛会"的殷殷嘱托，气象人同享荣光，汗水和喜悦的泪水辉映着赛事每一个精彩的瞬间。

　　2021年3月底，我到陕西省气象台任职，在慢慢熟悉工作的阶段，第十四届全运会和残特奥会天气预报预警技术支撑的重担压在了省气象台。但这只是省台工作的冰山一角，全运会的气象保障不只是做好赛事的预报预警，而是系统性、体系性的工作。省局丁传群局长给省台的要求体现着对省台定位和保障的担心和期盼：省台是全省的预报预警龙头，要把最好的技术和业务服务在十四运会中完美展现出来；十四运会赛场分布在全省各个地市，省气象台不能只着眼于西安奥体中心；正式赛期间是华西秋雨关键期，气象要保障十四运会精彩圆满，省台不能只着眼于体育场，还有赛事之外三秦百姓的安全度汛。

　　这是一场战役，要坚决贯彻战略部署，要果断采取正确战术，要拉开多条战线，要打赢每一场战斗。在每一条战线上、每一场战斗中，省气象台员工如战士一样拼搏。

　　我们一直说，省气象台是九条战线奋战。**在技术战线上**，2020年起，坚持"自主研发＋合作引进"，从实况到中期无缝隙预报产品应用技术研发，自主研发10项技术，引进2项技术及系统。在引进的过程中，我们与国家气象中心和中国气象科学研究院建立了良好的合作关系。**在重要节点的预报服务战线上**，在"纪念全运会 60 周年健身展演活动"、十四运会会徽吉祥物发布会、十四运会倒计时一周年启动仪式、十四运会倒计时 200 天活动、十四运会倒计时 100 天活动、西安奥体中心重大活动和重大保障任务中，省气象局全体值班预报员和行政人员坚守一线，确保了赛前各项重大活动正常举办。**在对地市技术指导战线上**，8 月 18 日和 29 日，十四运会火炬分别在渭南市、咸阳市传递，刘勇首席预报员、陈小婷副首席预报员被渭南、咸阳十四运气象台特聘为气象保障首席专家，利用多年积累的经验，修正模式预报偏差，指导气象精细化定点定量预报服务，研判火炬传递起跑仪式天气，为火炬传递起跑仪式预报提供技术指导和决策建议。端午节当天的 6 月 14 日，姚静副首席预报员赴黄陵山地自行车测试赛进行技术指导，保障比赛顺利举行。8 月 29 日，十四运会火炬在咸阳市传递。为给火炬传递提供全流程精细化的气象服务，28 日夜间，受邀特聘为气象保障副首席预报员的陈小婷，带领咸阳十四运气象台预报员认真分析每一张天气图和各类气象资料，研判 29 日 08 时在咸阳统一北广场举行的火炬传递起跑仪式时的天气，最终得出多云间阴的预报结论，因为前期预报有小雨而担忧的赛事组委会如释重负。**在伴随式专项气象服务战线上**，多方配合，以"前店后厂"的机制，为出席开（闭）幕式国家领导人提供定点、定时、定量精细化天气服务。业务骨干赴一线，与十四运气象台、省科研所配合，精心为出席开（闭）幕式的国家领导人提供逐日、逐小时天气、温度、风等要素精细化行程预报，服务效果得到肯定。**在决策气象服务战线上**，编制《全国第十四届运动会及全国第十一届残疾人运动会暨第八届特殊奥林匹克运动会高影响天气服务应急预案》，历时大半年时间，修改二十余稿，中国气象局副局长、十四运会组委会副主任余勇多次审阅指导，副省长、十四运会组委会执行秘书长方光华主持组委会秘书长办公会议审议通过，精密的部署，未雨绸缪做好各项应急措施，确保保障工作的万无一失。**在十四运会指挥中心战线上**，7 月下旬，省气象台首席预报员赵强、副首席预报员陈小婷和预报中心副科长朱庆亮就进驻十四运会组委会赛事指挥中心，根据赛事重点关注的天气，面对面开展决策服务。9月5日下午，原定于16时在西安体育学院鄠邑校区举行垒球比赛。赵强首席在跟踪天气实况时，得出赛场比赛时间有小雨的预报结论。他立即向组委会赛事中心汇报，组委会根据气象部门的建议，第一时间调整活动时间，成功规避了降水对赛事的影响。**在十四运气象台战线上**，凌晨3点，刘勇就赶到单位，分析研判火炬传递的预报，在电脑屏幕前忙碌不停。虽然他已临近退休，但是正如他自己所说：回顾自己所走过的历程，作为一名老党员，坚守初心和使命，发挥传帮带的作用，将优秀预报员的优良品质传承下去，在新时代建功立业，让气象事业蒸蒸日上。同样奋斗在十四运气象台的，还有潘留杰、黄少妮等首席，直到赛事结束，他们一直在各条战线不停切换。**在人影联合指挥中心战线上**，8月23日下午，副首席预报员姚静接到任务，立刻开始分析和查看卫星云图、雷达图，制作专题气象服务材料……忙完工作时已经快晚上10点了。24日凌晨4点多，姚静就来到了人影指挥中心更新预报，她笑着称："一晚上做梦都在做预报，睡都睡不踏实，不如早早来单位赶紧工作。"**在十四运会期间全省防灾减灾气象服务的战线上**，2021年入汛后我省强对流、短时暴雨天气频发，共发生22场次暴雨，暴雨3226站次、大暴雨318站次、特大暴雨17站次。经历了多次区域性暴雨、大暴雨过程和秋季连阴雨天气，且8月以来强降水集中，极端性强。针对我省出现的各类灾害性天气过程，省气象台围绕"监测精密、预报精准、服务精细"和"早、准、快、广、实"的总要求，落实预报服务主体责任，准确及时发布预报预警服务产品，气象应急和防灾减灾成效显著，为十四运会测试赛及正式比赛气象保障服务的顺利进行奠定了基础。

　　在十四运会气象保障服务中，省气象台全体职工脚踏实地，攻坚克难，经受住一次次的重大考验，圆满完成上级重托，增强了凝聚力、向心力和集体荣誉感，在每一次艰苦卓绝的"战斗"中积淀下深厚的战友情，战斗豪情壮志在、战友团结如一人，继续在气象事业高质量发展的新征程上全速领跑。

（作者单位：陕西省气象局）

全运会随想

胡文超

2021年9月12日21:30，在第十四届全运会开幕式的现场，随着主持人最后宣布开幕式到此结束，所有人那颗悬着的心终于放下，这标志着全运会最重要的气象保障服务活动圆满落下帷幕。将近一个半小时的开幕式，天气自始至终多云或阴、温度适宜、清风徐徐，堪称完美。

十多分钟后，在全运会气象台外接户外现场直播视频的显示屏上，雨忽然就哗啦啦地下起来，从凌晨4点就一直守候在这里的陕西气象保障人员先是惊叹，然后就彻底沸腾了，内心洋溢的成功喜悦最终通过一声声的惊叫或呼喊宣泄出来。似乎在场的每一个人都在由衷钦佩自己的努力感动了上苍。"举全省之力，集全国之智"，通过一场陆空天各种装备相互配合、国省市县气象专业技术人员通力协作的降水"阻击战"，再一次证明了在一定天气条件下实施人工消减雨的有效性。

2021年的第十四届全运会暨残特奥会是我国全运会历史上首次在西部省会城市举办，这场盛会得到了上至习近平总书记、下至普通百姓的普遍关注，能否成功举办，天气因素至关重要。从确定陕西作为全运会举办地的那一年起，气象保障服务就被提上议事日程。同时，全运会气象保障服务也是对已经宣布基本实现气象现代化的陕西乃至全国气象服务能力的一次综合检验。陕西省气象局在中国气象局和陕西省委省政府的领导下，从组织、技术、装备、人员等各个方面开始紧锣密鼓地谋划，并在筹备过程中创造了多个"第一"和"首次"，为圆满完成保障任务打下了坚实的基础。

按照省气象局提前 72 小时进入特别工作状态的要求，开幕式当天凌晨 4 点有一次综合天气会商。在此之前，大家普遍对开幕式时段的天气比较乐观，认为雨区将会在开幕式结束后大约 23 点前后到达主会场，因此总体影响不大。然而，从凌晨 4 点获取的最新监测数据和数值预报模式显示，形势突变。省气象局党组书记、局长丁传群立刻做出决定，所有原本在分会场参加会商的省局领导和部门主要负责人立刻集结到位于西安市气象局的十四运气象台参加会商。我们一进气象台，就能感受到从坐镇指挥的中国气象局余勇副局长、省气象局丁传群局长到专业技术人员凝重的表情。会商中，十四运气象台以及国家气象中心、国家卫星气象中心、国家气象信息中心、中国气象局气象探测中心等单位的首席预报员和专家相继发言，通过综合研判认为，降雨有可能提前到 17 点前后开始，并在开幕式期间影响主会场；为了延缓降水影响，将开展大规模人工消减雨作业，并建议组委会压缩开幕式时间。几乎在会商结束的同时，在场的所有人员都行动起来了。

现场坐镇指挥的中国气象局余勇副局长立即电话联系四川省、内蒙古自治区气象局局长，要求调度增雨飞机驰援陕西；丁传群局长联系省委省政府领导汇报天气形势和应对措施；其他气象局领导各就各位，指导探测、预报、服务等各个部门协作配合，为组委会提供滚动细化精准的迭进式保障服务。我被安排到人工影响天气作业中心，与人影中心、培训学院的同志们一起，为大规模人影作业提供后勤保障服务，有幸目睹了人工消减雨作业的指挥全过程。

如果说天气预报是气象核心业务，那么人工影响天气就是最复杂的一类气象业务。它不仅包括天气情势的监测预报等信息服务，也包括飞机和地面设施向空中播散催化剂的工程性措施。进入人影作业指挥中心，卫星、雷达、地面等各种观测系统的实时监测信息，以及增雨飞机的运行轨迹、地面作业视频不时地刷新大屏。这里汇聚了国内人工影响天气专家"天团"：中国科学院大气物理研究所郭学良研究员，一位杀伐果断、粗中有细的西北汉子，与作业指挥科的技术人员密切关注屏幕上的每一个云团，决定飞机和地面设施作业的时机、轨迹等；北京市气象局人影中心丁德平主任，以曾经参与指挥多次重大人影作业任务的"老人影"的丰富经验，帮助协调每一个流程、每一个环节，确保作业指令能够顺利实施；还有中国气象局人工影响天气中心的陈宝君、姚展予研究员，成都信息工程大学的苏德斌教授——北京奥运气象保障服务的重要参与者和组织者、气象雷达专家。他们虽然话不多，但能看出对专业的执着和自信，不时地为作业指挥和评估提供决策建议和意见，并随时关注作业的效果。年轻的省人影中心罗俊颉主任，连续奋战几个昼夜，从眼神和行动可以看出他的疲惫，但他仍旧坚决地完成各项任务。从之后的降水分布图上可以得出基本判断，这次降雨"阻击战"效果显著。

在气象保障服务过程中，共产党员冲锋在前，他们在多个岗位上被评选为业务明星，时刻激励着大家保持昂扬的斗志。还有一些很难在正式场合看到的身影，他们虽然没有站在聚光灯下，也没有上新闻宣传报道的荣光，却体现了一名普通职工，尤其是党员干部的责任和担当。省局气象培训学院的正、副院长在学员公寓、食堂当起了临时服务员，端茶倒水、打扫卫生。机关服务中心在做好防疫的同时，负责为大家提供可口的工作餐。

还有很多没有看到的感人场景，都体现了参与其中的干部职工勇担使命、倾注全力、当机立断、精益求精、永不言弃等良好的工作作风和精神风貌，值得终身回味和学习。我作为一名为气象服务提供支撑保障的人员，有幸参与其中，感到无上光荣，终生难忘。

（作者单位：陕西省气象局）

不负盛会　勇启新程

赵光明

　　2021 年 9 月 15 日晚，在备受瞩目的第十四届全国运动会隆重开幕的经典时刻，陕西人工影响天气同步实施了一场成功的消云减雨大决战，为开幕式精彩圆满交出了高分答卷，再次展现了人影担当和人影力量。回想 3 年来从准备到实战的历程，一幕幕场景令我至今难忘、深铭肺腑。在这场政治大考、能力大考、作风大考中，我们始终牢记习近平总书记"办一届精彩圆满的体育盛会"的嘱托，全面落实陕西省委省政府全运会部署，科学谋划、精细组织、挂图作战，举区域乃至全国人影之力，筑起一道道天罗地网的拦截防线，以决胜的勇气成功实施了开幕式人工消减雨作业保障，创下了我省人影史上多个"首次"，催生形成了精益求精的"人影标准"、万无一失的"全运服务"、敢于决胜的"会战作风"，为今后重大气象保障积累了弥足珍贵的经验，值得倍加珍惜、发扬光大。

　　不负盛会，勇启新程。我们将以这次十四运会气象保障为新起点，再接再厉，奋力谱写陕西人工影响天气工作高质量发展新篇章。

（作者单位：陕西省气象局）

十四运气象保障服务一点感受

杨文峰

　　第十四届全国运动会于 2021 年 9 月 15 到 27 日在陕西成功举办，实现了习近平总书记提出的"办一届精彩圆满的体育盛会"的目标，得到社会各界的一致好评。气象保障服务在中国气象局的领导和指导下，举全国之力，特别是十四运会开幕式气象保障取得了圆满成功，陕西省委省政府高度肯定，社会各界普遍赞誉，全省气象干部职工备感自豪。之所以能取得这么好的成效，我觉得有几个方面感受最深。

　　一是谋划策划得好。省局谋划推动中国气象局成立了十四运会气象保障服务领导小组；谋划推动十四运会组委会成立气象保障部，气象保障全面融入组委会赛事指挥体系；省局策划成立了十四运气象台，专门承担十四运会气象保障服务任务；谋划推动省政府成立了开幕式人工消减雨工作专班，成立 24 个部门参与的联合指挥中心。"一小组、一部、一台、一中心"为十四运会气象保障服务提供了坚实的组织保障和实施基础。

　　二是切入点找得好。以十四运会组委会最关注的开幕式天气为切入点，省局组织开展十四运会开幕式天气特征分析，详细分析了开幕式时段出现各种天气的可能性以及该种天气发生的概率，特别是各种量级降水在开幕式前 2 小时到开幕式结束后 1 小时逐小时发生的概率以及天气系统来向的概率，这样科学的精细分析，以前没有做过，说实话也没有想过这样去做。特征分析报告给组委会和省委省政府报告后，效果特别好，科学精准的数据分析给上级领导很深刻的印象。开幕式时段降水可能性如何？人工消减雨的难度如何？一目了然，为后面组委会和省委省政府决策是否要开展人工消减雨作业、困难程度如何以及需要投入多少资金提供了科学依据，也为省局后面的工作赢得了主动。

三是落实抓得好。一分部署九分落实，如省局成立了十四运气象台，运行得如何？省局主要领导多次到十四运气象台调研指导，包括整体运行情况、人员到位情况，每个岗位的职责、工作流程、制作的产品和开展的服务，针对存在的问题亲自主持会议研究解决。省局领导针对业务平台、数据获取、产品制作等狠抓落实。从而推进十四运气象台落地落实，顺畅有序运转。再如人工消减雨联合指挥中心，如何开展工作，省局主要领导也是多次研究、调研指导和督促检查，特别是各人影作业点的准备情况。省局主要领导带着局办同志深入炮点了解情况，包括炮弹准备了多少、多少人作业、作业人员的生活保障等详细情况，及时解决问题。省局领导组织演练，发现问题，完善方案等。省局领导带头抓落实，形成了层层抓落实的良好作风，推进各项决策部署落地见效。

回顾十四运会气象保障服务的每时每刻，依然历历在目，我感慨万千，感想感受还有很多，可以用毛主席一句诗词来形容"更喜岷山千里雪，三军过后尽开颜"。总之，这次十四运会气象保障服务，省局领导、各处室、各直属单位及各市局上下一心、同频共振，付出了辛勤劳动，实现了"精彩圆满"，也涌现了一批先进典型。能够作为参与者和见证者，我感到非常骄傲和自豪！

（作者单位：陕西省气象局）

全程监督　护航十四运

杨凯华

第十四届全国运动会是建党百年之际在我省举行的全国性体育盛会，也是这一赛事首次在中西部地区举办。陕西省局党组纪检组认真贯彻落实习近平总书记"办一届精彩圆满的体育盛会"的重要指示精神，践行"廉洁十四运"理念，充分发挥监督保障执行、促进完善发展的作用，以强有力的纪律监督保障党中央和中国气象局、省委省府决策部署在我省气象部门落实到位，确保为十四运会和残特奥会提供高水平、高质量的气象保障服务。

一是推进政治监督具体化、常态化。十四运会标准高、规模大、范围广、时间长，做好气象保障服务显得尤为重要。纪检组始终胸怀"国之大者"，把十四运会气象保障作为强化政治监督的切入点，纳入2021年度纪检组工作计划，列为政治巡察重点。紧盯赛前筹备、赛时保障等关键环节，聚焦项目建设、设备采购、精细化预报预警、人工影响天气作业、气象科普宣传、疫情防控等重点领域，提前介入，主动作为，传导监督压力，压实主体责任，做到党中央和上级决策部署到哪里，政治监督就跟进到哪里，以纪律保障十四运会气象服务高标准、高效能推进，交出一份高质量的答卷。

二是做实做细日常监督。结合2021年度全面从严治党工作会议，围绕十四运会气象保障，对各单位"一把手"履行主体责任、第一责任人责任进行集体约谈，提出加强和改进意见及工作措施；常态化对各有关单位主要领导履职主体责任"一岗双责"情况开展监督检查，看思想认识是否重视、工作责任是否落实、工作措施是否有力，持续强化监督，压实责任。2021年9月上旬，省局党组纪检组同步进入赛事气象保障特别工作状态，成立监督小组，采取"四不两直"、实地走访等方式，聚焦发现和纠治"慵懒散漫虚粗"、不作为、乱作为、推诿扯皮，以及大局观念不强、协作不力等作风问题，对各相关单位工作纪律、气象服务情况进行全过程监督，保证严格履职尽责、兑现服务承诺。开展了十四运会气象保障服务专项经费的审核监督。

三是促进形成联动监督合力。建立健全防范廉洁风险关口前移机制，加强与业务部门的信息互通，对"三重一大"决策、设备采购、招标投标等开展跟踪监督，有效防范化解风险隐患。十四运会在我省各地市均有赛事，气象保障点多线长，涉及省、市、县三级。省局纪检办组织全省气象部门各级纪检机构围绕十四运会气象保障开展常态化监督检查，督促各级各单位的党组织和领导干部强化领导、夯实责任，勇于担当作为、严守纪律规矩、狠抓责任落实，确保各地有关活动和赛事顺利进行，为十四运会成功举办贡献陕西气象纪检力量。

四是保障服务中彰显担当作为。十四运会气象保障服务工作责任重大、任务艰巨，全省气象部门各单位充分发挥党建引领、支部堡垒和党员先锋作用，突出组织带动功能。根据分工上下联动、履职尽责、层层落实为圆满完成保障工作提供了坚强政治和组织保障。全体气象保障人员真抓实干，坚守初心使命，奋斗在气象保障服务的第一线，砥砺担当作为，刻画出一幕幕朝夕不倦的奋斗瞬间。全体陕西气象人以实际行动践行着"我为群众办实事"要求，砥砺奋进，为"办一届精彩圆满的体育盛会"贡献了应有的气象力量！

（作者单位：陕西省气象局办公室）

难忘十四运

张树誉

　　2021 年是中国共产党成立 100 周年，是"十四五"规划的开局之年，是进入新发展阶段开启全面建设社会主义现代化国家新征程的第一年，在这一重要的历史节点举办全运会，意义重大、使命光荣。2020 年 4 月，习近平总书记考察陕西期间对全运会作出重要指示，明确要求"办一届精彩圆满的体育盛会"。2021 年，习近平总书记深入北京冬奥赛区调研，提出"简约、安全、精彩"的办赛要求，这也是我们办好全运会的根本遵循。本届全运会是首次由东部发达地区走进中西部地区，做好十四运会气象保障工作是陕西气象事业高质量发展的"加速器"和"助推器"。

　　天气是影响十四运会各项赛事活动能否安全顺利开展的重要因素，开（闭）幕式等重大活动的成功举办也与气象条件密切相关，各赛事运动员的竞技状态、比赛成绩及安全参赛都与气象因素有着直接关联。根据专题气候预测，十四运会期间强降水、大风、连阴雨等不利天气影响很大，需要我们从遭遇最不利的天气着手，充分做好风险应对和防范工作。我作为省局十四运办常务副主任，有幸直接深度参与了十四运会气象保障工作，在中国气象局、陕西省委省政府、组委会的坚强领导和省局党组的精心组织、决策、部署下，探索了全国气象"一盘棋"打造气象保障服务"全运模式"，护航十四运会和残特奥会"精彩圆满"的陕西实践。下面，通过两个小片段，记录下难忘的十四运会气象保障的 305 天。

（一）接受任务，迅速适应

2020 年 12 月 23 日晚，我在陕西宾馆准备参加第二天的陕西省委省政府文明单位表彰大会。经过 6 年的努力创建，咸阳市气象局终于获得了省级文明单位称号，当天晚上还参加了授牌仪式彩排。彩排还没结束，突然我接到了省局人事处的电话，通知我明天到省局，局领导要跟我谈话。我心里猜到是工作岗位要调整了，因为第二天要上台接受省委省政府领导授牌，就商定 24 号下午上班的时候到省局。第二天下午两点半，我准时赶到省局，局领导通知我到应急与减灾处工作，在兼任的职务中，有一项是省局十四运办常务副主任，当时确实不清楚新任岗位的工作职责和任务要求，想着先回咸阳交接工作，再慢慢熟悉新岗位工作。可没想到的是，罗慧副局长严肃地跟我说："处里的工作你要快速熟悉，今天宣布了就要开始履职，特别是十四运会气象保障工作责任大、要求高、任务重，没有时间等你熟悉，很多工作需要安排、落实，16:30 十四运办要开月工作推进会，你参加，并做好发言准备。"我心想，今天刚来，啥情况都不清楚，听听会就行了，发言让我说什么啊。罗慧副局长似乎看出来我的心思，再次叮嘱我："十四运办是贯彻落实省局党组关于十四运会气象保障工作部署的重要工作部门，组织、协调、督促任务很重，你要有充分的思想准备，不明白就主动问、主动了解，理清近期的重点任务，边干边学、必须干好。"就这样，开启了我的十四运办常务副主任的履职经历。我内心虽有忐忑，倍感压力，但也深感荣幸，决心不遗余力、不留遗憾。

（二）开幕式天气气候特征分析报告诞生记

2021 年 5 月 17 日，我和几名处长陪同陕西省气象局丁传群局长到延安出差，路途需要三个小时。上车不久，大家不觉把话题集中到了十四运会气象保障服务工作，毕竟十四运会是国家大事。十四运会正值汛期，及时向省委省政府和组委会提交一份科学全面、有分量的开幕式天气气候特征分析材料，对于组委会采取有效、有针对性的应对措施非常重要。虽然以前做过一些重大活动保障的专题分析，但普遍比较粗，不够"精、准、细、全"。丁局长引导大家从资料选取、报告框架、重点内容、建议把握等几方面进行了深入讨论。

首先，是资料选取问题。由于奥体中心缺乏长时间序列的气象观测资料，国家自动气象站、区域气象站资料时间序列相差很大，如何结合应用？泾河、高陵、临潼等相近的几个自动气象站，怎么选择才更有代表性？每日观测资料的统计时段是利用 08：00—08：00，还是 20：00—20：00？其次，是重点分析什么。通过大家的讨论，分析的内容既要有开幕式当天，特别是 18：00—22：00 重点时段内可能发生的全部灾害性（高影响）天气，包括强降雨、大风、闪电、雾和冰雹等，以及分时段的降水量级和概率。还要进行天气分型和分析系统来向，以及开幕式前后一周的气象要素特征，给出可能日期更改的建议。最后，还要针对可能出现的灾害性（高影响）天气提出应对防范的建议。

随着这些问题的不断清晰，汽车也不觉到了延安，三个小时的路途时间也在热烈讨论中一晃而过，一份在开幕式气象保障中发挥重要作用的专题分析报告框架也由此诞生。日后，在陕西省政府专题会议上，赵一德省长多次引用了该报告的分析数据。通过这次专题分析材料的准备，我更加深化了如何为组委会提供有用、有效的决策服务材料的认识，也学会了重视深入讨论提高重要材料撰写质量和效率的工作方法，还领会了做好重大活动保障要把握"问题要分析透，灾害要分析全，可能性要说到位，建议措施要想周全，用数据分析说话"等要点。

（作者单位：陕西省气象局应急与减灾处）

72 小时的"军令状"

王　毅

　　2021 年重大事件交织，注定了 2021 年的不平凡。在举国上下刚刚庆祝完党的百年华诞后，新冠肺炎疫情尚未完全退去时我国中西部地区首次承办的第十四届全国运动会于 9 月 15 日在陕西隆重举行。习总书记"办一届精彩圆满的体育盛会"的指示，中国气象局庄国泰局长的"集全国之力做好全运会气象服务保障"的要求，陕西省气象局党组的"最高标准、最快速度、最实作风、最佳效果"的承诺，这些都注定了 2021 年气象保障服务工作中有许多难忘的瞬间。

　　多半年过去了，现在回想起来当时的情景，仍让人激情澎湃，如在昨日。这其中最令我难忘的就是 72 小时的"军令状"。

　　2021 年 9 月 10 日晚上，据十四运会开幕式只有 5 天时，省气象局突然接到组委会的一项紧急任务。由于近地面 0～50 米垂直范围内的风速风向及降水等对全运会开幕式中的威亚表演影响较大，因此组委会要求在原有气象观测站网的基础上进行加密观测。经与开幕式导演团队充分研究后，需要在奥体中心 50 米高度的场馆顶部补充安装 3 个微型智能气象站，在 20 米高度上安装 4 个微型智能气象站，共同组成 20、50 米高度的气象要素的实时监测，及时提供风向风速等信息，为威亚表演提供现场垂直精细的气象监测服务。省局丁局长给我下了 72 小时的"军令状"，即必须在 13 日 22 时前完成安装并实现观测数据入网。

搞过气象站建设的人都知道，这几乎是一个不可能完成的任务。没有现成设备，需要向厂家购买；中央特勤局已接管了奥体中心，严禁相关人员、设备出入；再加上新冠肺炎疫情影响等，困难可想而知。我当时就想，这是非常时期的非常任务，我们要用最快速度为全运会开幕式提供最高标准的气象服务。我暗下决心，一定要把不可能变成可能。

10 日 22 时，我连夜组织相关人员进行研究部署。全运会气象保障部的张向荣立即协调相关领导、奥体中心等，办理人员、设备入场证件事宜。省大气探测技术保障中心邓凤东立即组织现场安装人员并制定气象加密方案。省气象信息中心张雅斌负责做好新站数据接入主站等准备工作。大家连夜就开始行动了。

10 日 23 时，我们连夜联系无锡航天新气象公司杨总。杨总给予了大力支持，特地将其他单位的微型智能气象站调给我们，并安排车连夜送陕西。

11 日 15 时，经过 15 个小时 1250 多公里的奔波，7 套微型智能气象站第一时间送到西安。

12 日上午，几经反复，在省局丁局长等领导多次协调下，终于把奥体中心的入场证件办下来了。

12 日 12 时，邓凤东带着毛峰、杨家峰、龙亚星等，与无锡航天新气象公司两名技术人员进入奥体中心，一直干到了凌晨。

12 时 22 点 30 分，第一套微型智能气象站在奥体中心西南 5 层 30 米处安装完成。

13 日上午，省局罗慧副局长带着气象保障部张向荣等人来到奥体中心，亲自协调港务区、安保特勤、全运会导演团队等，确保奥体中心现场安装工作顺利进行。

13 日下午，省局杜毓龙副局长带着我、省大气探测技术保障中心李成伟等到奥体中心，现场检查、指导、部署设备安装工作。

13 日 19 时，连续高强度工作了 30 多个小时后，终于将最后一套微型智能气象站安装完成。

13 日 21 时，我与张雅斌等一直在气象信息中心四楼平台，随时与奥体中心邓凤东他们联系，安装好一台，及时添加新站信息并接入省气象信息中心主站，确保数据传输正常。一台、二台、三台、四台、五台、六台，眼看着胜利在望。但第七台好像与我们故意作对，就是不能接入主站。再次核对了站点信息，不行；重新修改了参数，还是不行。时间不知不觉过了 20 分钟，眼看着就要到了"军令状"的最后期限，我们万分着急。

13 日 21 时 30 分，第七台微型智能气象站突然接入中心站了，大家一片欢呼！72 小时的"军令状"终于完成了，我长出了一口气，心里的石头也落地了。到现在谈到此事，我们都不明白第七台气象站到底怎么了。

9 月 14 日上午，全运会开幕式前最后一次综合观测网络工作调度会报告：全运会新建的 17 种 82 套观测设备及全省其他观测设备运行正常，全省所有气象观测数据传输正常，16 路视频、全运会观测预报和服务等应用系统、相关气象监测数据已全部接入十四运会气象服务指挥平台，陕西气象大数据云平台"天擎"、高性能计算机系统等运行正常，各业务系统、网络系统运行正常……万事俱备，静待全运会盛装开幕！

9 月 15 日晚上，全运会开幕。长安一夜，星桥火树，开遍红莲万蕊；"长安花"含苞待放；朱鹮展翅，轻盈飞舞。开幕式精彩圆满，好评如潮，令人激动万分！

这是一组不完全统计的全运气象观测与网络工作的"大数据"：从 2020 年 4 月开始，历时 495 天新安装了 17 种 82 套各种气象观测设备，建成了水体、地面、高空、立体化、精细化十四运会气象监测网；新研发或引进了雷达三维风场、风云 4B 高精度产品、百米级网格气象要素实况分析产品等 20 多种监测数据产品；组织编制了《十四运会和残特奥会加密观测保障方案》《十四运会和残特奥会观测系统应急保障方案》《十四运会和残特奥会气象信息保障与应急工作方案》《十四运会和残特奥会新型观测设备应用手册》等近 10 个方案文件；举办了十四运会新型观测设备应用技术培训十多场次，培训人数上百人；邀请 7 名中国气象局专家赴陕西现场坐镇指导，全国 9 个厂家调遣 20 名技术骨干赴陕保障 10 类观测设备正常运行，保障范围覆盖全省 11 个地市；为了确保十四运会气象保障等网络安全万无一失，组织开展了全省 2 轮次的网络安全攻防演练、5 轮次的网络安全检查活动，创建网络安全区（DMZ 分区），进行网络划分和有效隔离，细化升级访问策略 52 条，新建白名单 130 余条，等等。每一个数据的背后，无不浸透着汗水、泪水和心血。

今夜，回想着两年多来全运会气象工作的点点滴滴，那些多少奋斗的历程，那些多少拼搏的身影，那些多少难忘的瞬间，都一起涌上心头！

（作者单位：陕西省气象局观测与网络处）

非凡十四运　精彩有你我

王　川

　　第十四届全运会已圆满落下帷幕。气象护航十四运会其实是提供了一次全面检验陕西气象现代化的机会，同时也带来了进一步提升能力促发展的重大机遇。面对特殊的历史时期，在天气复杂的华西秋雨季节，第一次举办如此盛大的赛事，陕西气象人经受了许多前所未有的严峻考验，抓住机遇、团结一心，和运动场上的运动健将一起，用拼搏的汗水，交上了一份满意的答卷，以实际行动兑现了"精彩圆满"的庄严承诺。

　　5年气象保障服务的一幕幕，已经成为难忘的回忆，陕西气象人走过了不平凡、充满挑战的5年，也是攻坚克难、收获满满的5年。回顾起这一段令人难忘的历程，凌晨4点的天气会商，挑灯夜战的十四运气象台，烈日下气象设备的安装……每一个风雨同舟的场景，每一个心手相连的身影，还常常会在脑海中浮现，作为十四运会气象保障服务中的一员，我能够亲身经历，一路走来，感到无比的光荣和自豪。

　　走过不平凡的春夏，我们终将迎来收获的秋季。惊心动魄的开幕式天气让大家津津乐道：忐忑不安、紧张焦虑、自信淡定、心潮澎湃……每一位参与其中的气象人心情就如同复杂的天气，跌宕起伏，至今让人回味无穷。可谓是宝剑锋从磨砺出，一朝出战建奇功，各方的赞誉扑面而来，完美的气象保障服务声名远扬。

这些赞誉的背后是陕西气象工作者多少次面对挑战的磨炼和思考，多少个日夜的拼搏奋斗。首先，我们做到了心怀国之大者，始终牢记习近平总书记"办一届精彩圆满的体育盛会"的殷殷嘱托，深入贯彻落实陕西省委省政府和中国气象局的决策部署，面对挑战，勇于承担使命责任。其次，省局以科学理念为指导，超前谋划、周密部署，建立了职责清晰、指挥有力、协调高效、运行流畅的运行指挥体系，高位推动、末端发力、终端见效的工作机制是有力有序开展各项工作的重要保障。成功的保障服务还得益于气象部门集中力量办大事的优势，我们开放合作，对外深度融入省市各级筹委会组委会，对内与中国气象局及兄弟省市充分衔接，真正做到了团结协作讲大局，凝心聚力促发展。最后，依靠开放式科技创新，依靠凝聚智慧和团结力量是关键的一环。中国气象局派出了最优秀的技术专家，提供了有力的气象监测和预报技术支撑，兄弟省份给予大力指导和帮助，全体参与者并肩作战、同向发力，共同编织了一张天地空监测的天罗地网，研发了一套自主可控的预报服务技术，建设了一组核心业务支撑平台，形成了一个无缝隙精细化十四运会气象预报服务体系，探索了一套"一市一策""一赛一策"的服务策略。

非凡十四运，精彩有你我。我们在奋斗中收获了成功的喜悦和美好的回忆，更收获了弥足珍贵的精神财富。最好的纪念就是传承和弘扬十四运会昂扬向上、勇毅前行的气象精神，乘十四运会之东风，把好做法、好经验固化下来，将各项成果推广应用到实时业务中，应用到重大活动、汛期气象保障服务中。在新征程中，我们坚定信念、担当作为，立足本职岗位，为推动陕西气象高质量发展贡献自己的力量。

（作者单位：陕西省气象局科技与预报处）

十四届全国运动会随想

段昌辉

　　2021 年召开的第十四届全国运动会和全国第十一届残运会暨第八届特奥会是在中国共产党建党一百周年、我国全面建成小康社会的重要历史节点，党和国家交给陕西的一项重大政治任务，也是全运会第一次走进西部。陕西省气象局认真贯彻落实习近平总书记"做好筹办工作，办一届精彩圆满的体育盛会"的重要指示精神，按照中国气象局和陕西省委省政府安排部署，加强组织领导，提前谋划设计，主动深度融入，气象保障工作圆满成功。自己有幸参加了全运会气象保障服务筹备的大部分过程，回想长达 5 年的筹备时间，不禁感慨万千。

　　广泛调研，提前谋划。早在 2016 年年底，陕西省委办公厅、省政府办公厅印发《第十四届全国运动会总体工作方案》《全国第十一届残运会暨第八届特奥会陕西省筹备工作总体方案》，明确了省气象局的工作职责，负责开（闭）幕式人工消减雨和重大赛事的气象保障。接到组委会任务后，当时任省局应急与减灾处处长的我，提请省局成立十四运会气象保障筹备领导小组，按照省局安排先后组织到天津市气象局、河北省气象局、北京市气象局、江苏省气象局、广东省气象局、湖北省气象局等单位进行调研，详细了解十一运会、十二运会、十三运会以及武汉军运会和北京 2022 年冬奥会和冬残奥会气象保障服务的组织、管理、业务建设和具体服务开展情况。调研所到之处，各单位都热情接待，重点学习武汉军运会和北京冬奥会气象保障的组织管理、项目谋划、现代气象服务等新理念和新做法，为做好十四运会气象保障服务工作奠定了基础。记忆尤深的是 2020 年元月中旬带队去湖北省气象局学习调研，时间正好是农历小年前后，新型冠状病毒正在武汉扩散传播。回到省局后不到一个星期，我们调研组一行 6 人按有关规定居家隔离。这可能是新型冠状病毒爆发后，我省最先被居家隔离的人员。

谋划项目，加强支撑。经过广泛调研和需求梳理，我深感要做好十四运会气象保障服务，急需提高能力建设。2018 年 6 月，组织编制《十四运会和残特奥会气象保障工程项目建议书》，历时半年，成稿后于 2019 年 3 月邀请中国气象局、天津市气象局等单位专家进行了论证。修改完善后，2019 年 8 月报省政府申请立项，得到魏增军副省长、方光华副省长的批示。11 月，方光华副省长召开省政府专题会议，落实气象保障工程项目建设有关问题。2020 年 2 月，项目可行性研究报告获省发改委批复；4 月，初步设计方案获省发改委批复，由陕西省十四运会专项经费投资，其中，不含开（闭）幕式人影保障经费。项目建设内容主要包括十四运赛事气象监测及信息网络设备、一体化预报预警和智慧服务系统、十四运气象台平台和移动气象台等。能力建设项目的实施，为十四运会气象保障圆满成功提供了坚实的技术保障。

争取支持，健全体系。依据中国气象局《重大活动气象保障服务组织实施工作指南》《全国重大活动气象保障服务分类组织管理运行规范（试行）》，第十四届全国运动会是全国性运动会，属于二类重大活动保障，省级气象局成立重大活动气象保障服务领导小组即可，但第十四届全运会在陕西举办，是全运会历史上首次在西部举办，且国家领导人出席，意义重大，气象保障困难也很多。我们多次与中国气象局应急减灾与公共服务司（简称"减灾司"）沟通，建议提升第十四届全运会气象保障为一类重大活动保障，请求中国气象局成立相应的领导小组或协调小组，综合协调中国气象局各职能司、各直属单位和相关省气象局支持十四运会气象保障工作。经减灾司同意后，我们组织编制完成《十四运会和残特奥会气象保障服务总体工作方案》，并经筹委会秘书长办公会审议通过后报减灾司审核同意印发。2020 年 8 月和 11 月，中国气象局先后两次在北京召开协调会，听取陕西省气象局十四运会气象保障服务筹备情况，余勇副局长安排部署各单位对十四运会气象保障工作支持事宜。至此，集全国气象部门之智，支持十四运会气象保障服务局面基本形成，中国气象局各相关职能司、直属单位、北京市气象局、河北省气象局等单位从筹备期间到全运会举办结束都给予了陕西省气象局大力支持。

落实资金，保障运行。为保障十四运会开幕式消减雨工作顺利进行，省局组织省人影中心编制了人工消减雨方案，经十四运会组委会研究同意，从十四运会专项经费中安排了人工消减雨专项经费。会议研究通过大约在 2021 年 8 月中下旬，距十四运会开幕不足半个月时间。争取落实经费时间紧、任务重，按照省局的统一部署，我们多次与省财政厅、十四运会组委会财务部就资金拨付额度、拨付方式、拨付时间、票据提供和应急采购政策落实等进行沟通协商，赶在开幕式前，分两次确保人工消减雨专项资金足额拨付到省人影中心。为保证相关物资及时采购，多次与十四运会组委会财务部沟通，按照应急采购相关要求，指导省人影中心制定了应急采购工作流程和相关制度。按照省局要求，根据实际需要，组织省局核算中心每天安排两名会计进驻省人影中心，做好政策咨询、业务指导、票据审核、资金支付等工作。按照十四运会组委会专项资金管理要求，为确保资金安全，防范风险，组织制定了《十四运会开幕式人工消减雨作业经费管理办法》，成立省财政厅、十四运会组委会财务部和省气象局三方资金监管小组，明确经费使用范围和要求，严格遵循专款专用、强化监督、注重绩效的原则，规范各项支出。

（作者单位：陕西省气象局计划财务处）

克服艰难　全力保障

贺文彬

全国运动会是国家级规模最大、规格最高的运动盛事，每4年举办一届，如果一个人按照35年职业生涯计算，最多能经历9次。第十四届全运会在西安举办，能够亲身经历并成为其中的建设者、保障者，不得不说是一件非常有意义的事情，一件很幸运的事情，一件值得记忆的事情。

找钱有多"急"！

2019年9月中旬，陕西省气象局召开十四运会气象保障工作推进会议，研究确定十四运会气象保障服务项目建设由计划财务处牵头立项。距离开幕不足两年（当时了解到开幕式时间为8月28日），完成工程立项、建设到竣工交付使用几乎不可能！

两个月紧锣密鼓的调研，了解十四运会赛会气象保障需求、赛事气象保障需求，以及赛事期间西安市交通、旅游、出行等城市运行气象保障需求，最后确定了以保障十四运会开（闭）幕式重大活动为重点的气象保障方案，历时2个月完成项目建议书编写。11月20日，省政府专题会议研究十四运会气象保障服务项目立项事宜；12月4日，报送了十四运会气象保障工程项目建议书；12月6日，省发改委下发项目建议书的批复。

项目可行性研究报告和项目建议书是同步进行的。把项目建设的可行性说透，并说服每一位专家是一件异常艰难的事情。既要普及气象知识，也要讲好气象故事；既要讲清"十三五""十二五"已建项目，也要说明白十四运会新建项目；既要论述项目在十四运会气象保障服务中起到的作用，也要展望在全面推进陕西气象现代化建设中的长远效益。不断重复地修改方案，重复不断地说明建设内容，重重复复地修改、说明……整个人的神经都疲惫麻木了，甚至刻意不去想这个项目，但它总会在睡梦中造访你，真的一次次出现了幻觉，一直到恶心想吐……终于，12月10日报出了《十四运会气象保障工程项目可行性研究报告》；12月16日，省政府评审中心专家组进行评审，我们精心准备、攻城拔寨、舌战群儒。2020年2月17日，省发展改革委下发了《十四运会气象保障工程项目可行性研究报告》的批复。从启动到立项刚好5个月，我的心情无比放松和舒坦。

接下来的工作比较顺利，2月25日，报送十四运会气象保障工程项目初步设计方案；4月27日，省发展改革委批复。随着财政资金、预算内基建投资下达。十四运会举办得精彩圆满，气象保障获得成功。

借人何其"难"！

"找钱""借人"一般摊上一件事就够心力交瘁了，可我们偏偏两件事都遇上了。随着十四运会的临近，十四运气象台以及移动气象台都要按"下月就是开幕式""下周就是开幕式""明天就是开幕式"的要求来运转。在省气象局党组的领导下，人事处四处张罗着"借人"。2020年9月，两次从地市级气象局借用了13人，工作时间1年，都是从各单位一线抽调的骨干人才。虽然全省众志成城保障十四运会，但同时要兼顾各单位业务的正常开展，兼顾疫情防控人员备份需要，要在"虎口拔牙"也难免费一些"口舌"，但最终得到了各业务单位的全力支持，总算把十四运气象台维持日常运行的人员框架搭建起来了。

随着十四运会气象保障服务工作的推进，十四运会气象保障需要进一步强化工作协调、管理，放眼全省从业务、管理一线遴选借用得力驻会等工作人员。3月23日，十四运会气象保障服务筹备工作领导小组办公室成员进行了调整。

十四运会开幕倒计时 1 个月是最大规模的一次"借人"了，包括预报值班首席、服务值班首席、指挥中心保障专家、媒体服务人员、移动气象台信息网络保障人员、移动气象台设备保障人员等 66 人。各单位克服了汛期值班、疫情防控等各种困难，确保人员及时到位，按时进入特别工作状态，人事处全力做好借用人员的服务工作，动态掌握思想状况，为十四运会气象保障提供有力的人力支撑。

十四运会气象保障服务在我的职业生涯中留下了深深的印记……

（作者单位：陕西省气象局人事处）

奋进新时代　建功新征程

赵艳丽

在建党一百周年、全面建成小康社会的重要历史节点，第十四届全国运动会和第十一届残运会暨第八届特奥会第一次走进西部，在陕西举办。这既是党和国家交给陕西的一项重大政治任务，也是展现陕西形象、促进陕西发展、弘扬陕西文化的重要契机。陕西省气象局认真贯彻落实习近平总书记"办一届精彩圆满的体育盛会"的重要指示精神，按照中国气象局、陕西省委省政府和十四运会组委会安排部署，高度重视、加强谋划、主动融入，聚各方之力、汇全国之智，气象保障服务特别是开幕式保障服务取得圆满成功，为此次盛会的精彩圆满贡献了陕西气象力量，也充分展示了陕西气象风采！回首那段经历，我依然心情紧张、心潮澎湃！时间仿佛又回到 2021 年 9 月 15 日十四运会开幕式前的那个凌晨……

4 点 55 分，正在睡梦中的我被电话惊醒，"艳丽，刚才天气会商情况不是很好，需要协调四川、甘肃的飞机参与消减雨作业，得赶紧报请省政府发函协调"。挂了文峰主任的电话，我心里直打鼓，省政府办文节点多，现在协调时间太紧了。简单收拾了一下，我把睡梦中的孩子叫醒安顿一番，赶紧往单位赶。6 点 05 分，到达单位，昌辉处长、雪相已在机要室了，我们开始起草请示及函件代拟稿，大家认真讨论、字斟句酌，早饭送来了却没人动。文件终于准备好了，昌辉处长这才端起凉透的粥，边喝边安顿"不要急、不要急，咱不能慌，再检查一遍，不敢有错误"，但我感觉，昌辉处长是真"急"了。

7点，出发去曲江，报请省政府领导签批文件。西安的早高峰，从北到南，环城东路的车排起长龙、望也望不到头，我心里那个急啊，从没觉得时间这么难熬。8点10分，终于到了，桂秋处长、永章处长已在会场门口等着，没有时间寒暄，拿着文件转头就走了，3分钟就签出来了。8点55分，秋生处长带着我们在政府办公厅的楼道里"不庄重"地穿梭、奔跑。9点20分，传真发到四川、甘肃两省政府，并电话确认协调好，大家终于长舒了一口气。"呀，我们竟然没有写标题，就这样发出去了""呃……怎么没注意，不影响吧，事情说清楚了""没关系没关系，都能理解，说明我们真的很着急"，说完，大家哈哈大笑，好吧，我们自己原谅了自己。

这是一个怎样"兵荒马乱"的早晨，可这只是十四运会气象保障服务众多忙碌日子里一个最普通的缩影。

早在2016年年底，省委办公厅、省政府办公厅印发《第十四届全国运动会总体工作方案》《全国第十一届残运会暨第八届特奥会陕西省筹备工作总体方案》，明确了省气象局负责开（闭）幕式人工消减雨和重大赛事的气象保障。

中国气象局高度重视十四运会气象保障服务，专门成立了协调指导小组、印发总体工作方案、召开3次专题协调会，雅鸣局长、国泰局长分别于2020年、2021年亲自赴陕检查指导保障服务工作。开幕式当天，国泰局长在京全程坐镇指挥。而在开幕式两天前，中国气象局成立开幕式气象保障总指挥部并启动特别工作状态，余勇副局长赴陕现场调度，和大家一起度过不眠之夜。风云4B卫星定点监测、3架高性能人影作业飞机支援、数值预报模式加密运算、36人组成的国家级专家团队赴陕等98项支持在陕落地应用。

气象保障服务筹备工作开展以来，国中书记多次关心、亲自指导，会见国泰局长一行并就做好十四运会气象保障服务进行深入交流。一德省长两次亲临省局安排部署，要求精心精细做好气象监测分析研判，不断完善方案预案，切实增强气象保障针对性和有效性。多位省级领导指导并协调安排有关工作。

省局党组高度重视，2016 年成立了工作领导小组及其办公室，提早谋划。2019 年以来，先后召开 17 次党组会议、15 次领导小组会议和 50 余次专题会议，开展工作调研 20 余次，传达贯彻落实上级安排部署，凝聚工作共识，推进工作开展。省局启动特别工作状态，局领导在整个保障服务过程中率先垂范、靠前指挥，彻夜坚守，带领全省气象干部职工为十四运会作贡献。

在中国气象局和陕西省委省政府、十四运会组委会的正确领导和悉心指导下，在兄弟单位的大力支持下，在全省气象工作者的奋力拼搏下，十四运会气象保障服务各项工作顺利推进。

气象保障服务全方位融入。不断完善"前店后厂"工作模式，气象保障部常驻十四运会组委会，西安、宝鸡、渭南、杨凌、汉中、咸阳、延安等 7 市分别成立气象保障部，气象保障融入组委会决策流程、组委会管理体系、十四运会竞赛组织和指挥系统，气象保障服务工作始终与其他各项工作同步部署、同步实施、协调推进。

气象技术装备高科技产品纷纷亮相。风云气象系列卫星针对西安奥体中心进行"快扫"，智能网格预报和"天擎""天衍"等多种现代化气象预报"重器"成为科技后盾，X 波段双偏振相控阵天气雷达等 80 多套新型现代化观测设备广泛应用，实现了地、空、天一体化多源观测资料深度融合，诞生出精细化分钟级降水预报及沙温、水温、暑热指数等"按需定制"的专项预报产品。

顺利完成重大活动及赛事气象保障。按照"全流程、全方位、全要素"要求完成全部 53 场测试赛、6 场正式比赛、圣火采集、火炬传递点火起跑、倒计时系列活动等气象保障服务工作。设立前方保障组，现场提供"贴身式"气象服务，设立后方支持组，精准研判天气形势。在圣火采集仪式、网球正式赛、田径测试赛等活动中，准确预报天气窗口期，助力组委会、竞委会精准择时举办，成功规避气象风险。9

月 15 日开幕式当天凌晨开展加密天气会商，判断降水将提前且强度增大，影响明显；5 时，向组委会、省委省政府、开闭幕式指挥部汇报最新天气预报情况，建议启动开幕式应急预案并做好应对；联合 7 省（区）实施多次空地立体人工消减雨作业，累计投入 9 架飞机飞行 15 架次、54 小时 14 分；燃烧烟条 360 根、发射焰弹 1540 发，播撒液氮 1280 升、吸湿性催化剂 4 吨；发射高炮弹 3389 发、火箭弹 1110 枚，燃烧地面烟条 51 根。在精准预报和人工消减雨作业的共同作用下，西安奥体中心在开幕式期间没有受到降水影响，活动结束不久后便出现降雨，开幕式气象保障服务取得圆满成功。

"气象神了""人影立了大功""太棒了，气象保障服务做出了大贡献"……各种赞誉纷至沓来，可是又有谁知道，胜利背后有多少人多少个日日夜夜不眠不休的辛勤付出。

人心齐，泰山移。全运精彩落幕，气象服务圆满收官。在建党百年的荣光中，我们践行初心使命，砥砺奋进前行，让气象音符在三秦大地上奏出了华彩的乐章，十四运会气象保障服务成为陕西气象事业发展的宝贵财富。

大潮奔涌向前，时光川流不息。新征程上，陕西省气象局党组正带领我们深入贯彻落实习近平总书记关于气象工作重要指示精神，将全运效应放大到推进防灾减灾示范省建设和气象高质量发展中。前进的道路上，人人都是参与者，我们要倍加珍惜来之不易的发展机遇，珍视岗位、锚定目标、笃行实干、团结一致，共同书写陕西气象事业更加辉煌的篇章！

（作者单位：陕西省气象局政策法规处）

伟大精神孕育伟大力量

吴宁强

2021年9月27日，随着西安奥体中心主火炬缓缓熄灭，第十四届全国运动会精彩落幕。在此次盛会的筹备和举办过程中，陕西省气象干部职工出色完成了圣火采集、火炬传递、测试赛、开幕式、正式比赛等系列活动气象保障任务。特别是从开幕式到闭幕式的13天时间里，西安有10天降雨且5天大雨，降雨量堪称历届全运会之最，全省气象干部职工在省局党组的坚强领导下，非常之时扛起非常之责、落实非常之策、汇聚非常之力，为"办一届精彩圆满的体育盛会"贡献了气象力量。

虽然十四运会闭幕已经有一段时间了，但气象保障服务的场景和气象服务人员专注工作的神情还会时常浮现在眼前，感动着我、激励着我、鞭策着我，也促使我思考一个问题：为什么我们能为十四运会提供如此坚强的气象保障？为什么大家会表现得如此优秀？为什么我们会获得这么多赞誉？坚定的政治信念、深厚的为民情怀、强烈的责任担当、无私的奉献精神、精湛的专业技能等诸多答案浮现于脑海，但究其本质，都来自于同一种精神本源，那就是伟大的建党精神。

历史川流不息，精神代代相传。十四运会召开之年，恰逢中国共产党成立100周年。习近平总书记在庆祝中国共产党成立100周年大会上，首次提出"坚持真理、坚守理想，践行初心、担当使命，不怕牺牲、英勇斗争，对党忠诚、不负人民"的伟大建党精神。100年来，正是这种精神，激励和感召着一代代中国共产党人砥砺前行，英勇奋斗,创造了一个又一个辉煌,形成了中国共产党人精神谱系。也正是这些精神,为新时代陕西气象工作者提供了强大动力,成为做好十四运会气象保障服务的力量源泉。

坚持真理、坚守理想。十四运会气象保障服务从筹备到结束历时3年多,一个个技术难题要靠攻关去解决,多个业务服务平台要从零开始搭建,多种类型的气象探测站点要在短时间内建设完成。在这种高标准、高规格的工作考验下,气象业务服务人员常常要经历"5+2""白+黑"的超强度、超负荷工作,而支撑他们的正是对真理的追求,对理想的坚守。他们把十四运会当成检阅气象部门服务国家、服务人民科技水平和能力的阅兵场,当成检验习近平总书记重要指示精神贯彻落实成效的"试金石",在繁重的工作面前,思想认识到位,理想信念坚定,用实际行动为十四运会精彩圆满贡献力量。

践行初心、担当使命。在十四运会气象保障服务队伍中,有经验丰富的气象老兵,也有工作几年的年轻骨干;有共产党员、共青团员,也有心怀梦想和追求的积极分子;有领导干部,也有普通群众。无论是烈日下调试自动站的他、云图前凝眉思考的她,还是机翼下更换燃烧条的他、后厨里清点食材的她,无一不在践行"不忘初心、牢记使命"的承诺,赓续陕西气象"准确、及时、创新、奉献"的优良传统和职业追求。他们通过学习强化理论武装、提升专业水平,在工作中勇于担责、善于履责、全力尽责,积极应对和解决业务难题,用实际行动检验党性,践行初心使命。他们有一个响亮的名字——陕西气象人!

不怕牺牲、英勇斗争。三年磨一剑,今朝试锋芒。2021年8月下旬,随着华西秋雨期的到来,陕西进入连续性暴雨多发期,大概率的秋淋天气也加大了气象服务的难度。复杂多变的天气形势,给气象保障服务人员增加了无形的压力。工作中,他们的表情时而凝重,时而轻松,但纵使"风云多变",他们都表现出一种超乎寻常的坚毅和自信。成功总是青睐有准备的人,这份坚毅和自信的背后,是充分的准备,是科技的力量,是攻坚克难的勇气,是锲而不舍的斗争精神。在强大的技术力量支撑下，在全体气象人的努力下，降水与开幕式擦肩而过。当人群刚刚散去，雨水以势不可挡之势在空旷的奥体中心倾盆而下之时，许多人留下了热泪。这热泪里饱含了艰辛、苦恼、汗水、喜悦，还有一丝丝的庆幸。如果说岁月静好的背后一定有人负重前行，那么赛场之外，通宵工作的专家、身体病痛却无法及时就医的首席、将孩子托付给邻居照顾的年轻骨干，就是肩负重任勇毅前行的幕后英雄。正是有了一个个像他们一样牺牲小我的气象人，才为打赢十四运会气象保障攻坚战夯实了根基。

对党忠诚、不负人民。十四运会是全体人民的体育盛会。总书记的人民情怀和殷殷嘱托，激励和感召着每一位气象工作者。无论是冲锋在前的党员先锋、迅速响应的青年骨干，还是"能顶半边天"的巾帼专家，都在各条战线上积极响应习近平总书记"办一届精彩圆满的体育盛会"的号召。科技创新让十四运会检验了"精密监测、精准预报、精细服务"的最新成果；优质服务让气象保障服务人员彰显了服务"生命安全、生产发展、生态良好、生活富裕"的使命担当；勇于担责、善于履责、全力尽责的工作作风让气象人展现了捍卫"两个确立"，做到"两个维护"的坚定意志。气象工作者在为开闭幕式、各项赛事提供坚强气象保障服务的同时，也为公众出行观赛、城市安全运行、志愿者服务等提供优质气象服务，以实际行动践行了"以人民为中心"的思想，让人民群众有了更多的获得感、幸福感、安全感。

心中有信仰，脚下有力量。十四运会气象保障服务有终期，但"为人民服务"无止境。在气象高质量发展的征途中，在陕西奋力谱写新时代追赶超越的道路上，越来越多的气象先锋力量、青春力量、巾帼力量、榜样力量将汇聚到一起，胸怀"国之大者"，以功成不必在我的精神境界和功成必定有我的历史担当踔厉奋发、砥砺前行，为气象现代化建设、陕西经济社会发展和人民福祉安康贡献更大力量！

（作者单位：陕西省气象局直属机关党委办公室）

低调务实奋发　平凡执着伟大

杨　新

2021年，全运会和残特奥会首次同年同地在陕西圆满成功举办。牢记习近平总书记"办一届精彩圆满的体育盛会"和"简约、安全、精彩"的重要指示，陕西全省动员、全民参与，陕西气象人在中国气象局坚强领导下，加强监测预报预警服务，十四运会气象保障服务工作获组委会、中国气象局和陕西省委省政府高度肯定。全运会和残特奥会气象保障服务精彩绝伦，在陕西气象历史上书写了浓浓的一笔。

我作为陕西气象队伍普通的一员，虽然没有在业务岗位，虽然没有在业务工作的前沿阵地，但至今回忆起2年多来有关十四运会的工作场景，回忆起身边忙碌的领导和奋战的同事，回忆起省局研究过的关于十四运会的一个个议题，至今仍然感怀感念振奋鼓舞。精心组织、协同作战、科技支撑，举全国气象部门之力，提前2年进驻组委会，由83人组建的十四运气象台高速运转，进入特别工作状态后全员参与天气会商，全员热情关注天气动态，85期月动态、周通报、日快报迭进式精细化服务，政府领导8次批示气象保障服务，690人次默默工作获得"十四运会气象服务保障之星"，基层党员的模范带头作用得到了充分发挥。年轻的专家两口子长期坚守一线照顾不了年幼孩子，开幕式倒计时凌晨三四点会商室忙碌身影和紧张焦灼的眼神，9月15日18时至15日21时累计降水实况图，中国气象局领导连续亲自作战指挥，专班工作，6省增援，现场调度作业飞机，人工消减雨取得了显著成效。开幕式结束后奥体中心哗哗如注的雨帘、会商室里专家们专注爆发的眼神以及闭幕式当晚气象人朋友圈里喜悦狂放的心情等，一切都蕴藏着成功和快乐。总结会上保障服务成功后众人的喜悦奔放，庄国泰局长轻轻说了句"人努力天帮忙"。气象人朴素低调的性格无处不在。自2019年以来，省局先后召开过19次党组会议、15次领导小组会议和60余次专题会议，贯彻落实上级部署，坚持挂图作战，倒排工期，明确重点筹备任务，逐项销号落实。

2年来，无数个默默奉献的气象工作者的坚强支撑，无数个攻关团队的日夜奋战，国省市县四级联动，成就了十四运会御雨于奥体中心之外，助力开闭幕式精彩圆满的大结局。

"老秦人"的拧劲儿，陕西气象人管天惠秦的责任、务实执着的精神，攻克了一个个难关，解决了一个个问题，取得了一个个的胜利。习总书记说过，幸福不是敲锣打鼓就能实现的，每一次重大气象服务成功保障的背后，都凝聚着无数气象人默默地奉献、省局党组英明决策和不断发展的气象科技的坚强支撑。风云气象系列卫星、多架高性能人影飞机、智能网格预报、"天擎""天衍"等现代化"重器"的系列重要科技支撑，充分彰显了科技力量，彰显了气象人心怀国之大者，完整准确全面贯彻新发展理念，担当作为、奋力拼搏劳动者的风采。早在2015年，省局党组就提出了"开拓创新、注重技术、富有特色、惠及民生"的16字现代化方针，加大人才培养、加大科技研发，设立攻关团队，省级市级等业务部门必须要有科技研发团队储备，开放绿色共享，加速融入式发展，全面开展省部、市厅、局县共建，气象现代建设和人才培养有了长足的发展。如今"人民至上、生命至上"的服务理念已经融入每个气象人的心中，习总书记关于气象工作者的"生命安全、生产发展、生活富裕、生态良好"责任和"监测精密、预报精准、服务精细"工作目标，指引"十四五"陕西气象良好开局。如今，综合防灾减灾体系建设逐渐完备，陕西气象人承担着气象高质量发展先行试点和防灾减灾示范省重担。气象事业是科技型、基础性、先导性社会公益事业。习总书记要求陕西人要低调务实不张扬，气象工作者更是默默无闻，无私奉献，奋力拼搏，完成了十四运会的"精彩圆满"气象保障，如今，又昂首阔步投入"十四五"建设中，默默付出，默默奉献，创新求实，兢兢业业服务人民服务国家战略服务地方经济社会发展。

习总书记说，老干部是国家的宝贵财富，各级都要关心好照顾好老同志，要落实老年优待政策，要发挥好老年人的积极作用，要让老年人共享改革发展成果，安享幸福晚年。老干部工作者承担着党和国家的重托，多年来默默付出无私奉献，要在平凡的工作岗位上做出不平凡的业绩。牢记总书记的嘱托，在省局党组带领下，传承十四运会气象服务平凡伟大求实创新的精神，作为一名基层老干部工作者，我将继续默默工作无私奉献，用心用情用力做好为老服务各项保障，坚守执着，秉承初心，担当责任，助力发展。

（作者单位：陕西省气象局离退休干部办公室）

突破自我敢于创新　十四运气候服务收获满满

李　明

　　为奉献一场精彩圆满的全国运动会，陕西气象部门全程为十四运会和残特奥会提供气象保障，而气候中心首先并全程为本届运动会提供气象保障服务。在长达两年七个月时间里，气候中心提供了精细、个性、定制的服务，为气象保障部入驻组委会提供了良好的技术先导，为十四运会和残特奥会提供了精细的气候分析报告和精准的气候预测。这次重大活动的气候保障明显提升了陕西省气候中心在社会重大活动中的气象服务能力和质量，同时也锻炼了气候服务队伍，把过去认为的不可能变成了可能。在整个十四运会和残特奥会气候服务当中，感触很多，给我带来深刻影响。

　　第一件是陕西省气候中心十四运会保障服务团队，甘愿奉献，默默无闻，认真负责，力求最好的精神令人感动。十四运会和残特奥会是全国水平最高的综合性赛事，要求很高，同时又是为建党一百周年献礼，陕西省委省政府高度重视。气候中心从 2019 年 4 月接到第一份任务《第十四届全国运动会期间（8—10月）气候背景分析情况报告》到 2021 年 11 月最后一份任务《第十一届残运会暨第八届特奥会气候风险评估与服务报告》，历时 2 年 7 个月，在这期间先后为十四运会开幕式日期确定、火炬点火仪式、火炬传递、应急演练、赛区和赛事项目气象条件分析、通用政策、十四运会和残特奥会火炬传递起跑仪式及开幕式倒计时 30 天冲刺演练、残特奥会马拉松开赛择日、十四运会气象服务手册以及奥体中心和陕西宾馆重要场所气候分析等 20 余种服务内容先后从不同角度进行分析，提供分析报告 60 余期。虽然材料种类多、要求高、任务紧，但是气候中心服务团队认真对待每一次分析报告，经常为了一个分析数据的准确，从资料源头、分析方法再到其他方法验证，多方求证。在这历时两年多的时间里，中心服务团队熬过了无数个不眠之夜。我记得有一次省局领导晚上 20：00 安排部署完工作后，我和中心副主任李茜、首席蔡新玲和服务团队王娜、吴素良、程肖侠六人讨论形成撰写提纲、任务分工，直到次日凌晨 5 点完成分析报告。当我们把分析报告交到省局后准备回家，首席蔡新玲说她不放心，主动请求留在办公室，等待是否再修改的反馈，一直等到早晨 9 点，省局领导到省委汇报后才放心回家；白天李茜副主任仍坚持上班。正是中心干部、职工忘我的精神，为本届运动会提供了高质量的服务材料。

第二件是陕西省气候中心保障服务团队不畏困难，敢于创新。2019 年 4 月，省气候中心接到第一份气候分析报告任务时，气象保障部还未入驻筹委会，因此报告质量非常重要，而陕西省气候中心之前还未承担过如此重大的赛事保障任务，技术思路不明晰。为了做好首份分析报告，气候中心专门组建 5 人的十四运会气候风险分析团队，同时积极联系承担 2022 年北京冬奥会、2020 年世界军运会、2017 年第十三届全国运动会的北京市气候中心、武汉区域气候中心、天津市气候中心给予技术指导，并且积极克服资料不一致、分析时段长、气象灾害种类多等种种困难，经过一个月时间，多轮修改，拿出了《第十四届全国运动会期间（8—10 月）气候背景分析情况报告》，经过专家评审通过，报陕西省政府和十四运会和残特奥会筹委会。方光华副省长批示中写到"此报告对全运会选定日期提供了科学依据"。该报告为气象保障部顺利入驻十四运会组委会起到了促进作用。针对十四运会开幕式气候条件风险分析，不仅分析开幕式及前后时段日的气象条件，还要分析关键时段逐时、精细到毫米级降水等气象要素的概率分析，以及各时段的降水性质，在以往气候服务中是没有如此精细的。中心服务团队召开技术讨论会，就关键问题确定技术方法和分析内容，针对9月中旬西安逐日的气温、降水、气象灾害进行了详细的分析，特别是降水进行了分析，认为9月15日雨日概率36.76%为最低，大雨以上概率2.94%，相对较低，大风、雾、雷暴、霾、浮尘等不利高影响天气概率也较低，分析开幕式关键18:00—22:00时段内0~0.1、0.2~0.5、0.5~1.0、1.0~3.0毫米降水情况，大于3毫米的各时段降水概率在10%~13%且以稳定性降水为主，最终组委会根据气象条件初步确定了9月15日为十四运会开幕式时间，并上报陕西省政府和国家体育总局同意。

第三件是中心服务团队敢于突破自我，把以往不可能变为可能。这次对十四运会和残特奥会的气候预测服务需求非常高，从6月25日就要提供十四运会开幕式（西安）9月15日的天气，难度非常大，以往气候中心还从未提前近3个月提供精确到日的预测。中心抽调中心两名骨干预报员和主管业务的李茜副主任，制定预测服务技术方案和流程，从气候背景、环流诊断、模式预报、本地客观方法等多个角度分析，逐步递进开展预测，将每一次预测产品及时服务到决策者手中。从6月25日至7月每5日滚动给出9月气候趋势预报，这一时段稳定预测9月降水偏多、华西秋雨偏早偏强，8月初开始预测9月中旬时段的趋势预测，并预测9月15日前后有降水过程，8月中旬开始预测9月中旬具体降水过程，8月下旬至9月初持续预测15日有小雨过程并给出具体降水量级。整3个月的时间我和预报员的心情是紧张的，由于气候预测提前量大、天气的影响因素多，我们每天都盯着环流形势和影响的变化，稍有变化，我们的心情就随着起伏，特别是8月下旬到9月初稳定预测15日有小雨过程，心情更是复杂和矛盾，既希望开幕式那天晴空万里，为十四运会开幕式创造良好的气象条件，但是由于预测 15 日当日有小雨，又等着靴子落地，希望如预测有降水一样，直到 9 月 15 日晚开幕式期间没有降水，结束后开始下雨，我们的悬在心头的石头才落了地，而且实况也是 9 月降水偏多，华西偏旱偏强。

这次十四运会和残特奥会气候保障服务，气候中心在省局领导和同事的支持下，团结一致，默默付出，为奉献一场精彩圆满的体育盛会付出了辛勤汗水，提升了气候业务服务能力，感谢大家！

（作者单位：陕西省气象台）

气象保障团队创佳绩

张雅斌

建党 100 周年之际，全国十四届运动会在三秦大地取得"精彩圆满"。赛事期间，多个赛区持续降雨创历史纪录，十四运会成为历届全运会中雨日最多、雨量最大的全运会，天气给赛前准备、赛事赛程及交通出行等带来诸多不利影响。陕西健儿创造了历届全运会最好成绩。2021 年 9 月 15 日全运会开幕式结束时刻，西安奥体中心下起了滂沱大雨，从那时起气象保障团队也创造了历届全运会最好保障成绩。

十四运会期间，气象信息团队要为预报预警服务业务提供通信网络、基础资源与数据供给支撑。通信网络、视频保障、平台支撑与数据供给方面，点多面广，每一个环节链条都与"气象工作生命线"息息相关。信息比特流川流不息，"波澜不惊"中常常遇见"急流险滩"。2021 年以来，受疫情影响，日常视频会商保障任务明显增多。十四运会期间，国省市直连、多场景"无感"切换要求需求高，线上会议组会复杂程度前所未有，十四运会移动气象台、灾害性天气灾情现场应急也需要保障，经常出现"通信兵"无兵可派的情况。大家协同配合，在国家气象信息中心等鼎力支援下，通信保障基本实现次次稳定顺畅的效果。2020 年下半年，气象信息化国之重器——高性能计算机系统与气象大数据云平台先后在刚刚建成的位于沣西新城的西安气象大数据应用中心部署运行。十四运会期间，无论是动力环境还是软硬件出现问题，哪怕 10 分钟停摆，后果不堪设想。大家同心同向，通过完善应急处置流程、路由策略、提升专线带宽等措施，保障"神经中枢"与应用"端"之间全天候安全通畅，国省一体的气象大数据云平台也为十四运会提供了强有力"数算一体"支撑，受到组委会肯定。

作为气象信息保障团队一员，我为整个气象团队十四运会期间的努力、作为与成绩感到骄傲。就十四运会气象信息保障而言，个人感觉工作中还有许多遗憾与不足之处：面对新建观测设备形成的大量多源异构资料，在数据传输共享流程设计与标准数据规范建立方面，统领不足；面对赛事赛会个性化服务，基于实况网格分析数据与本地化新型观测设备，定量化、精细化、可视化、自动化的产品研发应用方面，挖掘不深。

比特流与电波说：悄悄地我走了，正如我悄悄地来，我挥一挥衣袖，不带走一片云彩。近期全会、远期惠民。经历十四运会的洗礼，身处信息化浪潮之中，让大家用上更强算力、更大存储、更标准、更完备、更便捷的气象数据与产品，是自己的责任与今后继续努力的方向。

（作者单位：陕西省气象信息中心）

观云测雨气象人

邓凤东

三年前的我，无论如何都描绘不出开幕式圆满结束这一刻的心情。三年前我们接到筹备任务之初，感受到巨大的压力与挑战，从一步步艰难前行，到夜以继日保障与付出，最终在开幕式圆满结束的这一刻，在全场响起热烈掌声的这一刻，化作无尽的感动、欣喜和感激。

"办一届精彩圆满的体育盛会"，总书记的嘱托始终回响在大家耳边。早在 2019 年，当与筹委会反复对接需求时，当接到建设"分钟级、公里级"三维大气精细化监测的要求时，我们心里充满了焦虑和困扰。按照已有的观测能力，我们还有很大的差距，在短短的一年多时间，是否能提前完成建设任务，能否满足赛事、赛会气象保障服务的要求？这些困扰一直像一块大石头，压在大家的心上。

"笑谈前路多险阻，赳赳老秦永向前"的秦人精神气质，在陕西省气象局探测中心的保障队伍中得到了充分的展现。一幕幕战斗场景、一张张紧张又坚定的面孔、一盏盏夜色中亮着的灯，记录了探测人奋斗的点点滴滴。心有所向，素履所往！省探测中心应需而动。在保障过程中，中心涌现出一批保障先锋，他们中有刚刚参加工作不久的新人，主动请缨、废寝忘食、不畏艰难，始终坚持在保障的第一线，用青春的力量顶起了服务的重担；也有一批业务上的"中流砥柱"，在急难险重中披荆斩棘、克难攻坚，在短短的时间内完成了面向赛事赛会服务的天空地一体的综合气象观测网建设，完成了十四运会综合气象监测系统，实现从"CT级"到"全息级"全方位监测；还有随着应急气象台一起度过100多个日日夜夜的"移动保障团队"，连续高强度的工作，艰苦的条件，从未有过一丝动摇。还有很多很多……是我们可爱的探测人，守护着观云测雨的"慧眼"，伴随"长安花"的绚丽绽放，时刻关注着那里的"风云涌动"。

9月15日，夜幕降临，西安奥体中心被点亮，在灯光映衬下，"一场两馆"灿若星河。夜空里，七只朱鹮飘逸灵动的缓缓飞来。谁又能想到，这背后隐含了多少探测中心人的辛勤与汗水。距开幕式仅剩不到4天时，突然接到开幕式导演团队的求援。"我们非常关注火炬周边的风力风向，迫切需要能实时监测并提供数据和预警，避免点燃火炬对较近的威亚设备和演员表演造成安全隐患。"威亚负责人石峰表示。一场历时50个小时的战斗打响了，探测中心团队把不可能变成了可能，创造了保障的奇迹。

回首三年，有艰难、有欢笑、有泪水也有汗水，但是更多的是成长的喜悦。虽然十四运会结束了，但是"功成不必在我，功成必定有我"的精神将始终伴随着我们一起奋进新时代。

（作者单位：陕西省大气探测技术保障中心）

精彩全运　气象护航

高武虎

2021年9月15日21时50分，第十四届全国运动会开幕式刚刚结束，西安奥体中心上空顿时大雨如注，看着电视屏幕里以及窗外逐渐增强的雨势，那颗始终悬着的心终于彻底放下，一股作为气象人的自豪之情从心底油然而生。十四运会开幕式气象保障圆满成功！

第十四届全国运动会是首次在中西部地区举办的全运会，这对陕西来说是重大机遇也是极大挑战，虽遗憾未能作为十四运会气象保障服务团队的一员参与到开（闭）幕式及赛事气象保障服务中，但有幸在赛前参与了十四运会场馆的防雷设施安全检测，为十四运会的精彩圆满召开贡献气象人的力量。早在2018年起，我们便开始陆续完成了西安体育中心项目"一场两馆"、手球馆、曲棍球赛场、垒球赛场及赛事服务附属设施工程和西安国际会展中心、西安国际会议中心等项目的防雷随工检测、竣工检测。涉及赛事安全，一丝也不能马虎，我们主动对接，与主体场馆奥体中心建设方华润置地管理人员以及技术负责人多次进行技术对接交流，团队的工作人员严格依据相关技术规范，制定检测方案和检测计划书，对项目的屋面直击雷保护、钢构架、动力配电室、强弱电井间配电系统防雷电电磁脉冲等进行了仔细的检测和排查。现场还对各设备检测点进行了画图标点。对现场发现的问题，及时向场站负责人图文并茂进行反馈，并在现场拍照留档，确保落实整改到位，不留一处安全隐患。直至开幕式前，团队工作人员还在定期对场馆周边易燃易爆场所防雷安全隐患进行排查，为十四运会的圆满举办保驾护航。作为一名陕西气象人，能够有幸参与其中，幸之又幸。

本届十四运会恰逢华西秋雨影响期间，比赛场馆又遍布陕西13个地市，各赛区气候特征差异较大，气象保障服务难度大、要求高、任务重。为了圆满完成此次赛事的气象保障服务，用实际行动向习近平总书记作出的"办一届精彩圆满的体育盛会"重要指示交上一份满意的答卷，气象部门齐心协力，汇全国之智、举部门之力提供气象保障服务，圆满完成党和国家交办的重要任务。在此期间，陕西省气象服务中心共投入气象保障人员30人，参与技术研发、方案编制、运维保障、参与科普宣传以及进驻赛事指挥中心等业务值班工作。保障人员夜以继日，相继完成了《气象服务需求调查报告》《气象服务手册》《气象服务保障任务清单》《气象服务产品清单》等10项任务编制工作，为十四运会气象保障服务工作的开展理清了思路，明确了方向；做好十四运会气象保障服务技术研发，完成十四运会和残奥特会一体化智慧气象服务系统、十四运会和残特奥会智慧气象·追天气决策系统、陕西气象（全运·追天气专版）APP及全运追天气微信小程序、十四运天气网等气象服务系统建设和运维保障，采用了多源数据的归一化采集处理、微服务架构、智能规则引擎、分布式数据库、前后端分离等多项先进技术，搭建出了人性化的智慧气象人机交互系统，从而实现以"精准、快捷、无感"的方式发布个性化的十四运会气象服务信息，为十四运会气象保障服务工作呈现出高质量的气象服务产品。智慧的气象服务系统在赛事开展以来以其及时准确、方便快捷、针对性强的特点，为赛事前方指挥调度提供了气象科技支撑。

圆满成功的十四运会气象保障服务，也为我们的城市留下了更多宝贵财富。"精彩十四运，智慧新气象"的服务理念也融汇于开（闭）幕式和每场赛事活动、服务于城市安全运行和民众生活之中，智慧气象应运而生、应需而动，以十四运会和残特奥会追天气 APP 为代表的一系列科技创新和研发成果，在提升赛事服务智能化、个性化和精细化的同时，不断提升了气象保障综合服务能力，为推动气象高质量发展注入强大动力。

（作者单位：陕西省气象服务中心）

护航十四运 气象在行动

王 楠

在建党百年之际，陕西举全省之力，为全国人民奉献了一场完美的全运盛会。但 13 天中有 10 天出现降雨、4 天出现大雨也让本届全运会成为历届全运会中雨日最多、累计降雨量最大的一届运动会。频繁降雨也给气象服务带来巨大挑战，全省气象部门用心、用情、用智，做到了精密监测、精准预报、精细服务，圆满完成了十四运会和残特奥会气象保障任务。

新型设备助力监测精密。针对赛事活动的气象保障服务需求，气象部门在现有观测站网的基础上，在全省各个比赛项目场馆（地）周边新建了气象观测设备共计 16 类 81 套，从时空上极大提高了气象观测的精度。新安装的 X 波段双偏振相控阵天气雷达可以有效监测强对流天气的初生和发展，提高了西安比赛场馆及周边预报预警的时效。新建的微波辐射计、激光测风雷达等设备提高了我省垂直气象要素的观测能力。另外沙温检测仪、暑热压力检测仪、水体气象浮标观测仪等新型气象监测设备为十四运会和残特奥会室内、室外、陆地、水上等多种比赛项目提供了全方位气象监测。

智慧系统确保预报精准。省气象局专门研发了十四运会和残特奥会气象预报预警系统。该系统以数值预报为基础，实现了集约化预报业务布局，是融合大数据应用的精细化、专业化、智能化预报系统平台。该系统针对各个比赛项目进行了功能细化，可以接收场馆（地）

及周围环境的实时天气要素数据，自动生成影响赛事活动的预报预警产品，赛事期间 24 小时晴雨预报准确率达到 90％以上。

多渠道发布做到服务精细。新建的十四运会和残特奥会一体化智慧气象服务系统通过分级发布天气预报预警产品，为组委会、现场指挥中心、各市区执委会、全运村、媒体村、竞委会、体育代表团，以及机场车站、各大酒店等提供了个性化、针对性的气象服务。另外十四运天气网、"精彩全运"气象 APP、陕西气象（全运·追天气专版）APP 与陕西气象微博、微信、电视、广播、报纸等共同构建的矩阵式融媒体发布体系，保障每一位用户都能享受到高质量的气象服务。

我有幸能够参与到十四运会气象预报预警系统的建设中，带领陕西省短临预报技术攻关团队与中国气象科学院王亚强团队联合开展了基于机器学习算法的陕西区域分钟降水外推预报技术攻关。我们利用近五年陕西区域地面稠密雨量站分钟级观测资料，构建了陕西区域临近预报格点序列数据集，基于 PhyDnet 时空序列预报方法建立并训练了陕西区域降水临近预报模型，实现了 0～2 小时逐 6 分钟雷达回波及降水外推预报产品。经过测试，该外推预报技术表现良好：0～1 小时的千米级网格晴雨预报 TS 评分大于 0.4。在后续实战保障期间，我们开发的外推技术应用到十四运会气象预报预警系统中，为陕西十四运会气象服务和全省短临降水预报服务提供了重要的技术支撑。

在"前店后厂"的模式下，还有许多人和我一样无法前去现场服务，但我并不会感到遗憾，因为全运会是我们每一个陕西气象人的全运会，无论是在哪个岗位，能够为全运会尽自己的一份贡献，就是最幸福的事！另外，十四运会气象保障也是对全省气象服务能力的一次锤炼，有效提升了全省气象科技水平，极大提高了我省气象保障服务能力，为建设气象强省迈出了坚实一步。今后，我们将继续秉承"准确、及时、创新、奉献"的气象精神，为实现全省气象高质量发展不懈奋斗。

（作者单位：陕西省气象科学研究所）

攻坚克难　不负使命

王景红

　　"服务十四运，奉献我的城"，作为陕西气象人，我有幸带领陕西省气象培训学院教职工团队，在十四运会气象保障服务工作中承担十四运会气象服务特邀专家、机组工作人员、人影技术支持人员的食宿与人工消减雨作业地面人员的集结培训工作。培训及培训保障是培训学院的主业，但承担如此高规格、高标准的大规模后勤保障服务工作是第一次，再加上疫情影响，高质量完成此次保障服务对我们团队来说是一个巨大的挑战。肩负着一定要圆满完成任务的使命感，我们第一时间发动全体党员，做出承诺，党员领导干部率先垂范，统一教职工思想，迎难而上，坚定信心。引导教职工转变观念，靠前服务、下沉服务，本着"不是无所不能，但会竭尽全能"的服务精神，一体化推进住宿、餐饮、培训等保障能力不断改进与提升。充分调动广大教职工工作热情，发挥"5＋2""白＋黑"的牺牲和奉献精神，胸怀使命，细之又细扎实持续做好各项服务工作。每一次用心用情的菜品搭配、每一天整洁安静的入住环境、每一间精心摆设温馨提示的房间、每一次令机组人员难忘的医疗护理服务等得到大家的一致好评，其间，收获了榆林机组人员的"感谢信"，收获了国家级特邀专家的高度肯定，收获了培训学员们的广泛赞誉……学院教职工团队中涌现出"服务十四运每日之星"48人次，圆满完成十四运会气象保障服务任务。

　　回想起十四运会气象保障服务工作期间的日日夜夜，从按时参加天气会商，及时了解全局性气象保障服务动态与一线气象保障人员的种种艰辛，到高效完成724人次住宿、2070人次餐饮、838名学员（3期人工影响天气技术培训班）与1222名专业技术人员（11期气象大讲堂）培训，再到学院教职工亲自端菜、打饭、房间整理、医疗护理个性服务等，各个环节的有序衔接，无处不体现全院教职工攻坚克难、甘于奉献、团结友爱、积极热情、不负使命的精神。这难忘的经历，也在我培训学院的成长历程中留下了浓墨重彩的一笔，必将推动培训学院重大活动气象保障服务工作再上新台阶。

（作者单位：陕西省气候中心）

全心全意护航全运盛会　集体智慧凝结气象精神

刘映宁

　　2021 年，注定是不平凡的一年。这一年恰逢建党百年，又是首次在西北地区举办的全运之年。气象部门齐心协力，汇全国之智、举部门之力提供气象保障服务，圆满完成党和国家交办的重要任务。作为一名十四运会气象保障服务的一员，我倍感骄傲和自豪。

　　盛会"精彩圆满"的背后，浸透着全省气象部门广大干部职工的辛勤汗水。全省气象人不惧困难挑战，不畏任务繁重，充分发扬了顽强拼搏的精神、求真务实的作风和精益求精的态度，出色助力开（闭）幕式、圣火采集等重大户外活动，以高水平保障、精细化服务、专业化决策，彰显了我们的责任与担当，为十四运会精彩圆满举办贡献气象力量。

　　十四运会在历届全运会中雨日最多、累计降雨量最大，频繁降雨给陕西气象保障服务带来艰巨的挑战。面对困难，我们迎难而上，在中国气象局和省委省政府的坚强领导下，强化组织领导，周密谋划实施。党员干部身先士卒，全体职工勇挑重担，作为十四运会气象保障服务宣传团队和预警信息发布团队的负责人，我也为这支队伍倍感骄傲和自豪。

　　十四运会气象保障服务的成功经验是检验习近平总书记重要指示精神贯彻落实的"试金石"，也是推动陕西气象高质量发展的"助推器"。我们将立足新发展阶段、贯彻新发展理念、融入新发展格局，解放思想、改革创新、再接再厉，对标对表《气象高质量发展纲要（2022—2035年)》，深学笃行习近平新时代中国特色社会主义思想，深刻领悟"两个确立"的决定性意义，增强"四个意识"，坚定"四个自信"，做到"两个维护"，切实把"两个确立"转化为践行"两个维护"的思想自觉、政治自觉和行动自觉。

展望未来，我们坚定信心。我们将以习近平新时代中国特色社会主义思想为根本遵循，坚定实现中华民族伟大复兴中国梦的强大信心，聚焦履职尽责，全面对标看齐，统筹发展和安全，以推动新一轮省部合作为契机，以"质量提升年"行动为抓手，奋战"十四五"，聚力再出发，推进陕西气象高质量发展。

（作者单位：陕西省气象局机关服务中心）

天道酬"秦"

罗俊颉

　　十四运会是在建党百年、全面建成小康社会等重要历史节点，国家举办的一次全国性体育盛事，是新中国成立以来陕西承办的规格最高、规模最大、竞技水平最高的综合性运动会。陕西省人工影响天气中心坚持以习近平总书记关于气象工作和十四运会筹办工作重要指示精神为指引，在陕西省气象局局党组坚强领导下，历时3年准备、5个月集中筹备、27天演练，坚持必胜信心，全力冲刺奋战，用最饱满的精神、最扎实的作风、最密切的合作、最有效的措施，为十四运会开幕式"精彩圆满"提供了关键、有力的人工消减雨保障服务，得到各级领导的高度肯定。

　　时间拨回到2016年，陕西省委、省政府办公厅正式印发的《第十四届全国运动会总体工作方案》要求，"气象保障负责赛事期间各赛区的天气预报服务工作，拟定大型活动人工消雨方案并组织实施等"。再到2021年5月20日，十四运办主任办公会明确要求，"气象部门扎实做好十四运会开幕式期间人工消减雨作业保障工作，最大限度减轻不利天气造成的影响"。组委会和省委省政府要求是一致的，我们无路可退，只能全力以赴。

　　从2016年杭州G20峰会，2018年天津十三运会，到2019年国庆阅兵到武汉军运会，有成功的经验，也有失败的教训，我们一直在学习观摩、总结分析。从2019年开始，先后4次论证完善工作方案，形成了 12 种不同作业天气的保障预案，扎实组织开展桌面推演和实战演练，反复打磨形成作战合力，逐渐完善了十四运会开幕式人工消减雨作业保障蓝本。我们做好了各方面的技术准备。

根据北京、杭州、天津、武汉等国内重大活动人影保障经验，目前人影保障能力主要对小雨及以下量级的非系统性降水天气有消减效果，对于系统性持续降水、中雨及以上量级降水无法达到预期效果。但是，国省气候中心关于"西安 9 月降雨概率和降雨量较大，2021 年陕西华西秋雨期开始时间较往年偏早，降水强度较往年偏强"的预测结论，为十四运会开幕式保障笼上了深深的阴霾，并且随着开幕式时间越来越近，愈加觉得这是一个不可能完成的任务。

省人影中心是十四运会人工消减雨作业联合指挥中心业务实体运行单位，负责人工消减雨作业技术方案编制、组织和实施工作，牵头联合指挥中心部门之间沟通协调与责任落实，调配空中和地面作业力量按计划参与演练和保障。从开幕式百日倒计时启动，我深刻体会到各级领导的期望要求、部门间联动与沟通、基层力量调度指挥、专家同事责任与分工，各种压力交织在一起，汇聚成"天网"，压迫着每个神经，感觉快要撑不住了。在最困难的时候，省局党组统筹部署，丁传群局长亲自指导完善方案，参与专家技术讨论，现场督导实战演练，协调解决重大问题，部署安排重要工作，为我们前进道路扫清了障碍。

9 月 3 日，进入开幕式工作状态后，省局党组成员深入人影业务平台，现场协调解决问题。机关各处室和相关直属单位主要负责人下沉一线，做好人工消减雨技术保障服务员、安全员，协同做好外省机组和来陕专家后勤保障工作。9 月 15 日凌晨，天气形势急转，现有作业力量已经不能满足人工消减雨作业需求，庄国泰局长果断决策指挥，余勇副局长亲自协调，临时增派空地力量驰援陕西。在军民航绿色通道支持下山西、四川的高性能飞机 6 小时内完成调机和任务执行，创造了人影领域资源调配的奇迹。在开幕式保障期间，中心全体职工齐心协力、任劳任怨、无私奉献，2000 余名基层作业人员、90 余机组和登机作业人员服从指挥、忠于职守、业务精湛，在艰苦的条件下顶风冒雨，连续作战，展现了良好的精神面貌。在实战演练和开幕式保障期间，中国科学院大气物理研究所、中国气象局人工影响天气中心、北京市人工影响天气办公室、成都信息工程大学等单位派出人影领域顶级专家给予技术支撑。在精准预报和人工消减雨作业的共同作用下，开幕式活动取得圆满成功，中国气象局庄国泰局长、陕西省委书记刘国中、省长赵一德均对气象和人工消减雨工作成绩给予高度肯定和表扬。

这些画面，时常在我脑海出现，让我感动不已，就像发生在昨天一样，全国气象部门"一盘棋""一家亲"理念，发挥集中力量办大事体制优势，体现得淋漓尽致。这，就是新时代气象工作者心怀的"国之大者"，感谢时代给予机会，我们当燃烧激情，挥洒热血，书写好气象人奋斗的新篇章，从而不负这个伟大的时代。

（作者单位：陕西省人工影响天气中心）

以十四运气象保障为抓手
内强基础　外聚合力　助推高质量发展

刘跃峰

我有幸于中国共产党百年华诞之际，亲历十四运盛会，全程参与气象保障服务工作，为自己的从业生涯增添了一笔宝贵财富。

从 2021 年 9 月 15 日的盛大开幕到 27 日的圆满落幕，我们经历了一届精彩圆满的盛会，也经历了一届雨日最多、累计降雨量最大的全运会，这对气象部门来说记忆犹新。

铜川市承担着十四运会的男子篮球（U22 组）及残特奥会盲人跳绳两个比赛项目，虽然两个项目均为室内比赛，但铜川市气象局提早部署、主动对接、全程融入、精细服务，全市气象干部职工弘扬"准确、及时、创新、奉献"的气象精神，把党史学习教育成效转化为工作动力，默默坚守、辛勤付出，为铜川赛区提供全链条全流程的气象保障服务，助力赛事精彩圆满。

一、机制建立为先，为赛事提供保障

（1）建立"气象牵引、政府参与"的气象保障服务机制。

铜川市气象局将十四运会气象筹备和保障服务作为 2021 年全局重点工作，成立了气象保障服务工作机构，以市气象局党组书记、局长

为组长、分管领导为副组长，相关科室及单位负责人为成员的铜川市十四运会气象保障服务工作专班，明确职责，细化任务，积极开展工作。

在自身建设上，先后制定了《铜川市十四运会现场气象保障服务实施方案》《第十四届全国运动会铜川赛区气象保障服务实施方案》《气象保障工作新闻发布管理办法》《重大活动网络安全保障工作方案》等，进一步夯实工作责任。

同时加强与市体育局的定期沟通机制，就十四运会各项气象保障工作进行沟通对接，强化合作。

（2）全省率先建立高影响天气"熔断"机制。

第十四届全国运动会铜川市执委会办公室于 2021 年 7 月 2 日印发了《第十四届全国运动会、全国第十一届残运会暨第八届特奥会铜川赛区高影响天气气象保障应急预案》（全运铜执办发〔2021〕36 号），提出高影响天气"熔断机制"，是陕西省第一家建立高影响天气气象保障应急预案的地市级赛区，起到了先期示范作用。

二、发挥专业优势，为赛事精准护航

（1）织密监测站网。在铜川市体育馆建设六要素自动气象站 1 套，在十四运火炬传递沿线建设六要素气象监测站 5 套，在热门旅游景点等关键场所建设气象预报预警显示屏 5 块。

（2）注重技术储备。组织业务服务人员多次开展十四运会气象服务交流讨论，对服务产品模板配置进行完善；邀请省气象服务中心技术分队来铜开展业务系统应用技术指导，针对十四运会和残特奥会一体化气象预报系统与十四运会和残特奥会一体化智慧气象服务系统的应用开展实操培训；开展灾害性天气历史个例复盘分析总结，针对十四运会期间有可能出现的高影响天气进行分析总结。

（3）设立预报首席。为充分发挥预报高级工程师、专家的作用，进一步提升十四运会和残特奥会铜川赛区赛事天气预报预测准确率和服务材料针对性，设立了十四运会和残特奥会预报首席专家，承担所有关于十四运会及残特奥会铜川赛区赛事天气气候预报预测业务及决策气象服务材料的技术指导和把关工作。发挥预报首席专家"传帮带"作用，培养年轻预报员预报预测分析能力和新资料新技术新手段的应用能力，提高预报准确率和重大活动气象服务水平。

（4）实行清单管理。先后制定了《铜川市气象局十四运会气象保障服务业务工作流程》和《铜川市气象局十四运会气象保障服务工作任务单》，按照时间节点细化工作，明确工作职责和责任人，落实落细各项任务。

（5）开展精细服务。围绕前期测试赛和正式赛，先后制作发布《铜川市火炬传递专题天气预报》《篮球（男子 U22）比赛专题天气预报》《十四运会和残特奥会气象服务专题天气预报》等 44 期，期间启动特别工作状态 3 次，服务时效从 10 天跨度精细到逐小时，从赛前、赛中到赛后全程提供服务。

三、服务成效显著，助推气象事业高质量发展

站网建设，进一步提升精密监测能力。十四运会基础气象监测站的建设，进一步提高了铜川市的多要素站点占比率，强化了灾害性天气的基础监测数据基础，进一步提升了精密监测能力。

开展大型赛事的预报服务工作，在服务叠加、任务艰巨、人员紧张、环节复杂的情况下，进一步锻炼了业务人员的专业素养，提升了精准预报、精细服务能力和水平，为后期更好地开展重大活动气象保障服务奠定了坚实基础。

气象保障工作，进一步彰显了气象部门践行"两个至上"、心怀国之大者的坚定信念。赛事期间正值党史学习教育和汛期气象服务的关键时期，铜川气象部门团结一心、群策群力，在多线作战的形势下持

续保持高度责任感和使命感，用实际行动和实际工作检验党史学习教育成效，锤炼气象部门党员干部的使命担当。

开展服务，进一步提升了气象部门形象。铜川市气象局以精准高效优质的气象服务赢得了铜川执委会高度赞誉。执委会专此发来感谢信，向服务大局、精益求精、追求卓越、不辱使命的铜川气象人表示衷心感谢。

"有为才有位，有位善作为"，全方位全链条气象保障服务的后续放大效应正在积极显现。开展十四运会大型活动的气象保障服务，不仅优化了基础气象监测设备，提升了精准预报，精细服务的水平，同时培养了一批高素质人才队伍，形成了担当作为的工作作风，进而激发了铜川气象事业高质量发展的内生动力；同时，保障示范带动作用展现了铜川气象部门扎实细致、求实创新的良好部门形象，气象事业高质量发展的环境持续优化。市委市政府越来越重视气象工作，在2021年年底签订了市厅合作协议，共同推进铜川气象高质量发展，局县合作协议签订达到全覆盖，与市发改委联合印发了《铜川市"十四五"气象事业发展规划》，凝聚了事业高质量发展的向心力和动力之源。

（作者单位：陕西省农业遥感与经济作物气象服务中心）

特殊的中秋节

胡　皓

古人云"人有悲欢离合，月有阴晴圆缺，此事古难全"。2021 年 9 月 21 日是中国的传统佳节中秋节，是家人团聚的日子。中秋节假期的前一天，五岁的闺女打电话说"爸爸，你什么时候从延安回来啊，我和妈妈等你回来吃月饼呢"。这一刻作为父亲的我内心是多么想念你们，但是我有更重要的任务要去完成。9 月 21 日，第十四届全国运动会山地自行车赛在黄陵国家森林公园开赛，作为一名气象工作者我要为比赛的顺利进行做好气象保障服务。

2020 年，甘肃白银山地马拉松比赛因遭遇高影响天气，导致 21 人遇难，为十四运会户外比赛敲响了警钟，对我们的气象保障服务工作提出了更高的要求。9 月 20 日，我作为山地自行车比赛气象保障服务现场团队队长，带领团队赴比赛现场开展气象服务。9 月 21 日早上 5 点，拉开窗帘映入眼帘的是白茫茫一片大雾，保障团队按照《黄陵山地自行车高影响天气应对预案》立即启动叫应流程，发布高影响天气专报。利用现场电子显示屏和广播向各参赛队、技术官员等提供能见度监测气象信息及应对措施。加密同十四运气象台会商，预计大雾将在 9 点左右消散。8 点左右，大雾开始逐步消散，8 点半左右，全部消散，比赛现场天空蔚蓝能见度非常好，比赛各项工作顺利进行，我们悬着的心也放下来了，同时也收到了竞委会的感谢短信。"谋事在人，成事在天"，正因为我们的气象保障工作准备充分，应对措施到位，同时我们气象人时刻保持的高度责任感和使命感，才能圆满地完成这次赛事的保障任务。当我把这份喜悦分享给家人时，闺女一句"爸爸你是最棒的，我们等你回来"，彻底释放了我的情绪，我要用文字记录下 2021 年 9 月 21 日这一年的特殊中秋节。

（作者单位：陕西省突发事件预警信息发布中心）

智慧气象赋能精彩全运背后那些事

白光弼

作为时任省气象服务中心负责人，在十多年气象服务工作生涯里，我经历了两次重大活动气象保障服务，一次是 2010 年西安世园会，另一次就是 2021 年十四运会，前者对我来说值得回味和记忆的并不太多，或许是时间久远，抑或是参与不多缘故吧。十四运会确确实实是全程参与、深度参与的，现在回想起来，其前前后后经历的一桩桩、一幕幕时常浮现眼前。回顾十四运会气象服务，从前期筹划、方案制定、建设研发、组织实施到结束整个过程，自己有"两个难忘"和"三点感悟"，与大家分享：

"两个难忘"：一是惊心动魄的"武汉调研"。2020 年 1 月 17 日，陕西省气象局决定派时任应急与减灾处处长段昌辉带队，组织应急与减灾处、省气象服务中心、省人影中心领导专家一行六人赴湖北武汉调研"军运会"气象保障服务经验，完善十四运会气象服务实施方案和十四运会人工影响天气实施方案，要求 1 月 18 日返回。调研组一行紧锣密鼓调研了湖北省气象台、湖北省人工影响天气中心、武汉市气象台、军运会赛场等单位和场所，晚上加班加点就"两个方案"进行讨论修改。此时已是农历小年，在大家紧张忙碌时，一场史无前例的"新冠肺炎疫情风暴"正在悄悄袭来……因为航班延误，调研组一行 1 月 19 日凌晨 4 点多抵达西安。从 20 日开始，武汉疫情告急、湖北告急……接下来，调研组一行相继收到当地派出所、街道办、社区等电话询问，开始了十四天的居家隔离生活，同事远离，家属担忧，自己后怕……好在一切平安无事。为了十四运会，差一点滞留在武汉，惊心动魄的"武汉调研"让人终生难忘。二是开幕式前的"降雨阻击战"。十四运会气象保障服务的各类服务系统和终端服务都是气象服务团队支撑运维的，特别是陕西气象APP（全运追天气）拥有十多万用户。9月15日开幕前夕，大家都盯着手机看天气变化。所谓"养兵千日、用兵一时"，自己和团队每个人心都提到嗓子眼，唯恐"关键时刻掉链子"。随着开幕式时间的不断临近，一边是十四运气象台专家大咖们全神贯注预报奥体中心天气；一边是十四运会人工影响天气指挥部动用飞机、火箭等阻击西来系统靠近奥体中心；还有各级领导、各级管理人员忙前忙后调度协调；我自己也紧张盯住APP卫星云图、雷达回波、各类实况要素变化，生怕出现任何差错。这一幕幕好似"战场"指挥部的画面，高度紧张而又有条不紊，特别是开幕式刚结束，大屏上出现奥体中心大雨如注的画面时，全场爆发出热烈持久的掌声。这是所有气象人的荣光时刻，相信会成为在场每个人挥之不去的永久记忆。

"三点感悟"：一是项目带动夯实了服务基础。十四运会气象服务之所以能够成功，关键是气象服务能力得到极大提升。从自己所分管领域看，经过"十三五"项目带动，在专业气象监测站网建设、气象服务平台开发、气象APP及小程序、新媒体开发应用等方面取得了长足的进步，为重大活动气象保障服务打下了坚实的基础。二是科技带动赋能于智慧服务。历时四载的十四运会气象服务筹划，依托各类科研项目和科技成果，带动了气象服务新技术、新手段的广泛应用，特别是大数据、云计算、人工智能等信息技术在十四运会气象服务系统的充分应用，使得气象服务更智能、更便捷、更人性。三是人才带动提供了有力的支撑。通过项目带动、科技带动及历次重大活动服务历练，一大批气象服务人才涌现而出。王莹、张宏芳等专家领导脱颖而出，服务中心三位首席、两名正研专家全程参与了十四运会指挥大厅、十四运会安保中心、十四运气象台、十四运会人影指挥中心等重要机构气象服务业务值班和技术把关，一大批高级工程师和技术专家参与十四运会气象服务平台和系统运行保障，确保了各类气象服务高效顺畅运行，获得了各级领导、各位专家和广大用户的点赞好评。

（作者单位：陕西省气象局企业投资和经营管理办公室）

精细化气象服务为"十四运"锦上添花

白光明

  随着最后一声锣响，第十四届全国运动会榆林赛区赛事活动在皓月当空的中秋夜落下了帷幕。十四运会榆林赛区气象保障服务以精密的监测、精准的预报、精细的服务，为赛事精彩圆满举办、城市安全有序运行、观众安全畅通出行锦上添花，受到榆林市委市政府表彰。

  聚全局之力，集全员之智，用近两年的时间，做一生难忘的事情。榆林市气象局高度重视十四运会气象保障服务，早在 2019 年 11 月就已成立十四运会气象保障领导小组，印发工作方案，召开多次专题协调会，在一环紧扣一环的部署、一步快过一步的行动、一项实于一项的服务中，扛起气象保障服务重任。

  不同的职责、一样的梦想。十四运会是国家要事、陕西大事、榆林喜事。半个多世纪以来，全国运动会首次在我国中西部地区举行。对于许多人来说，能够服务十四运会是一份难能可贵的经历，对于始终不忘服务国家、服务人民初心的气象人更是如此。2021 年 5 月 26 日，塞上榆林迎来十四运会榆林赛区的第一个比赛日，榆林市气象局迎来了大型赛事气象保障服务面向社会的"首秀"，举部门之力，内外联动的气象保障服务进入公众视野，分时段、分强度、分赛事的精细化气象要素预报不仅为赛场内的赛事项目保驾护航，也深度融入交通、安保、医疗等领域。

  回看十四运会气象服务宣传视频，赛场上调试产品尺寸的脚步、烈日下布设自动站的汗珠、小雨中执伞巡检设备的身影、党旗下弘扬志愿服务精神的"蓝马甲"……一帧一帧的画面串起同志们一点一滴的付出，随着那一面面鲜红的党旗、一枚枚闪光的党徽映照出榆林气象人服务国家、服务社会的初心。

　　十四运会榆林赛区赛事圆满结束的这一天，恰是 2021 年的中秋节。月亮不属于任何人，但某一刻，它照亮了我们。从春到秋，月半又月圆的时光见证了榆林气象保障服务的成熟与成长，完备的服务方案和应急保障机制、精密的监测、精准的预报和精细的服务，不仅获得了十四运会竞委会、执委会等多方认可与感谢，也为榆林气象在今后的重大活动保障服务中积累了宝贵的经验，尤其是时间跨度较长的体育赛事气象保障服务，同时也为 2022 年在陕西榆林举办的第十七届全省运动会锻炼了队伍，积累了经验。

（作者单位：榆林市气象局）

延安气象尽锐出战　精细服务全力保障

王维刚

2021 年 9 月 15 日，是一个刻骨铭心的日子，第十四届全国运动会在红色体育的沃土、新中国体育的摇篮——陕西开幕。当习近平总书记出席开幕式并宣布开幕的那一刻，我这位西北硬汉子不由眼含泪水。9 月 27 日，随着陕西西安奥体中心火炬塔逐渐熄灭，以"全民全运，同心同行"为主题的第十四届全国运动会精彩圆满落幕，此刻的我心潮澎湃。回想一路走来，延安气象部门怀着必胜的信心，全力冲刺奋战，对标"监测精密、预报精准、服务精细"，交出了一份高质量的答卷。

6 月 15 日，在十四运会山地自行车项目测试赛上，陕西队陈礼云赢得男子组第二名的佳绩，把拼搏奋斗之姿定格在陕西黄陵国家森林公园的绿水青山之间。"昨天下大雨，我一度担心今天不能顺利完赛。多亏办赛各方的全力保障，我不仅取得了好成绩，而且在全身心投入中体会到竞技体育的乐趣。"他说。14 日试训时，黄陵国家森林公园大雨如注。富有挑战的地形和强对流天气的影响，为山地自行车比赛带来重重挑战。"我们提前一个星期就收到气象部门的预报信息，竞委会紧急研判，制定了一系列降难避险措施，在危险地段安装防护网、防撞海绵等设施；经过和裁判长商议，决定临时关闭高难度赛道；增加消防、特警、医护等救援力量。"黄陵县副县长杨玉梅说，安全是头等大事，经过测试赛的考验，他们对承办正式比赛充满信心。4.8 公里的赛道，5套自动观测站，省市县三级技术保障团队，发挥优势，雨前行动，全力保障。

　　7月17日，十四运会和残特奥会圣火采集仪式在延安宝塔山星火广场举行。16日17时，中央气象台、省气象台和延安市气象台再次加密会商，针对降雨、大风、雷电等高影响天气风险进行研判；21时22分，组委会及各部门驻会领导登上圣火采集仪式现场的移动气象台车，与延安市气象台连线会商了解天气情况；22时，组委会执行副秘书长王山稳连续5次向圣火采集气象保障服务小组询问天气情况。17日凌晨1点左右，距延安东北方200多公里的府谷县2小时累计降水94毫米，并伴有雷电大风，这让气象保障人员更加紧张；凌晨4点30分，加密会商再次开始。四路团队、四个地点，大家时刻紧盯天气变化，加强分析，确保精准研判天气形势。"前店"与"后厂"的默契配合，最终，为了确保活动万无一失，圣火采集仪式比原定时间提前了半小时。圣火采集一结束，雨便淅淅沥沥地下了起来。

　　……

　　从测试赛、圣火采集，到火炬传递，再到各项赛场、赛事服务，雨水频繁"光顾"，延安气象保障服务一次次写下了浓墨重彩。全运会的圣火已经熄灭，十四运会已然结束，我在想，除却运动赛场，十四运会还有一个"赛场"，给革命圣地呈现出一份别样的精彩，那就是我们延安气象人的凡人凡事。"全民全运，同心同行"，奋战全运会的经历，成为我们生命中最为宝贵的精神财富，它将照亮延安气象人前行的路。

（作者单位：延安市气象局）

十四运会气象保障服务工作心得体会

牛桂萍

　　成功举办十四运会是陕西省的一件大事，成功服务十四运会是陕西省气象部门的一件幸事。在陕西省气象局的正确领导下，在省局十四运会气象保障筹备工作领导小组办公室的大力支持下，铜川市气象部门全体干部职工弘扬"准确、及时、创新、奉献"的气象精神，把党史学习教育成效转化为工作动力，默默坚守、辛勤付出，圆满完成了各项气象保障服务工作，为服务十四运会做出了应有贡献。十四运会气象保障服务工作虽然结束了，但是保障经验和服务心得需要我们保留、传承和发扬，主要有以下五个方面：

　　一是主动作为赢得赞誉。铜川赛区有铜川市体育馆1个场馆，承办十四运会篮球比赛（男子22岁以下组）1项、残特奥会盲人跳绳比赛1项，均为室内赛事。赛事受天气气候影响较小，但是我们还是主动作为，与十四运会铜川市执委会和市体育局沟通，参加十四运会筹备会议，了解服务需求，就具体服务进行商讨，细化气象服务流程，夯实双方人员责任，确保服务环节有效衔接，保证赛事服务有序开展。自筹资金在铜川市体育馆建设六要素自动气象站1套，在十四运火炬传递沿线建设六要素气象监测站5套，在热门旅游景点等关键场所建设气象预报预警显示屏5块。精准高效优质的气象服务赢得了铜川执委会高度赞誉，执委会办公室向我局专门发来感谢信，向筹备服务工作中服务大局、精益求精、追求卓越、不辱使命的铜川气象人表示衷心感谢。

二是优质服务提升形象。我局以精准高效优质的气象服务赢得铜川执委会高度赞誉的同时，以此为契机，广泛宣传气象工作和气象科普知识，进一步强化了气象部门在人们心中高科技、专业部门的形象。市委市政府领导专题调研十四运会气象服务工作 4 次，批示服务材料 13 次。市体育局在多个场合表扬气象工作。加强气象服务宣传，在中国气象报、铜川日报、"铜川发布"微信公众号等媒体刊发赛事气象保障服务报道 20 余篇。

三是服务一线锻炼干部。据统计，十四运会是历届全国运动会期间降水量、降水日数最多的，汛期气象服务和十四运会气象服务叠加，人员紧张、任务艰巨。在十四运会气象保障服务过程中，涌现出来一批以张淑敏同志为代表的先进典型。3 人获中国气象局通报表彰，4 人获十四运会开幕式人工消减雨工作专班办公室和陕西省气象局表彰。十四运会气象服务牵头负责人张淑敏被市委宣传部、市文明办推荐为 2021 年度"陕西好人"候选人，最终荣登 2021 年 9—10 月陕西好人榜（"敬业奉献"类别），全省气象部门仅此 1 人。

四是打破常规创新服务手段。建立"气象牵引、政府参与"的气象保障服务机制，与市体育局建立定期沟通机制，就十四运会自动气象站建设、预报预警信息服务等事宜沟通联系。市气象局与印台区农业局组成联合检查组，针对十四运会人影保障服务中的薄弱环节，对印台区 6 个人影作业点进行专项督导检查、整改提高。在全省率先建立高影响天气"熔断"机制，第十四届全国运动会铜川市执委会办公室于 7 月 2 日印发《第十四届全国运动会、全国第十一届残运会暨第八届特奥会铜川赛区高影响天气气象保障应急预案》（全运铜执办发〔2021〕36 号），是全省第一家建立高影响天气气象保障应急预案的地市级赛区。中国气象报、铜川日报等多家媒体进行了宣传报道。创新设立了十四运会预报服务首席专家，加强技术把关和年轻预报员"传帮带"；充实预报员队伍，重新起用离开预报岗位的"老预报员"。

五是充分发挥党支部战斗堡垒作用。市局党建办组织开展"党建＋气象保障，护航十四运精彩圆满"活动，党总支与工会联合组织开展"我为十四运做贡献"劳动竞赛活动。成立了十四运会气象服务临时党支部，设立了党员示范岗。在十四运会气象服务中，党支部战斗堡垒作用、党员先锋模范作用充分发挥，获中国气象局、陕西省气象局表彰的 7 人全部为中共党员。

（作者单位：铜川市气象局）

"一条心"作战　"一盘棋"推进

郭清厉

　　宝鸡举全市之力，成功承办了第十四届全国运动会足球、水球和群众乒乓球3项比赛及市区火炬传递活动。同时，宝鸡作为第八届全国特奥会举办地，奉献了一场精彩圆满的体育盛会。亿万目光焦距于此，全市气象干部职工秉承"办一届精彩圆满的体育盛会"目标，迎着考验和挑战，团结拼搏、无私奉献、攻坚克难，展现了新时代气象人精神，塑造了气象人形象，锤炼了气象队伍。回顾历程，我觉得不仅仅成功地经受了考验，而且还培养了人才、提升了能力，更重要的是为以后积累了宝贵的体育赛事保障服务经验。

　　十四运会和残特奥会气象服务的成功，得益于陕西省气象局的鼎力支持和部门紧密协作。在省局和执委会统一指挥下，全市气象部门"一条心"作战，"一盘棋"推进，不断完善"前厂后店"气象保障服务模式，凝聚合力、步调一致，讲团结、讲配合，上下内外密切协作，全力以赴投身十四运会和残特奥会气象保障工作中。省局领导先后8次莅临宝鸡市指导十四运会和残特奥会气象保障服务工作。市政府大力支持气象精密监测体系建设，先后建成十四运会地面气象监测站网和气象服务系统，精密监测能力得到大幅度提升。省局协调安排应急观测车及技术人员来宝鸡开展赛事气象保障服务工作，并首次在宝鸡启用移动气象台，联合省大气探测技术保障中心、省气象信息中心技术人员组成现场保障服务团队，充分应用赛场实时数据开展现场保障。

赛事期间，气象部门加强与相关部门的沟通联动，紧密衔接配合，有针对性地开展气象保障服务工作，有效地保障了赛事顺畅运行，得到了执委会和宝鸡市委市政府的充分肯定。

十四运会和残特奥会气象服务的成功，得益于全市气象部门的充分准备。 全市气象部门积极贯彻落实省局和市委市政府以及执委会有关要求，对标"精彩圆满"和"监测精密、预报精准、服务精细"，以时不我待的紧迫感、责无旁贷的使命感、全运有我的自豪感，积极开展十四运会和残特奥会气象保障服务，及时成立了领导小组，抽调业务骨干成立气象保障服务团队，制定了《十四运会和残特奥会宝鸡气象保障服务工作方案》，印发了《十四运会和残特奥会高影响天气应急预案 》和《第十四届全国运动会暨第八届特奥会火炬传递（宝鸡市）气象保障服务方案》，选派 2 名业务人员加入省局创新研发中心和创新团队，选派 1 名骨干到十四运会和残特奥会气象台工作，为赛事服务学习和积累经验。我们积极与执委会、竞赛部对接，充分做好赛事各项准备，提前组织开展气候背景分析和高影响天气风险评估，集中力量开展短临预报预警、微波辐射计数据融合应用等技术研发，实现逐小时精细化场地（馆）气象服务。面对十四运会开幕式复杂天气，我们准备充足，全力组织开展消减雨作业，圆满完成十四运会开幕式气象保障服务工作。

十四运会和残特奥会气象服务的成功，得益于全市气象干部职工的勤勉奉献和团结拼搏。 此次特奥会比赛项目全部在宝鸡举行，强降水、雷暴、冰雹、大风、高温等高影响天气均会对比赛造成影响，加之运动员的特殊群体，对气象服务定时、定点和定量水平提出了更高需求。为此，全市气象工作人员无私奉献、履职尽责、积极主动做好赛事保障服务，及时为执委会、竞委会提供恶劣天气防御和应对建议，并以特殊运动员身体状况、赛事特点和服务需求为导向，在与竞赛团队充分对接、磨合后，开启"量身定制"服务模式，及时调整预报服务内容，增加了体感舒适度、穿衣、感冒等各类生活气象指数，一对

一、点对点服务，为运动员在赛场上充分展示自我、实现梦想、激情拼搏提供贴心关怀和贴身气象服务。特奥会如同十四运会一样精彩圆满，运动员们秉持超越自我、不断飞跃、激情拼搏的精神，在赛场上追逐着青春梦想，用拼搏书写着精彩人生。赛事期间，全市气象部门5次进入气象保障特别工作状态，8次开展现场气象保障服务、6次复盘总结，全体业务服务人员24小时在岗值班，为赛事精彩圆满举行贡献了气象力量。

十四运会和残特奥会气象保障服务，是宝鸡市气象部门承担的最重要的一次任务，赛事全方位检验了我们的业务服务能力，活动精彩圆满，为全国人民交出了满意的答卷。我们将认真系统总结十四运会和残特奥会气象保障服务经验，凝练成果、传承精神，为以后重大活动精细化服务、大城市气象保障、防灾减灾等提供优质气象保障，努力为气象高质量发展，更好地服务国家、服务人民作出新的、更大的贡献。

（作者单位：宝鸡市气象局）

历练队伍　提升能力
以十四运会气象保障促事业发展

周　林

　　2021年，第十四届全运会在陕西举行。咸阳市气象局主要承担十四运会和残特奥会开（闭）幕式、火炬传递（咸阳站）、足球男子U20组和武术套路、群众羽毛球比赛、"双先"观摩等重大活动气象保障服务工作。咸阳市气象局作为十四运会咸阳市执委会气象保障部牵头单位，深入贯彻习近平总书记来陕考察重要讲话以及"办一届精彩圆满的体育盛会"指示精神，提高政治站位，加强组织领导，严密监视天气形势，精准把脉天气变化，为咸阳地区赛事及活动提供精准、精细、及时的气象服务，圆满完成了各项保障任务，获咸阳市执委会先进集体表彰。

　　自2021年5月14日武术套路测试赛开赛至2021年9月26日群众羽毛球比赛落幕，咸阳赛区比赛及活动历时136天。在这136天，甚至前期准备的更长时间里，我带领咸阳市气象局全体干部职工精心准备、克服困难、勇往直前、不辱使命。我们的足迹遍布咸阳奥体中心体育场、咸阳职业技术学院体育馆、礼泉县体育馆等比赛场地，我们的汗水挥洒在咸阳统一广场、渭河廊道、五环广场等活动区域，我们的付出换来了赛事和活动的圆满成功。通过十四运会气象保障服务工作，我深刻体会到气象保障服务的重要性，此次保障服务的成功离不开陕西省气象局（以下简称"省局"）、咸阳市政府的关心和支持，也离不开全市气象职工的辛勤付出。

省气象局的支持是我们坚强的后盾。2021年8月29日上午8点，十四运会火炬在咸阳市区传递。24日，我参加全市火炬传递工作协调会，并在会上通报29日有阵雨天气，咸阳市副市长罗军现场要求气象部门做好监测预报预警和人工消减雨准备工作。会后，我立即安排部署，一方面安排气象台加强天气监测，以服务专报形式每天两次向活动组委会提供七天滚动预报，另一方面安排人影中心做好28—29日消减雨准备。27日，经与陕西省气象台（以下简称"省台"）、十四运气象台会商后，特邀省气象台首席预报员陈小婷到咸阳进行现场技术指导。在火炬传递咸阳站起点统一广场架设七要素便携式移动气象站，为精细化预报服务提供数据支撑。28日白天，多次与省台加密天气会商，认为29日上午8—9时，市区多云间阴天，气象条件对火炬传递活动比较有利；28日20时许，在咸阳市火炬传递联席会上及时通报最新火炬传递天气预报，为组委会决策提供气象支撑。29日凌晨5点，我和陈首席到达市气象台与省台会商后，于6点向执委会提供最新预报信息。上午8点，火炬传递正式开始，看着电视画面里火炬手穿梭在绿柳拂动的河堤上，阳光时隐时现，一切刚刚好。9时许，咸阳火炬传递活动圆满结束。我们的精准预报受到活动各成员单位高度赞誉。同时，在武术套路和足球比赛期间，省局为我们提供气象应急保障车作为移动气象台，大力提升了赛事活动的气象保障水平。

政府的支持是我们前进的动力。9月7日，距离十四运会开幕式还有一周时间，紧邻西安的咸阳市承担着开幕式人工消减雨重要任务。根据预报我们属于系统来向，要做好作业准备。我立即向市委市政府领导专题汇报，副市长程建国立即决定实地检查各县的准备情况。我们先后到泾阳、三原等人影作业点实地检查人影准备情况，现场召集县政府领导及相关部门解决弹药运输和人影作业安全等问题；13—14日，临近开幕式，我再次陪同副市长程建国深入兴平、武功、永寿、三原等地的作业点检查人影准备工作，再次压实责任、确保安全。15日上午，副市长程建国在市气象局出席开幕式保障专题会议并安排各地人影安全防范工作。9月15日晚，综合业务平台灯火通明，所有人都紧盯着雷达云图，注视着奥体中心上空，申请空域、人影指挥有条不紊。伴随着开幕式热闹非凡的直播，我们持续开展人工消减雨作业近两个小时，累计发射火箭弹88枚，为开幕式顺利举办作出了咸阳贡献。十四运会咸阳市执行委员会办公室在对咸阳赛区武术套路、足球男子U20组测试赛以及正式比赛的检查评估中，均对气象保障服务工作表示肯定和表扬。武术套路测试赛比赛颁奖期间，市气象局受邀作为嘉宾为获胜队员颁奖。

职工的努力付出是我们的底气。为做好十四运会气象保障，我们组建了一支技术硬、能吃苦、肯奉献的气象保障团队。党员突击队里，各位党员承诺践诺、冲锋在前，从前期筹备到测试赛的不断改进再到赛事的精准服务，赛场一线保障人员不惧烈日、不畏风雨，守护好设备仪器，确保现场实况监测准确无误；后台预报服务人员沉着冷静、精准研判，向执委会、竞委会、社会公众提供精细预报服务；后勤保障人员细致周到，可口的饭菜、贴心的夜宵都温暖着业务服务一线人员的心。大家心往一块想，劲儿往一块使，团结一致，克服困难，一幅幅感人画面令人难忘。

通过近半年的十四运会气象保障服务，咸阳气象现代化实力得到了展现和提升，同时扩大了气象部门在当地政府和有关部门中的影响力，我们的人才和干部队伍更加有能力、有活力、有实力。我们将进一步总结经验，发扬拼搏精神，推进咸阳气象事业朝更高水平迈进。

（作者单位：咸阳市气象局）

坚决扛起政治责任　护航"十四运"精彩圆满

白作金

　　第十四届全国运动会是在中国共产党成立 100 周年、"十四五"开局之年、首次在西部地区举办的一届全国盛会，是全党全国人民的大事和盛事，受到党中央、国务院和陕西省各级党委政府高度重视。渭南市作为分会场，承担了足球（男子 U18）、柔道、举重、篮球（女子 U19）、沙滩排球等 5 项竞赛项目，涉及 6 个比赛场馆，是除西安外承办比赛项目最多的地市，点多、线长、面广，天气气候复杂，气象能为渭南赛区多项赛事保驾护航，作为渭南气象的"班长"，我倍感荣幸的同时也感到任务艰巨、责任重大。习近平总书记指示要"办一届精彩圆满的体育盛会"，我们从组织保障、机制建设、人员队伍、设备软件等方面入手，举全局之力，全力以赴保障十四运会和残特奥会精彩圆满。

　　提前部署，落实"四个到位"。为充分发挥部门特色和年轻党员的先锋作用，及时成立了十四运会气象保障服务筹备工作领导小组、渭南十四运会和残特奥会气象台、十四运会渭南气象保障服务党员先锋队，明确了人员组成和职责任务，做到组织到位。多次与执委会、竞委会负责人座谈，调研气象需求，打通了执委会、各竞委会等管理层面、各场地处、各教练组、各运动员团队气象信息接收通道。制定了《现场气象保障服务方案》《高影响天气风险应急预案》《火炬传递气象保障服务方案》等，确保十四运会气象保障工作安全高效推进。先后召开 16 次十四运会工作调度推进会、4 次测试赛复盘总结会。大家都早早紧张起来，全力备战火炬传递及赛事保障。

对标监测精密、预报精准、服务精细，全力保障十四运会。为最大限度满足比赛对气象服务的需要，举全市气象之力，在足球、沙滩排球、柔道等比赛场地建成了地面气象、垂直方向气象要素、天气现象、沙温等多种观测能力，建成了场馆气象接收显示终端、城市内涝监测系统终端、共享"雪亮工程"监控终端。这些监测显示系统，极大地提升了城区火炬传递和各项赛事气象监测能力。开展十四运会高影响天气风险评估及天气要素预报技术研发，深化十四运会智慧气象服务系统、一体化预报系统本地化研发应用和培训应用，创新研究沙温预报方法，建立了沙温预报模型，进一步提高沙温预报技术，强化技术支撑能力。主动出击，多次与篮球、沙滩排球、足球等赛事保障部、裁判、技术代表就赛事气象保障服务工作深入调研，强化精准服务能力。加强预报服务团队建设，邀请了重大活动气象服务经验丰富的山西省气象局国家级首席预报员赵桂香、陕西省气象局国家级首席预报专家刘勇，坐镇指导气象保障服务工作，气象服务团队甘为"幕后英雄"。

"一场馆一团队"，点对点贴心服务。在十四运会火炬传递及正式比赛期间，我们按照"一场馆一团队"标准建立了由预报、服务、技术保障业务骨干组成的场馆气象保障服务团队，为场地官员、教练团队、运动员团队、媒体等提供面对面、点对点的针对性精细化服务。

启动应急，举局上下保赛事。在火炬传递、正式赛期间及时进入气象保障服务特别工作状态，我与"一室三中心"负责同志24小时坚守岗位，逐小时逐场馆发布实况和预报，圆满完成十四运会火炬传递和5项赛事专题服务，组织48人次、16副火箭系统保障开闭幕式人工消减雨应急作业服务。8月20日，我们以足球比赛遇高影响天气为背景进行了全流程应急演练，提前模拟演练赛事期间突遇高影响天气时的应急状况，起到了锻炼队伍、测试系统、积累经验的良好作用。

丰富信息渠道、靶向精准服务。为方便参与赛事的各类人员第一时间快捷方便地获取到最新天气信息，我们提前组织收集汇总了执委会、竞委会官员和教练组、运动员的通讯方式，在突发预警信息发布平台和短信云 MAS 平台上建立了气象信息接收群组和微信群组，通过微博、微视频、天气预报节目，提前发布十四运会宣传片和赛事信息。组织在各接待酒店、场馆电子显示屏、广告机播发最新气象信息。在体育场馆及接待酒店放置"全运追天气"APP 二维码桌牌，可以通过智慧气象平台第一时间获得气象信息。运动员和教练员在赛场看到气象志愿者，都纷纷竖起大拇指，为我们的服务点赞。

高影响天气叫应服务赛事。8 月 29 日开始的足球比赛先后遇到了两次较强降水过程。由于比赛均在户外进行，比赛场地会出现积水情况。9 月 3—5 日赛事期间再次出现连续强降水，多次发起高影响天气迭进式叫应服务，足球竞委会根据最新天气预报对后续赛事比赛场馆进行了及时更换，及时调整比赛场地之举，成功避开了受前半夜较大强度降雨及球场地面积水的影响，最终确保了比赛精彩圆满完成。赛后，足球竞委会对我们发来感谢信，表示气象部门极大地助力了足球赛事的成功举办，向气象人致敬！

十四运会和残特奥会期间天气情况复杂，渭南赛区各项赛事气象保障服务难度大、要求高、任务重，但在完备的服务方案和应急保障机制下得到圆满收官，为我们在今后的重大活动保障服务中积累了宝贵的经验，为今后气象预报、保障服务工作锻炼了队伍。优质的气象保障服务工作广获好评，渭南市执委会、沙滩排球竞委会、举重协会、足球协会等 11 家单位纷纷发来感谢信，7 家中央主流媒体争相采访报道和肯定，多人次获得中央、省、市级执委会和省气象局的表彰……所有赞誉的取得，都充分彰显了渭南气象人"招之即来、来之即战、战之能胜""特别能吃苦、特别能战斗"的优良传统和工作作风，我为大家深感骄傲的同时，也坚信这一切必将成为渭南气象人人生中宝贵的精神财富，在以后的工作中，继续激励大家勇毅前行，为渭南气象高质量发展绘就美好蓝图。

（作者单位：渭南市气象局）

重大活动是提升气象服务能力的"推进器"

袁再勤

第十四届全运会在陕西省召开，汉中市承担铁人三项和跆拳道两个比赛项目。2021 年汉中经历了 22 场暴雨和自 1961 年以来历史最强的"秋淋"过程，天气的极端性和复杂性为保障所有活动如期开展增加气象服务难度。承担火炬传递仪式和铁人三项比赛都经历了复杂的天气情况，对我们的精准预报是一次检验，对我们的服务能力是一次提升。

9 月 6 日，火炬传递仪式在汉中中心城区举行，预报当天的天气情况为中到大雨。如果在雨中进行火炬传递仪式，影响在全国的转播效果，执委会领导非常着急，让市气象局拿出建议。我们通过数值预报发现，6 日 7 点至 9 点有不到 0.1 毫米降水的空窗期，建议把火炬传递仪式提前到 7 点开始，执委会采纳了建议。仪式举行完的 9 点下起了中雨，所有人如释重负。从 6 日凌晨每十分钟报一次实况，这种辛苦和压力没有白费，大家感慨"人努力，天帮忙"。

9 月 17 日至 19 日，铁人三项比赛开始。比赛确定在汉江主河道公开水域进行，比赛前连续雨日已经达到 22 天，汉江汉中段水位暴涨。按照赛场要求，河道流速不大于 1000 米³/秒，预报比赛期间上游地区还将有大到暴雨，这样河道流速势必大于 1000 米³/秒，将无法比赛。况且赛道已布置好，面临冲毁风险。面对这种情况，我们建议上游石门水库腾库，调度河道流量。9月18日大雨，石门水库的库容即将达到警戒线，水库的调度必须坚持到19日上午10点才能泄洪。汉江上游流入主河道的支流众多，流量经过精准计算科学调配，直到比赛临近结束，石门水库的容量达到最高警戒线，开始泄洪，最终比赛圆满结束。整个过程可谓触目惊心，这中间倾注了多少气象人的心血，倾注了多少气象人的努力，倾注了多少气象人的执着。比赛安全、精彩、顺利结束，作为气象人，我感到非常自豪。

我经历了这次全运会保障全过程，2021年9月18日夜间石门水库紧急调度现场场景犹如一次战役，至今依然记忆犹新。我深深体会到，一是重大活动保障是气象服务能力提升的"推进器"，也是气象事业实现大跨步发展的最强动力。气象核心业务就是监测、预报和服务，而服务是最后的落脚点，服务能力的提升以监测和预报为基础。依托本次全运会投入资金建设了新型观测设备、赛区全覆盖的自动站观测网、高性能机房以及大量的预报、专项服务软件系统，让全省在大气探测能力、主观客观预报技术和水平上都有了质的飞跃，出色地完成了开闭幕式活动以及赛事期间的气象保障服务任务。借助全运会这支"大推力"的推进器，陕西省气象服务能力实现阶梯式的提升。二是高水平气象现代化建设是提高服务能力的基础，只有在"精密监测，精准预报，精细服务"上下功夫，利用大数据，统筹协调发展，充分发挥气象领域已经积累了大量的数据，充分挖掘数据价值开发应用，按气象监测、预警、防灾救灾减灾等业务需求进行多维度并行分析，辅助用户全面掌控气象数据变化态势，深度挖掘气象数据的时空特征及变化规律，做好赛前提醒、赛时跟进、赛后评估，才能为赛事气象服务提供现代化、精细化决策支持。三是科技人才队伍的建设是提高服务能力的根本。全运会的气象保障服务使一批科技创新的青年人才得到锻炼，快速成长起来，为气象事业注入动力。

全运会这样的重大活动保障也暴露出我们服务能力的不足和短板，

为今后的气象服务指明了方向，汉中气象人将继续明确气象服务职责，紧跟需求，守正创新，重视、再重视重大活动的气象保障工作，为加快汉中气象高质量发展交出一份满意答卷。

（作者单位：汉中市气象局）

下好气象"先手棋"　打好全运"主动仗"

张向荣

秋风生渭水，圣火耀长安。2021 年 9 月 27 日，随着陕西西安奥体中心火炬塔逐渐熄灭，以"全民全运、同心同行"为主题的第十四届全国运动会精彩圆满落幕。作为中西部地区首次承办全运会的陕西气象部门，深入贯彻落实习近平总书记关于气象工作重要指示精神，坚决扛起十四运会气象保障服务的大旗，以优异的成绩向党和人民交出高质量的答卷。

这一年，习近平总书记的要求声声在耳，"做好筹办工作，办一届精彩圆满的体育盛会""做好气象工作意义重大、责任重大""要加快科技创新，做到监测精密、预报精准、服务精细，推动气象事业高质量发展，提高气象服务保障能力"。这是对发挥气象防灾减灾第一道防线作用的再阐述再部署，也是气象保障服务工作必须精准聚焦的目标方向。

这一年，中国气象局超前谋划、加强组织领导，气象保障服务做到"早部署、早行动、早落实"。中国气象局成立协调指导小组，多次召开专题协调会，派出顶尖专家团队赴陕现场指导。全国气象部门"一盘棋"，切实把思想和行动统一到习近平总书记重要指示精神上来，以有力的举措全力冲刺奋战，集全国之智、举全省之力，打赢这场战役。

这一年，陕西气象部门坚持人民至上、生命至上理念，聚焦各项赛事需求，恪尽职守、守正创新，进一步强化监测预报预警，努力做到重大灾害性天气监测不漏网、预报不失误、服务无疏漏，为开（闭）幕式、高影响天气、赛事预报服务及观赛群众避险避灾提供了有力支撑。

我们看到，以时间为主轴的筹办工作实行挂图作战，为筹备工作构建了科学的管理体系；65 名骨干专家组成的十四运气象台，默默无闻地做全运会的"守护者"；风云气象系列卫星、智能网格预报和"天擎""天衍"等多种现代化气象预报"重器"成为科技后盾；X 波段双偏振相控阵天气雷达等 80 多套新型现代化观测设备广泛应用；3000余期针对圣火采集仪式、火炬传递、全运会开闭幕式等重大活动服务材料发布……这些无不见证气象部门筑牢气象防灾减灾第一道防线的实效。

我们听到，"气象保障部针对各赛区、各赛场的天气进行逐小时分析，为比赛提供应对建议，为恢复比赛提供气象依据""面对复杂的天气，气象部门深入分析研判、加密预报服务，为赛事举行提供了决策依据""如果不是提前收到预警，后果不敢想象"……这一句句饱含深情的话语，是组委会、各执委会和人民群众对气象保障服务的肯定。

下好"先手棋"、打好"主动仗"。我们自信于坚持"前店后厂"的实战模式。这一年，气象部门强化气象监测预报先导作用、预警发布枢纽作用、风险管理支撑作用，内磨心志、外练筋骨，努力做到"监测精密、预报精准、服务精细"。31 个大项、358 个小项体育赛事，我们从精细化预报服务中，看到气象人以人为本、勇于创新的风范，看到多项气象科技成果的应用，看到气象现代化高质量发展的成就。

单丝不成线，独木不成林。这一年，我们受益于坚持统筹协调的运行机制，深度融入组委会整体工作布局，始终与其他各项工作同步部署、同步实施、协调推进。经过多方努力，气象保障融入组委会决策流程、组委会管理体系、十四运会竞赛组织和指挥系统，气象信息也融入指挥系统。在中国气象局的领导下，建立了国、省、市、县四级联动机制。相关部门、各执委会都能自觉服从组委会统一安排，同心同德、步调一致，讲团结、讲配合，密切协作、合力高效完成任务。

宝剑锋从磨砺出，梅花香自苦寒来。这一年，新冠肺炎疫情依然肆虐全球，全运会气象保障服务一度面临诸多挑战与难题。关键时刻，全国气象部门上下一心，创新工作方法，抓关键、破难题、提效率，创造了一个个"全运速度"和"气象奇迹"。气象服务满意度持续增长，气象核心竞争力不断增强，人才队伍愈发充满活力，全运会气象保障服务这场硬仗，气象人赢得漂亮。

风帆正劲逐浪行，奋发有为正当时。盛会的精彩时刻已定格在我们每个人心中，盛会彰显的气象精神也将历久弥新，盛会产生的影响将持久传播。所有这些，都将为我们推进气象强省建设目标和气象事业高质量发展注入持久强大的精神动力。

站在新的历史起点上，随着国务院《气象高质量发展纲要（2022—2035年)》的印发，气象工作迎来更大发展机遇，面临诸多挑战。我们必须以更大的格局、更宽广的视野，立足陕西、放眼全国，进一步加强气象科技创新，最大限度释放动力、激发活力、形成合力，以更优质更高水平的气象服务为经济社会高质量发展保驾护航。

（作者单位：商洛市气象局）

守初心　勇担当　争做时代奋进者

李建科

2021年9月的陕西西安，"长安花"含苞待放，"长安鼎"流光溢彩，"全民全运"深入人心。

第十四届全国运动会、第十一届全国残疾人运动会暨第八届特殊奥林匹克运动会，分别于9月15日至27日、10月22日至29日在陕西省举行。根据全运会筹委会的安排，杨凌赛区主要承担网球、皮划艇（静水）、赛艇3个十四运会项目和皮划艇（静水）、赛艇2个残特奥会项目。

网球项目、水上项目均为室外比赛项目，且对气象要素敏感度要求极高，气象保障服务压力较大。为了给十四运会配备"气象安全带"，杨凌市气象局特别组建十四运会气象服务党员攻坚先锋团队，不断完善气象为赛事保驾护航的最佳方案，完成全运会气象监测网络系统建设，安装2套八要素气象站、2套天气现象仪、1套微波辐射仪和1套浮标自动气象站，确保各类气象观测数据能及时传输到全运会气象数据中心，圆满保障2次测试赛。在杨凌赛区正式比赛的31个比赛日里，有6次降水过程、22个阴雨日、2个暴雨日、2个雷暴日。杨凌气象部门广大党员干部职工发扬关键时刻站出来、危急关头冲上去、重任在肩顶得住的精神，上下"一盘棋"、携手保大局，在十四运会和残特奥会期间发布气象保障服务产品501期、灾害天气预警信号6期，做到了赛程随精细化天气预报而动，保障赛事取得圆满成功，被中国气象局表彰为第十四届全国运动会和全国第十一届残运会暨第八届特奥会气象保障服务优秀集体，两名同志获优秀个人，执委会、竞委会致信感谢。

党建引领 筑牢堡垒 在服务大局中勇担重任

时间镜头拉回到 2019 年，杨凌市气象局作为杨凌赛区保障气象保障部的主力军，面对网球、赛艇、皮划艇（静水）三个室外比赛项目，各类气象要素对比赛项目能否顺利进行以及比赛成绩的裁定有很大影响。面对考验，我们深知这场保障任务的难度。发挥党组织战斗堡垒作用，当好农业科技先锋，抓好十四运会是当前的重要任务。杨凌气象部门党员干部冲锋在十四运会气象保障一线，自觉到最前沿主动担当作为，确保哪里任务最艰巨党的工作就要跟进到哪里，让党旗在农业科技一线高高飘扬！

对标"精彩圆满"的要求，组建了十四运会气象保障服务工作专班，涵盖综合协调、预报服务、现场服务、应急保障、信息宣传等多个小组。从十四运会筹备动员、工作推进到测试赛、火炬传递，再到正式比赛、开幕式，在各个时间节点及时组织召开专题工作会议，全面部署气象保障工作，确保各项保障任务落实落细。在测试赛和正式赛中，杨凌气象人的身影在烈日炎炎下的观测设备保障、复杂天气条件下的精细化预报决策、多部门多环节的预报信息传递等方面频频出镜，为"办一届精彩圆满的体育盛会"全力贡献气象人的智慧和力量。

示范带头 担当作为 在埋头苦干中彰显风采

泥巴裹满裤腿，汗水湿透衣背，我不知道你是谁，我却知道你为了谁……为了气象监测的精密，为了气象预报的精准，为了气象服务的精细，为了十四运会的精彩圆满，一群可爱可敬的杨凌气象青年党员，用满腔热血唱出了青春无悔，用一身又一身的汗水和汗渍甚至血水，浸出杨凌气象人党员先锋的感人故事。他们中有"超长待机"几个月没时间回家的党组书记李建科，他舍小家、顾大家，坚守工作岗位，服务全局，确保十四运会各项工作的有序推进和万无一失；有瘸着骨裂的小腿，奔波在比赛场馆协调气象保障工作的一线指挥长高茂盛，医生建议他静养，他说"我不能休息，十四运会马上就要召开"；有带病坚持在岗位的全国气象部门优秀共产党员王百灵；有忠孝难两全之际强忍内心痛楚，丢下病危的老母亲返回十四运会气象保障现场的杨安祥；有一天跑下来黑色 T 恤早已被汗渍浸成了白色的苗爽……一个个鲜活形象彰显了政治过硬、本领高强、敢于担当、作风优良的杨凌气象"铁军"风采。

追求卓越　锐意创新　在攻坚克难中保驾护航

围绕十四运会气象保障服务工作，我们坚持以"党建＋气象护航十四运会精彩圆满"为引领，把党旗插在十四运会场馆气象保障部办公现场，做到"早、勤、精"。一是"早"部署，强化组织领导，做好赛前准备。做到装备安装早，2020 年年底完成网球场馆、水上运动中心水体浮标站、微波辐射计等特种观测设备安装。做到任务明确早，2021 年年初进入"全运会时间"，早动手、细谋划，为气象保障工作的开展确定主线，制定总体工作方案、测试赛实施方案、现场保障服务方案，明确任务和时间节点，责任落实到人。做到演练安排早，通过多次学反复学提升业务人员综合业务能力，全面开展预报预警、信息发布、现场服务、应急保障等演练服务。二是"勤"对接，畅通联络渠道，明确服务需求。与执委会、竞委会勤对接，建立与执委会、竞委会高效的联络机制，充分发挥志愿者的积极性，来自西北农林科技大学的多名志愿者先后参与了气象保障服务，打通了气象保障服务"最后 1 米"，气象服务产品直送裁判长、裁判、运动员手中和各个工作区域，为赛事安全、平稳、有序进行保驾护航。三是"精"服务，全员全力全要素做好每一场赛事的气象保障。监测力求精密，站网达到了 2.5 公里×2.5 公里的精度。预报力求精准，"一赛一策"属地服务，提前 20 天量、提前 10 天量、提前 7 天量、提前 3 天量直至逐小时的天气现象、温度、湿度、降水量、风向、风速等要素预报，为十四运会测试赛的顺利开展提供了坚实后盾。测试赛期间发布高温橙色预警信号 1 期，陕西省电视台对气象保障服务进行了现场采访和直播报道。服务力求精细，赛事精细化预报服务对象覆盖竞委会综合协调处、场馆服务处、安全保卫处等 11 个处室、40 余间办公室，提供包括未来 1 天逐小时的天气现象、温度、湿度、降水量、风向、风速等要素预报。现场保障力求精确，充分发挥"前店后厂"的作用，现场服务人员及时获取气象台制作的天气实况及未来天气预报图片，由场馆大屏运维团队及时将图片在大屏展播。为保证时效性，根据大屏对气象信息安排的播放时次，后方气象台需不断更新制作图片并传递到现场，确保场馆工作人员、裁判员、运动员、观众和媒体第一时间通过大屏了解最新天气信息，提供更便捷的精细化气象服务，落实"我为群众办实事"的宗旨。宣传力求精巧，先后在各级媒体发布 66 篇杨凌气象保障十四运会的新闻稿，人民网、新华网、腾讯网、华商报等多家媒体对杨凌气象保障十四运会的情况进行了报道。

"简约、安全、精彩"，陕西，做到了！杨凌，做到了！精彩，写在赛场内外；成就精彩，汇聚了无数气象力量、黾勉同心。

"全民全运，同心同行"，十四运会已精彩闭幕，但奋斗、拼搏的精神永不止步，梦想仍在萌发。无论再过多久，人们都会记得，这番拼搏，这番精彩……

（作者单位：杨凌气象局）

服务十四运　成就更好的自己

苏俊辉

　　从 2021 年 3 月 23 日到 9 月底，参与十四运会和残特奥会气象保障服务半年多的时间，我重新认识了一个更好的组织、更好的团队，也成就了更好的自己。

　　那注定是一个无眠的夜晚！2021 年 9 月 15 日晚，在中华人民共和国第十四届运动会开幕式结束 9 分钟后，21 时 49 分，会商大屏上西安奥体中心的视频监控画面出现风雨交加的场景，十四运气象台会商大厅沸腾了，掌声、欢呼声不断，那是如释重负的呐喊和胜利激动的情感释放啊！我们为十四运会开幕式做的气象保障服务圆满了！

　　刚接到借用任陕西省气象局十四运办任专职副主任的通知时，我心里是懵的，甚至有点恐惧，这么重大的事干不好可怎么办呀！在负责组织全省各赛区的 53 场测试赛服务时，看到我不知所措的表情，张树誉处长鼓励我大胆工作，指导我盯每一场比赛并梳理服务流程重点查找问题，为正赛服务积累经验，并在我组织协调工作遇到困难时及时出面"搞定"。在负责编制《第十四届全国运动会及全国第十一届残疾人运动会暨第八届特殊奥林匹克运动会高影响天气风险应急预案》时，时任副局长罗慧亲自协调请来了各方面的专家进行研讨交流，并带我们前去奥体中心体育馆现场寻找气象风险点。在 9 月初开幕式气象保障服务全流程全要素模拟演练时，丁传群局长一遍一遍地亲自指导我们修改完善工作实施方案和特别状态方案，直到深夜 12 点之后定稿签发！各级领导就是这样身先士卒以身作则的工作状态，凝聚了全省气象部门合力攻克十四运会气象保障服务的一个个难关！我庆幸遇到了好组织！

无论刮风下雨高温酷暑，每场测试赛前十四运气象台的同事们都会去现场确认需求方的关注点，制定"一赛一策"针对方案；重大活动前一周，省局气候中心费尽心思制作精细到街区的气候背景分析及重点关注风险点决策材料；省大探中心排除万难仅用一个通宵就在奥体中心完成 6 套加密站安装；为呈现最佳服务效果，省服务中心研发团队根据用户对"全运·追天气 APP"的反馈意见，前后共计改版 14次；省气象台、省气候中心、省服务中心进驻赛事指挥大厅的首席在轮值之余还要面对全省汛期服务值班；气象保障部驻会同事每个周末每天 12 小时工作已是家常便饭。我感受到这些可爱的同事们每天在忙碌着但工作热情十足，从未听他们言说困难和不满。我庆幸遇到了好团队！

借助好组织、好团队，我在省局十四运办的工作出奇顺畅，圆满组织完成了全省 53 场测试赛和正赛服务，编制完成《十四运会高影响天气风险应急预案》并由组委会正式印发实施，编制了包括开幕式在内的多个赛会气象服务实施方案并成功组织实施。在 2021 年 9 月 15日晚十四运会开幕式结束大家鼓掌欢呼雀跃庆祝气象保障服务成功的那一刻，我的心情无比激动，我知道，这里面有我的一份微薄贡献！我成就了更好的自己！

（作者单位：西安市鄠邑区气象局）

汇聚气象科技智慧 护航十四运精彩圆满

石明生

2021 年，第十四届全国运动会、第十一届全国残疾人运动会暨第八届特殊奥林匹克运动会在陕西举办。习近平总书记来陕考察期间，专门对十四运会和残特奥会筹办工作作出"做好筹办工作，办一届精彩圆满的体育盛会"的重要指示，这既让三秦儿女深受鼓舞，也让气象部门深感责任重大。气象人牢记总书记的嘱托，坚决扛起这份重大政治责任，对标"监测精密、预报精准、服务精细"，汇全国之智、举部门之力，为十四运会和残特奥会的精彩圆满贡献了气象智慧和力量。时至今日，每当我想起气象保障服务工作的点点滴滴，总是有忆不完的往事，谈不完的感悟。

党建引领，同心同行。十四运会和残特奥会的气象保障服务工作，始终坚持以政治建设为统领，推进党建与业务深度融合。2020 年 9 月 13 日，成立十四运会和残特奥会气象台临时党支部，确立了"立足本职岗位，服务十四运会"的十四运会和残特奥会气象保障服务工作理念。认真学习领悟总书记的重要指示精神，创新形式，结合实际，开展研讨交流，切实增强气象保障服务的责任感和使命感。组织"我为十四运气象保障服务建言献策""学党史 践初心 气象保障十四运精彩圆满""党建＋气象保障，护航十四运精彩圆满"等系列主题活动，设立"党员先锋岗"和"青年奋进岗"，开展"十四运气象服务之星"评选活动，营造"全局迎全运，没有旁观者"的氛围。从场馆建设到正式启用，从火炬采集到火炬传递，从测试赛到正式赛，从圣火采集到火炬熄灭，从全运会开幕到残特奥会闭幕，全体气象干部职工广泛参与，加班加点和日复一日地拼搏奉献，用气象智慧和力量，无怨无悔地为十四运会和残特奥会的精彩圆满举办保驾护航。党员干部始终冲锋在前、吃苦在前，党旗在十四运会气象保障服务一线高高飘扬。

高位推动，超前谋划。中国气象局高度重视十四运会气象服务工作，成立十四运会工作协调指导小组，相关职能司和直属单位在加密观测、卫星探测、天气会商、智慧服务、信息网络、人影保障等方面提供全方位的技术指导和支持。面对前所未有的崭新挑战，陕西气象人选择及早着手，迎难而上，将巨大挑战化作发展机遇。早在2016年，十四运会气象保障服务筹备工作领导小组及其办公室已经成立；2017年，选派骨干人员赴天津全程参与第十三届全运会气象保障工作积累经验；2020年十四运气象台揭牌成立，6年的谋划筹备，近百次的专题会议，无数难关攻克……所有参与单位和干部职工勠力同心、精诚协作、团结拼搏、无私奉献，形成国家级业务科研单位技术支持，国省市县四级联动、协作配合，由组织指导层、决策指挥层、业务运行层、技术支持层组成的四级组织体系，汇全国之智、举全省之力，全力以赴做好十四运会和残特奥会气象保障服务工作的格局；形成了气象保障部、十四运会和残特奥会气象台、西安市气象局三位一体、"前店后厂"的气象保障服务工作模式；明晰了责任分工，突出了重点保障环节和任务，为做好十四运会和残特奥会各项赛事气象服务、重大活动气象服务、高影响天气风险防范和应对处置等工作夯实了坚实基础。

科技赋能、护航全运。构建满足需求、立体化、全天候的气象综合监测网络。建成了以全运会中心气象站为核心的布局合理、满足需求的地面气象综合监测网络，新建相控阵雷达4部、风廓线雷达1部、测风激光雷达2部、微波辐射计4套、云雷达1部、云高仪1部、大气电场仪2套，构建了全覆盖、要素完备、三维立体的气象监测网络，全天候严密监视大气状况和天气演变。深入分析赛事举办城市、十四运会主场馆、比赛场馆和重大活动举办地的气象要素气候特征。聚焦西安大城市重点区域、关键时段，强化高影响天气预报预警能力。应用深度学习法估测雷达降水，提高未来 0～2 小时强对流天气降水量预报准确度。开展大城市精细化预报技术攻关，开展 0～10 天天气预报，21473 个预报网格点 0～3 天全市预报时空分辨率实现逐小时和 1 公里×1 公里，研发分钟级降水预报及多项"按需定制"的专项预报服务产品，为精准预报、精细服务打下了坚实基础。

用情用智，精细服务。气象人以"准确、及时、创新、奉献"的气象精神，"早、准、快、广、实"的高影响天气监测预报预警要求，"严密监测天气、及时精准预报预警、用心用情提供服务"，确保十四运会气象保障服务做到"监测精密、预报精准、服务精细"。成立开（闭）幕式气象服务专班，细化措施，夯实责任。细化工作脚本和演练脚本，开展模拟和实战演练。适时启动十四运会开（闭）幕式气象保障服务特别工作状态，严密监视天气演变，现场收集服务需求和信息反馈，开展精细化服务，圆满完成了开（闭）幕式气象保障服务任务。在各项测试赛和正式赛气象保障服务中，制定 27 项十四运会测试赛气象保障服务任务清单、34 项正式赛清单、17 项残运会正式赛清单。气象保障服务人员精诚协作、密切配合，按照"全流程、全要素、全方位"的竞赛组织要求，严密监视天气演变，分析研判天气趋势，及时发布各类气象监测预报预测预警信息。赛时下沉比赛场馆开展现场服务，按照气象信息"六进"（即进赛事指挥中心、进场馆、进赛场、进地铁、进手机、进工作群）的要求，开展广覆盖气象服务。十四运会和残特奥会期间共制作发布场馆和赛事气象 2351 期，为各项赛事活动的成功举办提供了优质高效的气象保障服务。

十四运会圆满结束了，气象人的故事还在继续……

（作者单位：西安市气象局）

我的火炬之缘

王建鹏

回想起 2021 年 3 月的一天，由于工作岗位变动，在搬办公室整理资料时，无意中发现一张许久之前就想找到的照片，那是在 2008 年北京奥运会火炬传递时我与原北京市气象台台长郭虎共同手捧北京奥运会祥云火炬的一张照片。还记得那天，郭虎台长作为火炬手进行火炬传递后返回北京市气象局大院，单位组织了一个盛大的欢迎仪式，当时作为在北京市气象台访问学者的我，心里充满感动和羡慕，羞涩地请求与郭虎台长和火炬一起照了一张相片，之后有幸观摩了北京奥运会气象保障活动，当时气象保障紧张热烈的预报服务会商场景仍然历历在目。

还记得 2020 年，当时作为陕西省气象台台长的我，在接手负责"十四运会和残特奥会一体化气象预报系统"开发任务时的我，感到自豪，感到责任和压力，自豪的是领导和组织的信任，把这一艰巨任务交给我；压力是面对十四运会需求，我们的技术支撑还不够完善，时间紧，任务重。但回想起自己 2008 年在北京所见的气象科技工作者只争朝夕、奋力研究的场景，我找到了动力。2020 年年底到 2021 年年初，我组织团队，多次召开专题会，分析技术支撑薄弱点，设计谋划系统界面……后来，我调到陕西省气象科学研究所工作时，系统总体功能基本实现了，但个别模块还得优化，当时心里还有些不舍，因为心里想，到陕西省气象科学研究所工作了，岗位性质变了，十四运会的气象保障可能离我稍微远些了。

也许自己和火炬有缘，更是组织对我的信任、重托与褒奖，2021年6月的一天，陕西省气象局应急与减灾处处长通知我填一张表，说是省气象局推荐我为省局气象系统的十四运会火炬手。接到通知的那时，我内心既惊讶又激动，这一份沉甸甸的荣誉给予我，我可能受之有愧。之后的一段时间，我把喜悦埋在心里，将其作为人生大事之一，按照通知的要求，仔细填写政审表，专门挑了一个较好的照相馆照相，查找火炬传递相关注意事项，天天锻炼身体，唯恐跑不下来即将到来的神圣而庄重的那一段火炬传递之路。我被分到9月3日杨凌段火炬传送，2日晚聆听火炬传递培训会后，兴奋得睡不着觉。3日8时火炬传递正式开始，我精神抖擞，昂首阔步，手举熊熊燃烧的名为"旗帜"的十四运会火炬，感受到了手中火炬沉甸甸的分量。我知道我们不仅是在传递火炬，更是在传递梦想、传递承诺。面向火炬上飘扬的红旗，我深刻感受到在中国共产党的领导下中国发生的翻天覆地变化，党和国家在各方面取得辉煌的成就！对我而言，这是一次实实在在的"不忘初心，牢记使命"的体验和教育！

激动的心平静下来后，我想只有奋力工作，才能回报组织的这一信任和关爱。8月17日—9月28日，我按照陕西省委领导的要求及相关部门气象保障的需求，不辱使命，基于"点单任务"，开展"贴身式"的预报预警递进服务工作，较好地完成了上级交办的重大特殊气象保障任务，受到有关领导的肯定与表扬。

聚是一团火，散是满天星。在我人生的长河里，除记住我的生日、我的入党日，我还将永远记住9月3日这个特殊的日期，这是我与火炬真正结缘之日！也记住了18号，我的火炬传递号！

感谢党！感谢省局党组！火炬仍将照亮我奋力工作的前行之路！

（作者单位：西安市气象局）

第三部分

一线感言

生命因有"你"而精彩

戚玉梅

2017 年 9 月 8 日，与"你"的第一次邂逅。

第一次认识"你"是在电视屏幕上。当天西安下了一点小雨，闷热的天气有了一丝凉爽，早早吃过晚饭，顺手打开了电视，今天是什么日子，怎么还有晚会呢，原来是第十三届全国运动会闭幕的日子，怎么画面里出现了延安、钟楼、兵马俑？原来第十四届全运会要在陕西举行，时任陕西省省长胡和平把会旗高高举起时，全场掌声雷动，经久不息。从那一刻起，全运会正式进入了陕西时间，"你"也深深地印刻在我的脑海里。

2019 年 8 月 1 日，第一次近距离地接触"你"。

听到陕西省委组织部批准成立气象保障部这个消息后，我非常兴奋，觉得我和"你"应该是有缘分的。虽然我不是气象保障部的驻会工作人员，但省气象局已经成立了气象保障服务领导小组，作为在办公室工作的我，相信与"你"近距离接触的机会会越来越多，希望我们能有更多的了解，也希望我能为"你"做点什么。

三年的陪伴。

"你"出现在我的电脑、手机里的次数越来越多了，也越来越频繁了，党组会、常务会、办公会、办公室内部会议……工作方案、宣传方案、应急预案、接待方案……部门联络员一次培训、两次培训……实际线路演练一次、两次、三次……我要清晰地记录每一条行程路线、每一个出站进站口的位置、车辆停放位置、场馆进出口的位置、场馆里每一部电梯的位置、看台上每个区域的划分，还有一次次与十四运会组委会办公室、行政接待部、大型活动部的对接沟通，一次次人员证件信息的录入、上传，车证、人证的领取发放，名字、家庭住址、紧急联系人电话、身份称号码、照片的大小和清晰度，一个字一个字地复核、一遍又一遍地校对，因为绝对不允许出现错误，一个数字的错误就会导致证件无法通过审核。嘉宾证、工作证、演练证、临时证……倒计时一周年、彩排演练、开幕式、闭幕式，就这样一遍遍的审核办理、再审核再办理。我知道这些证件的主人都是有自己的岗位和职责的，谁都不能落下，同时还要充分考虑应急备份人员和车辆，只有考虑到方方面面的原因，才能保障中国气象局和省气象局机关参加人员顺利进出和有序参与各种保障活动，绝不允许在我这环节出现错误，掉了链子。就这样，"你"陪伴了我整整三年。

2021 年 9 月 15 日，这一天我见到了最美的"你"，也给我留下永远难忘的记忆。

凌晨 3 点多，我被电话铃声叫醒，看了眼手机，是杨文峰主任的电话，心里不禁忐忑起来。我原本定的闹钟是 6 点，这个时间应该是准备进行凌晨 4 点的天气会商，但按原定方案我不需要参加，难道是晚上开幕式时段的降雨预测有了新的变化？实在是不敢往下继续想了。接了电话，我才知道是让我赶快叫醒在酒店接送中国气象局领导的司机，需要让他们尽快赶来。四点多我到了十四运气象台，台上人很多，完全看不出一点凌晨的样子。中国气象局的专家和领导、省气象局的领导以及十四运气象台的全体预报服务人员几乎都在，每个人的神情都是那么紧张，有的紧盯着云图，有的聚在一起讨论着人影作业方案，有的认真编辑着信息专报。我静静地站在后面，只见伏案好久的丁传群局长说了一声"发吧"，并转头对我说："赶紧安排车让罗慧副局长和首席预报员去现场，你还要关注着省委省政府和中国气象局总值班室，一定要电话确认收到。"这时的每一句话都像是一条军令，因为这是一场没有硝烟的"战斗"，每一条消息都是这场作战能否胜利的关键，时刻都不能懈怠。我们还有一个任务就是保障这些"指挥官"和"战斗员"们能在空隙及时补充能量，要提前做好衔接，让大家能在最快的时间到达指定地点、用最短的时间吃饭补充能量，这样才能更高效地投入接下来的战斗。到了下午，看着人影指挥中心飞机飞行线路和火箭高炮布局图，特别是在远程视频中看见一个人影作业点的作业人员端着一碗应该已经凉掉的面条，急急忙忙往嘴里扒拉的时候，鼻子一酸，我好想对"你"说："为了你的美丽和精彩，上千名气象人都付出了什么，'你'知道吗？"

晚上 8 点，面前的大屏幕中有一块屏幕正在播放开幕式，但是台里所有人和远程在中国气象局指挥中心的人都没有被精彩的演出所吸引，他们眼里盯着的是云图和宝鸡、杨凌、咸阳、长安、鄠邑等观测站点的实景，关注的是哪里开始降雨了、什么地方开始下大了、演员服装有没有被风吹动、现场有没有飘雨、外场的路面上有没有降水。就这样紧张地过了两个小时，当宣布开幕式结束时，十四运气象台里顿时欢呼起来，声音远远超过了电视节目的声音。这场"战斗"我们胜利了，"你"也呈现了最精彩的一面，也给我留下了永生难忘的一天。

2021 年 9 月 27 日，告别。

终于有机会到现场和"你"道别，三年多的时间说长不长，说短也不短，今天的结束并不代表"你"的消失，那份美好的记忆将深深地印在我的脑海里，因为"你"在我生命里留下了一个精彩的篇章。

（作者单位：陕西省气象局办公室）

使命在肩　护航全运

董长宝

2021 年 9 月 15—27 日，站在中国共产党成立 100 周年、开启全面建设社会主义现代化国家新征程的重要历史节点，以"全民全运，同心同行"为主题的第十四届全国运动会（以下简称"十四运会"）在西安奥体中心精彩圆满举办。

竞技体育作为一项高体能的剧烈对抗性运动，无论是在露天还是在室内，都受气象条件的影响。温度、湿度、降水、能见度、风、气压等气象条件不仅影响运动员水平的发挥，严重时还会影响比赛的正常进行，并对运动员心理和生理状态产生较大的影响。而气象灾害风险的不确定，更是使组委会、执委会等相关各方在保障服务和赛事组织方面面临严峻挑战。

2020 年 4 月，习近平总书记来陕考察期间，专门对十四运会和残特奥会筹办工作作出"做好筹办工作，办一届精彩圆满的体育盛会"的重要指示，这既让古城上下深受鼓舞、也让气象部门深感责任重大。

从赛场到赛事气象服务、从圣火采集到火炬传递的气象保障，气象人牢记总书记的嘱托，坚决扛起这份重大政治责任，汇全国之智、举部门之力，对标"监测精密、预报精准、服务精细"，全程融入，全力保障。

从开幕式到闭幕式，历时 13 天，10 天降雨、5 天大雨，降雨量堪称历届全运会之最。面对巨大的考验与挑战，气象人怀着必胜的信心，齐心协力，交出了一份高质量的答卷，圆满地完成党和国家交办的重要任务，书写了浓墨重彩的一笔。西安市委书记王浩为之称赞，"好好总结、好好表彰"。

高位部署，尽锐出战。中国气象局党组书记、局长庄国泰曾这样勉励气象保障服务人员："十四运会标准高、规模大、范围广、时间长，做好气象保障服务非常重要，我们必须全力以赴，尽锐出战，以高昂的斗志、饱满的状态、必胜的信心，举部门之力打赢这场战斗。"9月15日开幕式当天，庄国泰局长在京全程坐镇指挥。而早在2周前，省、市气象部门全员就已进入特别工作状态。开幕式前夕，中国气象局党组成员、副局长余勇奔赴西安，坐镇十四运气象台现场指挥调度。

集八方之智，建护航平台。集聚全国、全省气象部门之力，深度融入全运整体工作布局，始终与其他各项工作同部署、同实施、同推进。成立协调指导小组，印发总体工作方案，召开专题协调会议，建立了国、省、市、县四级联动机制，派出中央和省级专家团队现场指导，开展赛事期间天气会商，提供精准预报预测产品……在一环扣一环的高位部署中，气象保障部成立、十四运气象台成立，气象信息进入指挥系统，气象保障融入决策流程。

人心齐，泰山移。这是一场不见硝烟的"战役"，面对开幕式的复杂多变天气，气象保障服务48小时惊心动魄，气象保障团队集众智、借众力，多线作战。"各个数值模式都对于原本乐观的形势场有所调整，副高在快速南退，移速较之前也明显加快，开幕式有降水的概率很大了。""大探中心检查一下相控阵雷达运行情况，一旦有系统进入我们的网，就盯死它，务必摸清它的内部结构，精准掌握它的移动方向和速度。"9月14—15日，西安市气象局连续2个日夜灯火通明，十四运气象台人头攒动，逐时把脉天气，及时给出最新订正预报，确保了"长安花"在灞河之畔美丽绽放。21时37分，开幕式圆满落幕，21时40分，豆大的雨点在西安奥体中心随风起舞。"人努力，天帮忙!"气象保障团队欢呼雀跃。

智慧赋能,闪亮全运。赛事赛会期间,风云气象系列卫星针对西安奥体中心进行"快扫",X波段双偏振相控阵天气雷达把脉云体奥秘、快速循环同化技术深度应用、地空天一体化多源观测资料广泛融合,"早、准、快、广、实",21473个预报网格点使0~3天全市预报时空分辨率实现逐小时和1公里×1公里,为精准预报、精细服务建立了坚实基础。分钟级降水预报及多项"按需定制"的专项预报服务产品是气象保障团队科技创新、执着探索的结晶。无论在现场还是云端,组织方、运动员、观众们都能享受到贴心的气象保障,成为他们心中一道亮丽的风景。

党建融气象,护航十四运。党建与十四运会气象保障服务有效结合,成为"我为群众办实事"实践活动的重要内容之一。设置党员先锋岗和青年奋进岗,开展"党建+气象保障,护航十四运精彩圆满"主题党日活动,评选十四运气象服务之星,党员先锋引领、职工广泛参与,千头万绪的工作、繁杂琐碎的事务,都在加班加点和日复一日的"赶夜车"中,处理的干脆利索、毫无差错。党员干部以"雨"为令,闻讯而动,以实打实的行动走在前列、干在实处,让党旗在十四运会气象保障服务一线高高飘扬。

全民全运,同心同行,全力保障、一起奋斗。还有这样一群人,他们在完成本职岗位工作的同时,克服困难,与"一线"同志一起努力,他们立足本职,主动服务、履职尽责,书写着团队意识、服务意识、合作意识、奉献意识。

接待无小事,细节看作为。会议保障、来宾接待,从制定详细方案、绘制工作流程、及时对接督查、加强会前查验、搞好跟踪服务,负责会议接待的同志事无巨细,相关同志上下齐动,从参加人员、日程安排、活动内容、问题疏解,到一张记录纸、一支签字笔、一瓶矿泉水、一个桌牌、一个桌位等,都在反复考量核对,她们努力以细致入微的服务,展示西安气象新风貌。

　　超越自我，追求卓越。承担十四运会气象保障服务宣传的同志，从"看、听、找、想"等角度寻找新闻线索，费尽心思琢磨思路、标题，用心打磨每一句话，力求书写业务精准、描绘人物感人，为了写好一篇稿子，加班九十点成为家常便饭。而十四运会气象保障氛围的营造、专题片的制作、宣传册的编辑，从创意提案到制作完成，他们有过疲惫，有过抑郁，但在责任使命中，他们砥砺前行，收获喜悦。

　　默默付出，当好管家。为解决好"一线"工作人员就餐问题，后勤人加班加点，送上一份份热腾腾的饭菜，面包、点心、火腿、水果等成为"一线"工作人员夜晚保持战斗力的能量棒。为保障业务供电安全，他们一刻不敢松懈，做好电源备份，按时现场巡检，24 小时值守设备。为营造整洁工作氛围，他们披星戴月，用扫帚、拖把挥洒汗水，擦亮优美环境。十四运会气象保障服务成功的掌声，也是对他们每个人辛勤工作的最好奖励。

　　廉洁勤政，筑牢底线。莫道桑榆晚，为霞尚满天，纪检人从抓"三重一大"入手，深入开展重点工程和工作环节监督检查，引导干部职工比干劲、讲廉洁，让十四运会气象保障服务始终在廉洁高效的轨道上健康运行。

　　擦干泪水，只为心愿所在。为了十四运会，气象人奋战 700 多天，繁忙的工作让好多一线工作人员时常忘记了父母的牵挂、爱人的惦记、孩子的想念。"回去给孩子买点饭，他还没吃饭""爸爸，我想你啊，我已经有好多天没看见你了""妈，你身体好点了吗，等我忙完这次保障任务就回去看你""儿子，最近怎么了，没有接到你一个电话呢？是不是太累了，要注意身体啊"……倾情投入，续写精彩。

　　赛期短，情义长。中国气象局党组和各职能司、直属各单位的关心指导和倾力相助，派出专家团队，各兄弟省市气象局和有关单位大力支持，人工消减雨合力攻坚；省局党组和机关各处室、直属各单位的鼎力帮助，实时指导，所有参与单位和同志们密切协作、无私奉献，是有这样一个"大团队"和一群"忘我者"同心同行，打赢了这场

"战役"，铸就了十四运会气象保障服务的精彩圆满。离别时那不舍的泪花也许就是你最美的风景。

短期全运，长期惠民。加快十四运会气象保障服务成果应用转化，助力西安气象事业高质量发展，发挥好气象防灾减灾第一道防线作用，加快全国气象防灾减灾示范城市建设和高质量气象现代化建设先行试点，西安气象人追逐"智慧气象"的脚步永不停息。

使命在肩，奋斗有我。展望未来，西安气象人也必将为"生命安全、生产发展、生活富裕、生态良好"贡献出更多的力量、绽放出更加璀璨的光芒。

（作者单位：陕西省气象局办公室）

气象人的初心和使命

胡春娟

2021年，十四运会和残特奥会落户陕西，注定这将是三秦大地特别的一年。作为陕西气象的一分子，能有幸参与新中国成立以来西安最大规模的全国性赛事保障，这让我倍感骄傲和自豪，同时能在这么重要的赛事中凸显气象工作的重要性和特殊性，也让我感觉责任重大、压力山大。经过多年的积极筹备和赛会赛事期间的精心工作，十四运会和残特奥会气象保障服务工作已画上了完美的句号，再回首，除了回忆还有满满的收获。

如何下好"一盘棋"，以高度的政治责任感和使命感科学研判、明确责任、上传下达形成合力，科学精细地做好气象预报预测，是科技与预报处一直思考和全力以赴在做的事情。预报存在困难，就精益求精地钻研预报技术，陕西省气象局先后研发了为赛事服务的沙温、暑热压力指数等高影响天气预报预警技术、西安大城市精细化预报及强对流短临预警技术和45天精细化预报技术等；聚焦"分钟级、百米级"的精准预报要求，先后开发了十四运会和残特奥会综合气象监测系统平台、十四运会和残特奥会一体化气象预报系统、三维网格实况分析产品、CIPAS精细化分析系统十四运会重大服务版、陕西十四运会气象综合观测数据平台等业务系统，引进了十四运会天气实况系统、气象服务精细化预报服务产品（OCF）、逐小时精细化要素预报、基于人工智能的降水短临预报系统、西安奥体中心三维实况巡游沙盘等业务平台，使精准预报在保障赛事服务中充分发挥了效益。为确保十四运会和残特奥会气象保障服务到位，省局还从各市气象局抽调了预报员和首席专家，全程参与十四运会和残特奥会气象台预报制作和发布，不断提升预报精准度，同时加强天气会商、技术分析复盘和数值天气预报产品应用能力，在关键天气、关键时间节点，大家凝心聚力、主动作为、主动担当，为十四运会和残特奥会气象保障服务交上了一份满意的答卷。

预报准确、预警及时、服务到位，是我们气象工作者的初心和使命。进入十四运会开幕式气象保障服务特别工作状态后，在中国气象局和省局党组的领导下，全省上下严密监视天气变化，严格做好每日工作计划和昨日工作复盘，时时刻刻让自己保持备战状态，一丝不苟地把每项工作落实到位。9月15日，那是一个难忘的日子。凌晨3点半，我们精神抖擞地来到十四运气象台，准备参加4点开始的天气会商。听了预报人员对天气形势的研判分析，大家的心头猛得一紧，降水系统的移动速度比原来预想的要快，开幕式时间段很可能出现明显降水。中国气象局余勇副局长现场坐镇指挥调度，省局丁传群局长亲自与省政府对接，薛春芳副局长全程协调指导，围绕即将出现的高影响天气，人工影响天气中心提前在防线开始作业，监测、预报、服务各部分工作紧张而有序地进行着。整整一天时间，没有人回去休息，大家都在业务平台上认真工作着。9点50分，开幕式刚刚结束，参加开幕式的各界来宾刚刚走出体育馆、登上通勤车辆，降水才拉开了序幕，气象保障服务圆满成功。

十四运会和残特奥会气象保障服务为我的工作经历增添了浓墨重彩的一笔，也成为我工作记忆中的宝贵一环。前路漫漫，任重道远，作为一名共产党员，我深知业务管理人员肩负的责任，我们将继续十四运会和残特奥会期间的工作状态，以更加昂扬的斗志、更加振奋的精神，投入到今后的工作中去，为努力实现气象强省之梦贡献力量。

（作者单位：陕西省气象局科技与预报处）

精彩全运 精神永恒

潘留杰

是一天、十天，还是一年……

是开幕式、闭幕式，还是赛事气象服务……

是产品研发、系统建设，还是天气预报会商……

"朱朱"轻挥羽翼，圣火缓缓熄灭，十四运盛会胜利闭幕，气象保障精彩圆满。作为十四运会的一名气象保障工作人员，一路走来，与万千气象人一同付出辛劳和汗水，收获喜悦与成功，心中倍感骄傲与自豪。

精心研发预报系统。工欲善其事，必先利其器。十四运会赛事开幕式及重大活动气象保障服务范围广、技术难度大，任务艰巨。为了做好十四运会气象保障技术支撑，十四运会预报预警技术攻关小组按照制定的《十四运会和残特奥会气象保障工程预报预警技术攻关方案》，每周专题会议推进，全体研发人员大力弘扬"准确、及时、创新、奉献"的气象精神，不计报酬、不辞辛苦、连续作战。历时一年零八个月，攻坚克难，开展高影响天气客观预报预警、45天精细化预报、短时精细化预报预警、临近监测预报预警、预报检验评估等关键核心技术研发。突破技术瓶颈，构建西安赛区1公里×1公里网格要素预报产品。从零起步研发沙温、水温、暑热压力、边界层风场等体育赛事预报产品。无数个日夜用高度负责的责任心，践行了新时代气象人初心使命和责任担当，提前完成核心功能模块研制，为智能客观预报技术赋能。

精准预报全运服务。2021年，西安地区降水异常偏多，为1961

年以来历史同期最多年份。秋淋开始时间较常年偏早 15 天，降水量较同期偏多 2 倍以上，多个赛区出现了滑坡、泥石流等地质灾害，严重影响户外赛事。作为十四运气象台副台长、首席预报员，我与预报团队全体人员一道，每天制作任务表格和责任清单。全力做好十四运会开（闭）幕式、火炬传递等气象保障，做好公路自行车、小轮车等户外赛事天气预报的会商组织、重大气象服务材料的编制和预报服务产品制作。犹记开幕式天气会商前期领导的谆谆嘱托，犹记预报团队一起讨论分析天气的话语，犹记第一次主持开幕式全国天气会商的使命和光荣、紧张与不安。华西秋雨关键时段，预报团队每天研判天气对户外赛事的影响，专题讨论公路自行车、小轮车、攀岩等户外赛事精细化的天气预报并提供建议。组委会依据赛事专报选择"窗口时间"，规划赛事赛程。十四运会气象保障服务期间，与中国气象局业务单位开展天气预报技术会商、人工消减雨作业视频会商 13 次，与中国气象局的天气预报及人工消减雨技术专家电话会商 35 次，发布十四运会开（闭）幕式重大决策材料 50 余期，十四运会重大户外赛事预报预警产品 300 余期，高影响天气预报专报 31 期。各类预报服务产品累计超过 3000 期。

江山如有待，峥嵘气象开。是一天，也是一年，直至永远……盛会胜利闭幕，气象服务精神永恒。作为一名气象工作者，我有幸与斗志昂扬、充满激情的十四运会气象预报服务团队并肩作战，倍感幸福和骄傲；有幸参与重大体育赛事气象保障，倍感荣耀与自豪。

回望过去，十四运会气象保障精彩圆满；审视当下，擘画风云催人奋进；展望未来，壮志在胸，豪情满怀。筑牢气象防灾减灾第一道防线，提高气象灾害监测预报预警体系，着力提升气象保障服务能力，气象工作任重道远。我们必将砥砺前行，担起气象高质量发展的历史使命，在服务国家、服务人民和推动经济社会发展中的发挥更加重要的作用，全力以赴融入新发展格局，为全面建成社会主义现代化强国贡献力量。

（作者单位：陕西省气象台）

坚守一线　默默守护

王　垒

2021 年，第十四届全国运动会在西安举办，这是全运会历史上第一次由西部城市举办。十四运会又是历届全运会中雨日最多、累计降雨量最大的一届，频繁降雨给气象保障服务带来艰巨挑战。9 月 27 日，随着西安奥体中心火炬塔逐渐熄灭，以"全民全运，同心同行"为主题的十四运会精彩圆满落幕。气象保障服务又一次写下了浓墨重彩的一笔，我作为气象信息技术保障团队一员倍感光荣。

一、采得百花成蜜后，为谁辛苦为谁甜

气象信息是整个气象服务的枢纽、核心。但是，我们的愿望是希望大家"感觉不到，想不起来"，因为"感觉不到，想不起来，就说明一切正常"。从十四运会筹备、开幕、各项赛事、闭幕，信息技术保障团队默默完成了通信线路建设、网络安全保障、基础资源配置、视频会商调度、数据服务供给、全流程监控等工作。

没有信息的流动，就没有服务的存在。气象信息技术保障团队按照"前店后厂"思路着力打造十四运会气象数据环境，实现西安气象大数据应用中心与陕西省气象局数据中心物理分离、逻辑统一的支撑架构。同时，为确保万无一失，通过接口迁移，将国家气象信息中心的"天擎"作为应急数据环境。

气象信息技术工作贯穿十四运会从筹备、测试到举办的全过程。筹备过程中，从建设第一批气象站点开始进行数据收集、质量控制，提供数据服务，以及建设和维护系统平台；测试过程中，建设线路打通前后方联系渠道，实现数据与组委会平台对接共享；举办过程中，圆满完成对智能网络预报、"全运·追天气" APP 和人影指挥系统等十四运会核心业务系统的数据支撑。

二、晴空一鹤排云上，直引诗情到碧霄

十四运会气象信息技术保障团队保障不仅仅是开幕到闭幕的短短时间，而是从省局组建气象保障团队到胜利闭幕结束。压力有，如何平衡好日常业务和十四运会气象保障，尤其是疫情防控下的气象信息保障；辛苦有，如何提升数据时效和质量，如何实现固移结合的视频会商，如何保障西安气象大数据应用中心安全稳定；收获有，锻炼了一支过硬的队伍，提升气象信息技术保障能力，留下了一笔财富，气象信息新技术、运维保障新模式、数据服务新方式等将继续在今后业务中发挥作用。

没有什么是事前准备好的，所以无论喜欢还是不喜欢，每位气象信息技术保障人员都应该感谢十四运会。对于今后工作，对于气象高质量发展，我们将面临以前不曾碰到和未知的困难，我们弘扬十四运会气象保障服务精神，勇敢面对挑战，投身气象强国建设，见证这场伟大变革。虽然可能会遇到的各种挑战，但是我们有信心去克服。

作为新时代气象工作者，我们愿意为之付出一切……

（作者单位：陕西省气象信息中心）

成功保障赋予更多期待

屈振江

  2021 年，对于陕西气象部门来讲最重要的一件大事就是保障十四运会顺利召开。经过多年的努力和十四运会开幕式前的精心准备，特别是十四运会开幕式气象保障服务期间的辛勤付出，圆满完成各项保障服务任务，得到国省各级领导的肯定，个人有幸也参与其中一些工作，感受颇深。

  一是各级领导的重视是十四运会气象保障成功的关键。 中国气象局局长庄国泰、副局长余勇，陕西省政府副省长方光华亲自坐镇指挥，听取陕西各项准备。省气象局各位领导分工合作，靠前指挥，丁传群局长数次召开会议安排部署。从技术储备、观测网络、预测预报、人工影响天气等业务工作，到外援专家的后勤保障，以及协调各级政府开展人工影响天气作业，都是精心谋划尽心安排。

  二是各级气象干部职工齐心协力是十四运会气象保障成功的基石。 在启动特别工作状态之前，陕西气象部门的干部职工就把保障十四运会作为一项政治任务和光荣使命来完成。忘不了灯火通明的会商室，也忘不了我们紧张地盯着移动的云图，更忘不了天上的作业飞机画出的美丽弧线。全体干部职工心往一处想、劲往一处使，在保障十四运的同时也表现出陕西气象干部队伍勇于担当的精神风貌。

  三是气象现代化建设的成果是十四运会气象保障的底气。 通过多年的努力和准备，精密化的监测网络、精细化的预报预测能力都有了极大提高，为十四运会气象保障提供了技术支持。特别是中国气象局的各业务单位也不吝援手，提供了风云卫星最新的观测利器、精细化的实况融合产品，给我们留下了深刻印象。

四是通过保障服务感觉社会对气象的期待更多，陕西气象人未来的任务更重。精准的预报是保障重大活动的关键，2021 年我们先后保障的多次重大活动都取得了圆满成功，社会各界对气象部门点赞的同时也有了更多期待，人工影响天气关键技术、大气环境监测预报技术、本地化的区域数值模式、卫星遥感定量化监测等关键技术还有更多的技术难题需要解决。作为一名新的科研所人，我有压力更有信心做好本职工作，也更应履行一个共产党员的光荣使命，立足岗位，努力拼搏。

（作者单位：陕西省气象科学研究所）

气象保障护盛会圆满

郭　新

2021年9月，陕西迎来了有史以来规模最大的体育盛会——第十四届全国运动会。气象要素严重影响着大型综合性体育比赛的顺利进行。作为陕西气象人，从始至终有幸见证了陕西气象部门在中国气象局的正确领导和坚强支持下，高质量完成十四运会气象保障服务的全过程，尤其是十四运会开幕式气象保障服务的精彩圆满，令人久久难忘。开幕式刚刚结束，眼看着雷达回波图上那仅存的奥体中心上空的一片空白被降水覆盖，气象服务大厅热血沸腾，相信多少人已眼含热泪。这一刻将永载史册。

现在回想起来，十四运会气象保障服务之所以精彩圆满，首先应该感谢中国气象局、陕西省委省政府的正确领导和大力支持；其次有陕西省气象局党组的坚强英明领导和精细组织，特别是省局领导亲临一线、靠前指挥，是成功做好十四运会气象服务的有力保障；三是陕西气象现代化建设成果得到了充分展现，一大批最新气象科学新技术新装备的应用，为成功做好十四运会气象保障服务提供了科技保障；四是上下左右部门协作，省、市气象局及各业务单位的努力工作，尤其是中国气象局各业务单位、周边省局的大力配合与支持，为我们提供了强大支撑；五是陕西气象人团结一心、勇于担当、攻坚克难、无私奉献的精神，是我们圆满完成十四运会气象保障服务的人力资源后盾。

盛会圆满，辉煌已过。作为每一位亲历者，我们都倍感光荣和自豪，但我们仍需不断前行，十四运会气象保障服务的宝贵经验和精神财富，必将激励我们再创辉煌。

（作者单位：陕西省突发事件预警信息发布中心）

团结一心，保障十四运

卓　静

十四运会在历届全运会中雨日最多、累计降雨量最大，13 天中有 10 天降雨、5 天大雨。频繁降雨给气象保障服务带来艰巨挑战。气象部门齐心协力，汇全国之智、举部门之力提供气象保障服务，圆满完成党和国家交办的重要任务。

2021 年 9 月 27 日，随着陕西西安奥体中心火炬塔逐渐熄灭，以"全民全运，同心同行"为主题的第十四届全国运动会精彩圆满落幕。气象保障服务又一次写下了浓墨重彩的一笔。

全国下好"一盘棋"

十四运会气象保障服务工作这盘棋，中国气象局党组高度重视，筹划已久。中国气象局提前谋划，印发《十四运会气象保障服务总体工作方案》，庄国泰局长率队专程来到陕西，在奥体中心、十四运会赛事指挥中心和十四运气象台，再次调研部署气象保障服务工作。根据组委会、竞委会等的需求，省级预报服务创新团队和西安大城市气象保障服务创新团队组建，提前研发技术；在十四运会组委会赛事指挥中心，6 名气象预报服务首席专家驻守现场。上下联动、横向协作之中，由组织指导层、决策指挥层、业务运行层、技术支持层组成的四级组织体系成功构筑。前期测试赛、圣火采集传递及赛事气象保障服务等工作顺利完成。

科技筑基，合力攻坚不确定天气

十四运会开幕式时间选定 9 月中旬，西安正处于华西秋雨的影响之下，西边有携冷空气而来的西风带系统掣肘，东边有势力强大的副热带高压压阵，两股势力拉锯，任何一方的减弱增强都会给预报带来较大的不确定性。但降水是否会对开幕式造成直接影响存在较大不确定性，这个组委会最关心的问题，气象工作者必须回答。陕西气象部门在全省 13 个赛区新建的 81 套观测设备正不间断运行，它们与风云三号、四号气象卫星地面接收系统，高空探测雷达、边界层风廓线雷达等，组成以十四运会场馆为中心、面向赛事赛会服务的天空地一体综合气象观测网。距离奥体中心仅 20 公里的相控阵雷达，将过去获取数据需要的 10 分钟缩短为 1 分钟、精细到 50 米，宛如"细网捞小鱼"，实现了对中小尺度过程的快速捕捉。

精细化服务让保障圆满结束

据不完全统计，十四运气象台针对 31 个大项 53 个分项赛事及圣火采集仪式、火炬传递、全运会开（闭）幕式等重大活动发布各类测试赛、正式比赛赛期预报服务材料及高影响天气专报、重大气象信息专报、重大活动服务专报共计 3100 余期，有力保障了各项赛事活动顺利进行。全运精彩落幕，气象服务圆满收官，也为陕西气象事业发展留下了一笔宝贵财富。作为一名陕西气象人，我深感骄傲和自豪。

（作者单位：陕西省突发事件预警信息发布中心）

紧贴赛事需求 做好重大赛事气象保障服务工作

吴　刚

一次次的往返于赛区和十四运会执委会，从赛事气象需求谋划到落地服务，短短不到一个月的赛事，背后是全市气象部门夜以继日的努力。每每看到技术保障一线人员在赛区调试设备大汗淋漓的样子，仿佛看到了自己当初在技术保障部门工作的日子。此次赛事也让我对做好重大赛事气象保障服务工作有了更深刻的理解和认识。

我们要明确气象部门在重大赛事活动中的职责定位。习近平总书记明确提出，气象部门事关生命安全、生产发展、生活富裕、生态良好，要做到监测精密、预报精准、服务精细，发挥防灾减灾第一道防线的作用，这是延安气象事业为地方经济社会服务所必须遵循的，也是重大赛事气象保障工作的根本遵循。具体来说，服务延安经济社会发展的落脚点就是，为延安市委市政府做好决策服务，为社会做好专业服务，为赛事做好气象保障服务，为群众做好公共服务。

我们要将部门主责主业结合群众需求做好调查研究，不断提高服务水平和群众满意度。坚持目标导向、问题导向、结果导向。在服务中要尽可能运用一些创新的、地方政府、部门、群众最容易接受和理解的方式来开展工作，同时调查群众真实需求和不满意的地方，贴心服务，改进问题，形成工作闭环。这是我从十四运会赛事气象保障中总结出的赛事需求。

我们要始终坚持党对气象事业的全面领导，用实际行动坚决拥护"两个确立"、做到"两个维护"，确保气象高质量发展的任务全面落实、目标如期实现。

盛会过后，眼中浮现的是全市气象部门建设气象强国迸发出的磅礴力量。延安气象人将进一步发扬优良传统、践行初心使命，以更加务实的工作作风、更加饱满的精神状态，同心同德谋发展，凝心聚力开新章，保持战略定力，准确判断形势，精心谋划部署，果断采取行动，延安气象事业必将乘风破浪、行稳致远。

（作者单位：延安市气象局）

党建引领十四运气象保障服务精彩圆满

呼新民

2021年9月26日，随着摔跤和乒乓球比赛产生最后一枚金牌，第十四届全国运动会延安赛区赛事活动圆满落下了帷幕。十四运会延安赛区承担乒乓球、山地自行车、摔跤3项赛事。延安市气象局以党建为引领，精心筹备，成功保障了圣火采集、火炬传递、测试赛、正式比赛等顺利举行，每个环节、每个节点无不蕴含着以党员为先锋的延安气象人的担当与汗水，如今回想起仍是历历在目。

十四运会恰逢中国共产党成立100周年，全党深入开展党史学习教育。延安市气象局将十四运会气象服务与党史学习教育相融合相促进，坚持党建与业务工作同谋划、同部署、同落实、同推动，锤炼坚强党性，充分发挥党支部战斗堡垒作用和党员先锋模范作用，让党旗在十四运会气象保障服务一线高高飘扬。

市局党组高度重视，多次召开会议进行专题研究。市局成立了十四运会气象预报预警和气象保障服务2支党员先锋队，以强有力的组织保障，引领党员干部更自觉地发挥先锋模范作用。市局机关党委和气象保障部积极响应省局倡议，组织党员干部和气象保障人员开展"传承红色气象精神，精细服务十四运会"主题党日活动，赴清凉山人民气象事业发源地，重温气象先辈们在艰苦岁月中为气象事业发展默默奉献的感人事迹，传承红色气象精神，在党徽、党旗的见证下庄严承诺，全力做好十四运会延安赛区气象保障工作。

局党组带领党员干部率先垂范，着力做好十四运会气象保障服务工作。十四运会圣火采集仪式在延安举行。为了准确预报圣火采集仪式现场天气，2021年7月16—17日凌晨，21小时内国省市三级气象局加密会商3次。凌晨4点30分，延安市气象台灯火通明，一场针对当天活动时段的视频天气会商正在进行，省局领导班子、延安市局局领导、相关单位主要负责人均参加会商，针对最新预报对活动现场保障工作进行再次部署，确保保障服务万无一失。凌晨5点，"7月17上午，5时37分日出，日出之后到9点之间，延安宝塔山星火广场多云转阴天，有阳光透入，利于圣火采集……"一份汇聚了全国气象部门智慧的《圣火采集仪式气象保障服务专题预报》送到组委会，根据气象预报，原定9点开始的圣火采集被提前至8点30分。7月17日上午9时，在延安宝塔山下的星火广场十四运会圣火成功点燃。此刻，活动现场的气象保障服务党员先锋队一片欢腾——圣火采集气象保障服务圆满成功。

山地自行车赛是延安赛区三项赛事中唯一一项户外比赛，对气象条件要求较高。为保障比赛顺利进行和运动员人身安全，更好地监测气象要素变化，延安市气象局提早与黄陵县政府、山地自行车竞委会沟通对接，了解气象服务需求。实地勘察，熟悉比赛环境，先后在赛道周围安装6套自动气象站，实时获取现场实况信息。山地自行车测试赛恰逢端午，正式赛巧遇中秋，两场比赛前期均在湿淋淋的大雨中奏响序曲。延安市气象保障服务党员先锋队放弃休息，顾不上家人、粽子和月饼，坚守岗位，在黄陵国家森林公园山地自行车赛场进行现场服务，全力以赴为比赛提供气象保障。好在天公作美，两场比赛的时间都在空山新雨后。来自全国各地的选手在蓝天白云下、绿树红花中穿梭驰骋、追赶超越。21日13时，随着女子自行车最后一位参赛选手冲过终点线，十四运会山地自行车比赛精彩圆满落幕。

9月26日17时，十四运会气象保障服务的最后一份专报发出，十四运会延安赛区所有比赛圆满落下帷幕。以党员先锋队为代表的延安气象人同向而行、同心协力，在圣火采集、火炬传递活动和赛事保障中发扬艰苦奋斗的延安精神，坚守岗位、连续作战，多少个日夜只为预报再准一点，服务再细一点。他们用实际行动检验党史学习教育成果，践行初心使命，为举办一届"精彩圆满"的十四运会贡献气象力量。

我想，无私的奉献与奋斗的姿态便是党员最美的样子，让我们把这种严谨、奉献、协作的优秀品质作风继续传承和弘扬。

（作者单位：延安市气象局）

二〇二一年九月的雨

徐军昶

每当想起 2021 年 9 月的雨，陕西气象人总是有回忆不完的记忆，有说不完的话和讲不完的故事。

2021 年注定是不平凡的一年，这一年恰逢建党百年。对陕西来说，更具意义，这一年十四运会和残特奥会在陕西举办。赛场上，健儿们奋力拼搏，但老天爷似乎要和在十四运会上拼搏的健儿们争一个高低，拼了命地下雨，陕西遭遇 1961 年以来最强降水，降水量、暴雨日数和站次、华西秋雨雨量纷纷破纪录成为陕西气象历史之最。后来统计，十四运会在历届全运会中雨日最多、累计降雨量最大，9 月 15—27 日 13 天中有 10 天降雨，西安全市平均累计雨量 226 毫米。

十四运会的很多赛事，特别是户外比赛对天气很敏感，连绵不断的降雨给陕西气象人出了不少难题。一次次天气会商、一场场专题协调会、一个个气象服务方案、一份份气象服务专报、一条条气象服务信息、一张张气象服务图片都凝结着陕西气象人的心血。这些服务材料迅速从十四运会和残特奥会气象台发出，送到组委会、执委会、竞委会、裁判员、运动员手边，为他们的决策提供精准预报。

关于 2021 年 9 月雨的回忆，无论如何都绕不开 9 月 15 日十四运会开幕式的雨，那个惊心动魄的夜晚，那场受到气象人"影响"的雨。

后来总结宣传中这样写道："在奥体中心外，有一群人，虽心向往之，却不能融入那片欢腾的海洋，只因一波云团正自西向东向西安压来。它是否会影响这场万众瞩目的盛会？密切监视云团发展变化，细致剖析云团内部结构，反复核对开幕式现场实况……这群人紧张有序地做着当下最重要的事，他们，就是组委会口中可靠的'气象保障部'，也是那片欢腾人海的隐形'守护者'。"

我有幸全程参与其中，深切感受了气象人与雨的故事。那一天早上 3 点多开始，十四运会和残特奥会气象台就人来人往了，中国气象局副局长亲自坐镇，中央气象台首席现场进行加密天气会商，人人心中都担心着"今天晚上的雨到底影响多大？"。经过不懈努力，人心齐，泰山移，整整一天，人们都在担心着，雨也慢慢靠近，小雨、毛毛雨在主场馆周边下着，似乎随时要冲入开幕式现场，但总是受着什么影响进不去。随着开幕式结束，惊奇的一幕出现了，那波令人揪心的云团快速逼近，现场开始下起了雨，并且越下越大，简直可以用瓢泼大雨形容。指挥大厅的气象人别提多高兴了，十四运会开幕式气象保障工作取得圆满成功。"天帮忙、靠科技、人努力"，这是气象人对十四运会开幕式气象服务的总结。我更相信，人努力应该排在第一位。

比赛现场的服务也是与雨战斗的战场，作为场馆服务中心的一员，多项户外比赛都需要出现场。其中，高尔夫比赛中雨的故事给我记忆最深刻。

刚过秋分节气，秋意渐浓。秦岭太平峪海拔 1500 多米的圭峰山，曾留下过范仲淹"岂如圭峰月下，倚高松，听长笛"的词句。这里就是西安秦岭国际高尔夫球场所在地，第十四届全运会高尔夫球项目比赛在这里举办。

圭峰明月、草堂烟雾，场地与周边的名山美景相映衬，构成一幅壮美的秦岭图画。但 9 月 24 日上午，裁判长和在现场的我心情好不起来，昨夜下了一夜的雨，地面积水明显，这会儿还在下，什么时候停？比赛怎么办？几百号人都等着呢。"前店后厂"，十四运会和残特奥会气象台开启了加密模式，不断和预报首席会商，半小时给竞委会、裁判组提供一次天气实况和预报，指出秦岭高尔夫球场地今天白天有明显降水，强降水时段主要集中在上午，11点之后降雨强度有所减弱，雷电风险低。根据预报，高尔夫竞委会临时调整高尔夫当天比赛时间，从9点推迟至11点45分开赛。

17点06分，中国高尔夫球协会竞赛部部长、十四运会高尔夫球项目竞委会副主任李今亮在微信服务群里发来信息"比赛顺利结束了，谢谢气象团队"。我和在现场的预报员刘峰悬着的心终于放下了。

雨，一样，又不一样。返回的路上，淅淅沥沥的雨又开始下了，但我们的心情不一样了。

能够参加十四运会和残特奥会气象保障服务是我的荣幸。

（作者单位：延安市气象局）

党建引领　科技支撑　助力十四运精彩圆满

马远飞

2021年，第十四届全国运动会、第十一届残运会暨第八届特奥会在陕西圆满举行。延安作为分赛区承担了乒乓球、摔跤及山地自行车三个比赛项目。延安市气象局深入学习贯彻习近平总书记关于十四运会和残特奥会重要指示精神，积极落实陕西省气象局、组委会气象保障部和延安市委市政府以及执委会有关工作部署，积极对标"精彩圆满"，在省局领导、相关处室和十四运办的有力指导下，与延安市执委会、各竞委会密切配合，圆满完成十四运会圣火采集、火炬传递及延安赛区三项赛事的气象保障服务工作，得到了延安市委市政府和省局领导的充分肯定。

一、党史学习教育是做好十四运会气象保障服务的强大动力

十四运会适逢中国共产党成立100周年，全党深入开展党史学习教育。延安市气象局把党史学习教育同做好十四运会气象保障统筹推进，将十四运会气象服务与党史学习教育相融合相促进，强化组织，先后安排会议部署，成立专项工作小组，成立党员先锋队。

比赛期间，党员先锋队进驻会场，充分发挥支部战斗堡垒模范作用，先后为乒乓球、摔跤和山地自行车等项目开展了现场气象监测服

务，为现场决策提供及时准确的观测数据，为做好"预报精准、服务精细"工作提供了有力的技术支撑，充分发挥了"党建＋气象保障"融合的作用，圆满完成了各项测试赛现场气象保障服务的任务。

十四运会比赛期间，延安市气象局始终将"我为群众办实事"作为开展党史学习教育的重要抓手和内容，紧盯服务保障十四运会、汛期气象服务等方面的重点工作，将气象保障作为一次练兵、一次体检，确保队伍在十四运会气象保障服务中拉得出、顶得住、打得赢，在大考、急难险重的任务中走在前、做表率。保障服务人员用实际行动检验党史学习教育成果，为十四运会气象保障服务注入了强大的思想动力，让党旗在十四运会气象保障服务工作中高高飘扬。

二、组织领导是做好十四运会气象保障服务的关键所在

十四运会赛事，特别是户外赛事气象保障服务任务重、要求高，需要强有力的组织领导方能保障各项服务准确及时。十四运会筹备以来，省局领导高度重视，先后多次召开会议专题研究十四运会气象保障工作，省局领导及十四运办、省局相关处室专家先后到延安实地指导气象保障准备工作，给予延安设备、人员、技术等方面鼎力支持，全力做好十四运会气象保障工作。

延安市局将十四运会气象保障作为一项政治任务来抓，切实提高政治站位，主要负责人亲自指挥调度，局领导分别任各工作保障组组长，落实责任分工，推动各项工作高效运转。此外，延安市局按照省局实战化要求，在省局的指导下从实、从细制定并补充完善各类方案、预案，积极主动与延安市委市政府、各执委会对接，注重上下左右沟通联系，加强指挥调度，理清服务需求，落实关键环节，充分做好各项准备工作，为圆满完成十四运会比赛气象保障任务奠定基础。

三、科技支撑是做好十四运会气象保障服务的坚实基础

十四运会正式比赛期间，延安市气象局共制作发布各类服务产品12类，专题预报205期。在比赛现场加密布设的各类观测仪器，以及省局的指导下加强的新技术、新资料应用，在对流性天气的监测和预警中发挥了重要支撑作用。加强十四运会和残特奥会一体化气象预报系统的培训和本地化应用，利用气象预报系统实现赛事高影响天气的自动识别与分类预警、精细化到场馆（场地）的气象预报产品自动制作等功能。十四运会气象保障应用了气象现代化建设成果和业务最新成果，为赛事和活动精细化预报提供了基础，为十四运会高质量气象服务奠定了基础。

（作者单位：延安市气象局）

上下一心　尽锐出战

张小峰

2021 年的第十四届全国运动会全国瞩目，这是全运会第一次在中西部省份举办，而且处于新冠肺炎疫情常态化防控下。大型赛事活动受天气影响大，气象要素的变化会直接影响赛事的顺利开展。为了把十四运会办成一届精彩圆满的全国体育盛会，陕西省气象部门上下一心，尽锐出战。宝鸡市气象局从测试赛、正式比赛、火炬传递、开（闭）幕式到特奥会比赛，4 次进入气象保障特别工作状态，6 次复盘总结，圆满完成在宝鸡举行的十四运会 3 项赛事以及特奥会 9 个比赛项目和 3 个非体育项目的气象保障服务工作。赛事气象保障工作得到各界肯定，先后有 13 人和 3 个集体获得国省气象局、宝鸡执委会通报表彰。十四运会和残特奥会气象保障服务还实现了培养人才、积累经验、提升能力的目的。全运精彩落幕，气象服务圆满收官，为宝鸡气象事业发展留下了一笔宝贵财富。宝鸡市气象局将传承此次保障服务工作的好做法、好经验，在气象防灾减灾示范市建设中推进气象高质量发展。

通过对十四运会气象保障服务工作的总结分析，我个人有以下感悟：

（1）持续提升预报能力。

十四运会气象保障服务大放异彩，尤其是开幕式人工消减雨工作，受到陕西省委省政府的高度肯定。这一切的关键得益于我们的预报技术和能力的提升。随着经济社会的快速发展，各级党委、政府、部门和社会工作对气象预报的精准度需求越来越高，而气象预报是我们开展各项保障服务的关键核心。所以，我们要不断提升预报能力和水平，增加社会各界对气象部门的认可度。

（2）增加气象服务的多样化、针对性。

全运会是全国范围内的最高体育赛事。为了保障各项活动协调有序进行，执委会设立了体育、安全、公安、交通、旅游、新闻、文化等多个机构单位。不同机构单位根据自身工作的属性，向气象部门提出针对性、特殊性的气象服务需求。气象服务对象包括各赛事保障部门、各省代表队、裁判员、志愿者、记者、外地观众等。气象部门除了要为赛事提供气象保障服务外，还要为城市运行管理部门调度、指挥、联动提供重要决策参考依据。气象部门应深入分析赛事各个时期，明确不同时期的重点需求，根据需求的重要性和特殊性，融入针对性的气象服务，为其提供更为全面和多样的服务产品，使气象服务更具靶向性、精准性。

（3）气象保障服务由专业化向公众化转化。

为大型赛事提供气象保障服务的同时，也需要提高对公众的气象服务能力。气象保障服务向公众化转化，需要大力丰富公众服务的手段与形式，拓宽气象信息传播的渠道与载体，并及时向公众提供和赛事中精细化的天气实况与预报内容。

后期我们要认真系统总结十四运会和残特奥会气象保障服务的经验，凝练成果、传承精神，为后续重大活动精细化气象服务提供更好的保障支撑。

（作者单位：宝鸡市气象局）

机遇与挑战

陈雷华

2021 年，第十四届全国运动会在陕西举行。此次气象保障服务过程中，咸阳市气象局主要承担十四运会和残特奥会火炬传递（咸阳站）、足球（男子 U20）和武术套路两个竞技比赛项目、羽毛球比赛一个群众赛事、"双先"观摩等活动任务。自 2021 年 5 月 14 日武术套路测试赛开赛至 2021 年 9 月 26 日群众羽毛球比赛圆满落幕，咸阳赛区比赛及活动历时 136 天。由于体育赛事活动受天气制约因素大，对气象服务的要求高，气象保障成为活动组织实施和运行体系中必不可少的组成部分。因此，咸阳市气象局党组高度重视，切实提高政治站位，加强组织领导，严密监测天气形势，精准把脉天气变化，为各项赛事成功举办提供了精细及时的气象保障服务。

一、十四运会气象保障服务概况

近年来，随着咸阳经济的发展和西部大开发战略的实施，在咸阳举办的重大活动日益增长，众多的社会活动对气象工作提出了挑战，同时也给气象事业的发展提供了机会。咸阳市气象部门逐步摸索，不断总结和积累预报服务经验，服务内容不断丰富，服务方式不断改进，服务手段逐步增强，形成了一套重大活动气象保障服务模式。十四运会气象保障服务组织实施主要包括四个阶段：一是筹备期，主要开展服务需求调研、服务方案编制、服务团队建设等工作；二是演练期，主要围绕武术套路和足球男子 U20 测试赛，对业务系统、设备、服务流程进行测试，并进行服务演练等；三是实战期，重点围绕开幕式、火炬传递、各赛段赛事开展实时跟进式服务；四是总结期，进行服务效益调查、服务总结等工作。

二、十四运会气象保障服务经验

（1）加强组织领导，建立特殊工作机制。

根据赛事特点和需求，成立了气象保障服务组织领导机构，对气象保障服务工作加强领导和指导；开展气象保障服务需求调研和分析，在此前提和基础上，结合咸阳市气象服务应急保障的实际水平和能力，制定了气象保障服务方案、工作细则、服务流程、天气会商和联防等一系列工作机制和工作制度、规范和保障气象服务工作。

（2）组建气象服务团队，全程跟进服务。

组建由气象预报服务组、现场气象保障服务组、气象服务宣传组、后勤保障组等组成的气象保障服务团队，分工明确、相互配合，并设立首席预报岗，负责技术把关；赛事期间在各赛段布设区域气象站和移动气象台开展现场天气实时观测，加强天气监测；现场气象保障服务组全程跟进服务，实时提供气象保障服务，弥补预报技术不足，增强气象保障服务效果。

（3）气象服务产品突出个性化、针对性。

一是针对开幕式及各赛段天气气候背景和特点分析，及时制作发布《气象信息专报》等。二是提前十天制作测试赛、正式比赛、"火炬传递"、"双先"观摩等赛事及活动精细化预报服务产品。内容包括天气现象、降水、气温、风向、风速及未来天气可能产生的影响等。服务场地包括比赛场馆、机场、高铁、火车站等主要交通要点及提供服务的酒店。三是全方位发布服务产品。通过咸阳气象公众号十四运菜单微信专栏、微博、抖音、今日头条等新媒体广泛推送服务信息，同时通过微信工作群向咸阳市执委会、赛事竞委会及时推送专题预报服务信息。

三、思考及启示

通过十四运会气象保障服务的实践，得出以下几点体会和认识。

（1）高度重视，加强组织领导，是做好重大活动气象服务工作的保障。

重大社会活动往往规模大，参与单位和人员多、涉及面广、影响大，对气象保障服务工作的要求高，相应的气象保障服务具有特殊的要求和特点。因此，需求引领是前提，组织有力、全面协调是保障，必须对气象保障服务给予高度重视，周密部署，加强与组委会等相关部门沟通与联系，根据需求建立有效的组织和运行机制，制定相应的技术方案、实施方案、工作流程、工作机制等，做到需求清晰、指令明确、反应迅速、服务到位，把气象服务融入活动的每个节点，才能确保重大活动气象保障服务工作有序、有效进行。

（2）提高预报预警准确率和精细化水平是做好重大活动气象服务的基础。

社会活动的日益增多，对气象保障服务提出了越来越高的要求和需求，尤其是大型室外活动对预报预警的准确性和精细化提出更高要求。目前，我市的气象预报预警能力和气象预报服务精细化水平还不能完全满足重大社会活动对气象服务的多样化需求和高标准要求。因此，需坚持不懈地持续发展预报预警技术，提高预报预警能力，特别是要加强对局地强对流天气的预报预警能力建设，不断提升预报预警准确率和精细化预报水平，为及时有效开展气象服务奠定基础。

（3）提升气象服务水平和能力是做好重大活动气象服务的支撑。

重大活动气象保障服务是一项长期的工作，应制定长远规划，加强投入。一是进一步完善气象观测站点布局，提高对中小尺度灾害性天气的监测预警能力和水平；二是建立完善气象服务信息快速传递通道，不断改进、创新气象服务形式和手段，增强气象服务的时效性；三是以需求为牵引，组建气象服务科技创新团队，重点开展灾害性天气、高影响天气的实时监测、预报预警技术研究和影响评估；四是研发具有针对性的精细化预报服务产品，为气象保障服务提供技术支撑，进一步增强气象保障服务的质量和水平。

（4）建设高素质的气象预报服务队伍是做好重大活动气象服务的要求。

气象保障服务需通过预报服务人员的具体行动来体现，因此，加强气象预报服务人员的培训，建设高素质、专业化的气象预报服务队伍，也是增强气象保障服务能力的重要方面。加强气象预报保障服务团队建设是做好重大活动气象服务工作的根本。

（作者单位：咸阳市气象局）

聚力"三个关键" 实现"融入效能"最大化

牛乐田

2021年9月27日，以"全民全运，同心同行"为主题的第十四届全国运动会精彩圆满落幕。在这场备受瞩目的体育盛会中，我们怀着必胜的信心，全力冲刺奋战，接力式地完成一个个保障任务，留下了一个个精彩难忘的片段。给我印象最深的是通过"找准需求、厘清职责、深度融合"三个关键点来聚力发力，很好地解决了保障服务过程中遇到的难题，实现了融入气象保障服务效能最大化，值得深深思考总结，并在以后的气象保障工作中传承和固化。

挖掘需求精准定位　提供全链条精细服务

降水是十四运会天气的关键词。从圣火采集，到火炬传递，再到开（闭）幕式及各项赛场、赛事服务，雨水频繁"光顾"。5月19日，一场精彩绝伦的武术套路测试赛将在咸阳职业技术学院上演。天刚微亮，场馆内外各部门工作人员正紧张地为下午的比赛做着最后的准备。"预计今天午后至夜间，咸阳职业技术学院赛区有阵雨或雷阵雨，伴有5级左右短时大风，请注意防范……"9时左右，一则《十四运会武术套路测试赛高影响天气专题预报》快速传递到十四运会咸阳赛区执委会成员的工作微信群和手机短信上。执委会根据预报内容和温馨提示立即安排部署，各方迅速采取行动，对户外设施进行加固，对运动员往返时间、路程进行调整等，相互协作、通力配合。14时左右，疾风骤雨自西向东席卷咸阳南部，强对流天气如约而至，而此时，参加下午武术套路测试赛的运动员和工作人员早已根据精准的天气预报提前进入赛场，户外设施未受到任何损坏……

武术套路属于室内比赛，执委会、竞委会一开始对气象保障服务的认可度非常有限，给气象保障服务人员入场带来很大的压力。我们耐心、细致地讲解不利天气可能会对赛事活动多个环节产生的不利影响，围绕队员出行、赛场外保障、运动竞技成绩的影响等方面提供细致的应对建议。第一场测试赛下来，强对流天气的预报与实况基本吻合，服务建议紧贴实际，得到了执委会、竞委会的充分肯定和认可，为后期一系列活动的顺利开展奠定了坚实的基础。

高位推进职责厘清　确保指挥有力运行有序

2021年9月15日，开幕式将要开始的时候，一波云团自西向东向西安咸阳方向压来。省市县三级所有气象保障人员实行"全员在岗，全程会商，全力配合"，成了开幕式现场欢腾人海热闹场面的隐形"守护者"。而在开幕式两天前，十四运会开幕式人工消减雨工作专班办公室正式函告咸阳市人民政府，要求开展人工消减雨保障任务，并明确了政府的安全监管责任。作为工作专班组成员的咸阳市政府副市长程建国非常重视，立即作出批示安排，并组织召开专题会议研究部署人工消减雨工作，两天的时间内先后深入三原、兴平、永寿、武功等县市人影作业点进行现场指导，实现了人影作业组织"扁平化管理、穿透式指挥"，确保赛事保障工作指挥有力，运行高效。

19时40分至21时，根据云系发展和作业指令，我们及时组织处于地面人影保障第二道防线内的武功、兴平两个县（市）开展协同地面火箭作业，累计发射火箭弹88枚，将降雨云系成功阻击在兴平、武功一带，有效减缓了降雨云系东移速度。在整个作业过程中，各县、镇政府领导及相关部门负责同志切实担负责任，在弹药运送、现场警戒、应急保障等方面发挥重要作用，确保了整个作业过程的安全有序。

"党建十气象保障"深度融合　业务与党建相得益彰

　　我们主动引导党员干部把十四运会和残特奥会气象保障服务作为一项政治任务和中心工作，在十四运会气象服务中开展党员承诺践诺活动。5月13日，在十四运会开幕式倒计时125天、武术套路全要素测试赛前1天的关键时间，咸阳市气象局党组组织召开十四运会咸阳赛区赛事保障服务誓师大会，汇聚人心、凝聚力量，全力以赴做好十四运会咸阳赛区气象保障服务各项工作。十四运会咸阳气象保障部综合协调组、装备保障组、气象服务组等各小组党员骨干纷纷宣誓，主动亮身份、冲在前，携带党旗、佩戴党徽，在车辆上悬挂国旗等一系列发挥先锋模范作用的举措深深地感染并激励着参与其中的每个人。

　　十四运会期间，咸阳市气象部门党员干部以赛事气象保障为抓手，切实提高党建引领效能，深入推进在党建与气象保障工作深度融合中提质聚力。气象台党支部、气象服务中心党支部相继开展以"我是党员我先行　赛事保障有温度""赛事有我　党员献力"等为主题的党日活动，预报人员、服务人员、综合协调人员等各领域工作交叉，通力配合，很好地破解了党建与业务"两张皮"的问题，党建的效能很好地从业务工作成效中显现和发挥。

　　全运精彩落幕，气象服务圆满收官，也为咸阳气象事业发展留下了一笔宝贵财富。咸阳气象工作者未雨绸缪、攻坚克难、脚踏实地，今后，也应该将从这次艰苦卓绝的"战斗"中凝练的丰富经验，转化成推动咸阳气象事业发展的强大动力，在咸阳气象高质量建设新征程上全速奔跑。

（作者单位：咸阳市气象局）

十四运会气象保障服务感言

预警中心宣传团队

【傅正浩】十四运会圣火在黄土地上点燃，中华体育健儿佳报频传，作为"智慧气象 精彩全运"的宣传者，我无比自豪。我们的笔和镜头记录下无数气象人的身影，每段话语、每个画面凝聚着气象人的智慧和力量，他们忘我的付出换来了赛场上一个个精彩瞬间。"精密监测、精准预报、精细服务"是呈现给陕西经济社会发展的答卷。十四运会气象保障服务的圆满完成只是气象现代化进程中的一个典范，植根于延安精神的红色传承——陕西气象人精神，通过此次体育盛会得到了升华，实事求是、尊重科学、刻苦钻研、勇攀科技高峰的创新求实精神，才是留给我们宝贵的精神财富。

【刘　婧】我有幸成为十四运会气象保障服务宣传团队中的一员，虽未亲临现场，但也感同身受。通过参与十四运会的气象保障宣传报道，我深切体会到团结协作的巨大力量，同时也磨炼了意志，升华了人格。今后，我们将继续用镜头和文字捕捉、记录气象人的难忘瞬间，让更多人了解气象、感知气象。

【唐宇琨】作为十四运会气象保障服务的一员，何其有幸能够见证这一盛会在身边举办并有幸参与其中，深夜的加班，凌晨的会商，多少个昼夜的奋斗。

我很自豪，能够或陪同或带领诸如人民日报、科技日报、中国科学报、中国日报、中国新闻网、中国气象报等中央级媒体记者去走访并宣传气象在十四运会中所做的努力和贡献。期间，我们走过十四运会赛事指挥中心、奥体中心、十四运气象台、陕西省气象局及渭南市气象局。也带领着中国气象报的记者一起去西咸新区马术中心、杨凌水上中心和高陵双偏振雷达点进行采访，有幸见证了"十三五"以来气象的发展，也了解了很多以前所不知道的事。

开幕式结束后，暴雨骤降，通过视频看到，在十四运气象台的所有人都沸腾了，是感动，是激动，是放松，是喜悦。未来的路还很长，"十四五"已经到来，防灾减灾示范省建设稳步推进，《气象高质量发展纲要（2022—2035年）》发布等一系列举措有序进行，我相信，气象会更好。

【方　茜】初秋九月，灞河之岸，石榴花绽放。在我十多年的采访拍摄经历当中，十四运会绝对是最特殊、最忐忑、最惊喜的一次重大活动气象宣传保障服务。我既是工作人员，又是旁观者，每天穿梭在十四运会和残特奥会气象台的每一个角落。

在摄像机镜头下，每一位陕西气象人都是那么的专注、坚毅，他们抛下一切繁杂，24小时全情投入，只为把气象保障服务做到最好。有人说，我们就是拍摄记录，用不着天明拍摄、天黑休息全天候两种模式单调切换。但我想说，这是一种感染，一种像被竞赛场上运动员们团结、拼搏、为了追逐梦想拼命地坚持所感染。随着一期期预报的更新，他们的每一个忐忑或欣喜的眼神、每一次仓促或平稳的步态都那么值得被记录。

我想我在报道着他们，他们也在深刻地感染着我。未来的路上，我会更加努力工作，用自己的笔和镜头书写陕西气象高质量发展的每一次飞跃，同时也记录我气象新闻宣传人的别样人生。

【武雁南】气象保障服务是十四运会和残特奥会筹办工作的重要内容，是赛事精彩圆满的重要保证。全国目光聚焦西安，各地气象人通力协作，顶尖专家团队赴陕现场指导。所有人都在用实际行动为"办一届精彩圆满的体育盛会"交上一份满意的气象答卷。这盛世背后，有无数人几百个日夜的坚守。作为宣传团队一员，我们尽可能多地去看见、听见、记录、展现。前方开幕式盛大起航，气象人在指挥中心屏气凝神。雷达回波图一点点变强，又神奇地绕开主会场。直到开幕式接近尾声，监控画面显示大雨落入现场区域，气象指挥中心响起雷鸣般的掌声。有成功的喜悦，有激动的泪水，这历史性的时光值得被铭记。我有幸亲历，用镜头记录，永生难忘。

（作者单位：陕西省突发事件预警信息发布中心）

精彩全运　气象护航

陈小婷

犹记得 2021 年 5 月底初次参观赛事指挥中心，我被门口热情洋溢的十四运会吉祥物以及室内现代化、高精尖的设计深深吸引。7 月初，作为气象保障组常驻工作人员之一，我入驻赛事指挥中心，从炎炎夏日到秋意渐浓，和组委会各部室工作人员共同坚守岗位，协同联动，为十四运会保驾护航。作为陕西人，能在家门口参与这次建党百年之际、我国抗击新冠肺炎疫情取得重大成果后举办的第一次体育盛会，我倍感自豪；作为气象人，我们经历了全运会历史上最多雨的一届赛事，面对今年汛期陕西降水极端偏多以及十四运会气象保障，倍感肩头的责任与压力。从入驻后第一份奥体中心高温趋势分析气象信息专报到十四运会开幕式专题预报，再到残特奥会闭幕式重点时段气候特征分析，一份份预报服务产品陪伴我们走过与十四运会和残特奥会相关的分分秒秒，见证了气象人的十四运会精神和情怀，那一幕幕惊心动魄的气象保障过程历历在目。

7 月 17 日上午，十四运会和残特奥会圣火采集仪式在延安宝塔山下圆满完成。为了做好现场保障服务，前期我们通过历史资料对 7 月 17 日前后延安地区上午出现降水的情况进行分析。6 月 23 日，前往现场了解地形地貌以及新安装的微波辐射计、便捷式自动气象站等气象观测设备的环境和位置，与当地预报员交流本地的天气特点。紧盯模式预报及实况观测数据，掌握模式预报的稳定性和不同观测设备的质量，以便在活动当日更好地开展预报服务工作。活动当天凌晨，榆林地区出现强降水，受高压东北部影响，延安地区有东北路冷空气渗透南下，东部及北部有分散性降水，多家数值模式预报宝塔山地区位于降水区边缘，有分散性降水，且 11 时后降水明显加强。16 日下午、晚上两次向活动举办方汇报天气情况，最终经过多方研判，为了确保活动万无一失，将原定于 9 点进行的圣火采集仪式提前了半小时。17 日 5 点的气象专报指出，8—9 时活动期间多云间阴，有阳光能透入，利于圣火采集，10 时后出现阵性降水的可能性增加。

　　一个月后的 8 月 16 日，十四运会和残特奥会火炬传递点火起跑仪式在西安永宁门广场举行。当天整层湿度条件非常好，中低层偏南气流发展旺盛，动力辐合条件欠佳，数值模式预报西安南部地区有降水，永宁门至大明宫丹凤门之间的火炬传递沿途雨下还是不下，又是一次让预报员无比纠结的抉择。天气预报从科学角度来讲是一个概率问题，但是对于很多决策服务，需要一个确定性结论，这样的抉择必须由预报员顶着压力来做。针对重大活动对天气的依赖程度及可能造成的影响，预报员需要综合考虑各种因素，给出尽可能精准的结论。经过国家气象中心、陕西省气象台、十四运气象台多次联合会商，最终活动当日 05 时的气象专报指出，火炬传递路线阴天间多云，气象条件对活动举办不会产生明显影响。

　　2021 年 9 月 15 日，举世瞩目的十四运会开幕式在西安奥体中心体育场举行。气象部门前期做了大量的工作，以期开幕式能有最好的演出效果。15 日夜间的天气一直预报得相对比较稳定，考虑 15 日白天多云转阴天，21 点后有阵雨，对活动有一定影响，但是雨强不大。15 日凌晨，由于今年第 14 号台风"灿都"减弱东移，影响陕西地区的降水系统加速东移，最新预报结论显示奥体中心降水有可能提前至 17 时前后，活动期间雨强 2 毫米左右，降水明显。由于预报结论有明显调整，我们立马向政府部门报送重大气象专报，并做了现场汇报。之后每两小时报送一期专报，19 点 30 分向政府部门报送的最后一期专报指出，在自然条件和人工消减雨影响的共同作用下，降水趋势减弱，21 点后降水开始，以稳定性降水为主，21 点 30 分后出现较强降水的可能性增大。实况显示，开幕式之前有分散性零星小雨，开幕式期间阴天，开幕式刚刚结束，22 点前后出现明显降水，小时雨强 0.5 毫米。这次保障可谓惊心动魄，从凌晨睁眼到半夜回到家，我们耳边、脑海中充斥着下不下、几点下、下多大、系统目前在哪里、移动速度怎样的问题。随时随地刷新雷达回波、卫星云图，分析各种气象资料，和多方技术保障团队会商预报意见，制作专题材料，回应现场各方对天气的询问。在预报服务中除了考虑降水对演出效果、人员抵离的影响，还对前期现场调研的风向风速对威亚拉绳的影响重点关注，确保活动安全圆满。直到所有演出结束，大家悬着的心才放下。看着雷达回波图上、早已经被降水回波从各个方向包围、仅仅留下的奥体中心一块空白区也开始出现降水，大家激动得热泪盈眶。

面对每一次赛事、每一个城市的火炬传递，预报员都在用百分百的责任和努力让预报更精准。从中长期趋势到当日逐小时预报、赛事实况监测全程跟进，滚动更新，重要时间节点我们 3 点多起床分析资料，4 点多开始天气会商，5 点发布气象服务产品是常态化的工作流程。基于"人民至上，生命至上"的理念，小轮车比赛、山地自行车比赛等赛事根据天气预报择期举行，最终各项赛事顺利完赛。

十四运会闭幕式上，随着吉祥物朱鹮轻扇羽翼，燃烧了 13 天的主火炬缓缓熄灭，我们心中五味杂陈。从宝塔山下圣火点燃，到南门广场点火起跑，传遍三秦大地，在奥体中心体育场点燃主火炬塔，再到缓缓熄灭，十四运会圣火见证了我们一起走过的日日夜夜，那些素不相识的人从四面八方汇集，为了同一个目标而奋斗；一群人在凌晨的古城追赶城市的末班车，是因为每个人心中都有一个希望十四运会精彩圆满的信念。

十四运会已然结束，但是 2021 年夏天，十四运会带给我们的美好记忆永远留存。"全民全运，同心同行"的理念，气象人为了同一个目标、团结拼搏的精神，追求预报精准、服务精细的目标将激励着我继续前行！

（作者单位：陕西省气象台）

我与十四运会并肩前行的那些精彩瞬间

马 楠

2021 年 9 月 27 日，伴随着第十四届全运会会歌《追着未来出发》的乐曲声，第十四届全运会会旗缓缓落下，燃烧了 13 天的主火炬也渐渐熄灭，但怀着必胜信心、全力冲刺奋战、凝聚着气象人集体智慧的那一幕一幕十四运会气象保障服务的画面，却永远留在了我的记忆里。

2021 年，注定是不平凡的一年。这一年恰逢建党百年，又是首次在西北地区举办全运会，在这重大的历史时刻能够亲身参与十四运会圣火采集、圣火传递、开闭幕式及赛事等每一个重要节点的现场报道，是一次难得的历练机会，也是一次难忘的成长经历，对我来说意义重大。回顾这届"简约、安全、精彩"的体育盛会，频繁的降雨给气象保障服务带来艰巨挑战，我见证了许许多多气象人对待气象事业的那份忘我和投入的执着，深切体会到了那份勇于奉献的拼劲。在这种氛围的熏陶下，我通过文字和照片将这些美好的瞬间记录下来，整个心路历程充满了使命感。

6 月 7 日是开幕式倒计时 100 天，作为十四运会专职记者，为了做好气象保障宣传工作，我提前一天就跟随移动气象台赶赴西安奥体中心。在西安奥体中心"长安花"体育馆，当六要素气象探测设备在车顶缓缓升起，风向标随风欢快转动时，身为气象大家庭的一分子，我感到特别自豪。看着保障人员忙碌的身影，我按动快门记录下了虽然平凡但又令人骄傲的瞬间。在这么盛大的国家级体育盛会上，气象部门不仅成为组委会 23 个部室之一，更是用实际行动来践行"同心同行 智慧气象"的使命和担当。

在庆祝建党百年华诞之时，延安作为革命圣地、中华文明发祥地及红色体育发祥地，在这里点燃圣火其意义十分重大。7 月 17 日是第十四届全运会倒计时 60 天，圣火采集仪式在延安星火广场隆重举行。天气情况成为圣火采集方案首要考虑因素。上午 8 点，星火广场彩旗飘飘，欢声笑语。但在 10 个小时前，组委会负责同志还和气象专家在广场边的移动气象台保障车里彻夜会商。根据雷达回波和最新探测资料的显示，17 日上午将会有短时降水过程，对圣火采集仪式造成影响。身在现场的我能够切身体会到那种紧张的气氛。首席预报员们根据气象监测的结果进行反复的分析研判，眉头紧皱、面色凝重，车里的气氛也在冰点徘徊。那一夜，我觉得时间过得特别慢，大家都在紧锣密鼓地将各种资料、数据和分析结果，凝练成逐小时的服务材料供组委会做出决策和部署。

期待已久的十四运会终于在 9 月 15 日拉开了序幕。凌晨 4 点，十四运气象台的灯光格外明亮，平台上的保障人员各司其职，都在紧张而有序地忙碌着。由于受华西秋雨和台风的共同影响，这次的开幕式天气过程非常复杂，当上午 8 点跟中央气象台加密会商得出"降水将会提前，并在 20 点左右达到最大"这一结论时，现场突然变得很安静。我觉得时间在这一刻都静止了。

压力，更是无形的动力。气象人就像是打不倒的"小强"，没有气馁，更没有彷徨，在几秒的定格后，中国气象局余勇副局长指挥大家快速行动起来，一张张动态模拟云图、一份份最新数据分析快速完成……"心往一处想，劲往一处使"的工作场景在相机里不断存储，面对前所未有的挑战，凝聚力和战斗力在这一刻高度融合，气象人用实际行动书写了"人心齐，泰山移"的崭新篇章。从凌晨 4 点直到晚上 11 点，将近 20 个小时的奋战，在经历了过山车式跌宕起伏的天气变化后，开幕式圆满举行。当中国气象局局长庄国泰宣布十四运会开幕式气象保障圆满成功时，十四运气象台现场响起了热烈的掌声和欢呼声，我的眼眶也悄悄地红了……

在十四运会气象保障工作中，有很多很多让人难忘的瞬间，我都尽量通过镜头捕捉下来，用文字记录下来，将这些默默奉献、砥砺前行的气象人，在观天测云道路上的点点滴滴，慢慢地讲给大家听。

（作者单位：陕西省突发事件预警信息发布中心）

相遇十四运　无悔写青春

卢　珊

2021 年 10 月 27 日，午饭后我和同事到城墙公园小走一段儿，抬头看看天空湛蓝的，阳光暖暖的，脱口而出就是："天气真好啊，今晚的闭幕式妥了。"不知从何时起，十四运会已经成为我的日常，无论在做什么、在想什么，她总会一不留神跑进我的思绪中，让人想为她做点啥。

初次与十四运会结缘，还是在 2017 年的冬天，几个单位的材料编写人员齐聚在大荔的同州湖边，封闭几日拿出了第一稿《第十四届全运会气象保障能力提升工程项目建议书》，但那时候十四运会似乎离我们还很遥远，十四运会气象保障具体该怎么做，没有人能完全说清楚。接下来就是一次一次地需求调研、一轮一轮地专家论证、一遍一遍地方案修改。在反反复复的打磨中，十四运会的轮廓也变得真实和清晰起来。伴随着那些难眠的日日夜夜，我参与完成了《十四运会气象保障服务实施方案》等多项编制的撰写、5 大类 55 项气象服务产品的梳理、气象服务手册和产品模板的设计，以及智慧气象服务系统和全运·追天气 APP 的研发。每每看到这些成果正在十四运会气象保障的方方面面发挥作用，心里油然而生的那种小骄傲和小自豪，应该是只有亲身参与其中的人才能感受到的吧。

真正让我走近十四运会的，还是在进驻赛事指挥中心之后。直到现在，走进指挥大厅的那一刻还历历在目，足足 100 多平方米的指挥大屏上，各种数据不停更新，各种系统来回切换，有关十四运会赛事的翔实信息尽收眼底。长长的座席台上，坐满了各个部室的工作人员，大家都在忙碌地搜集信息、统计数据、处理各种紧急状况。作为十四运会的"最强大脑"，赛事指挥中心承担着赛事指挥和应急处置等多项功能，对于此，在之后的值班工作中我有了深刻体会。在全媒体综合应用系统大屏上，信息技术部的同事们总是在来回切换各个场馆的实况画面，实时监控每项赛事活动的进程。竞赛组织部的小伙儿桌上摆满了竞赛日程，他们随时准备着出现突发情况时对赛事日程进行协调变更。医疗卫生部的老师电话一个接着一个，他们在统计全省各地涉赛人员的防疫情况。当然，我们气象保障部也严阵以待，"智慧气象·追天气"决策系统上滚动显示着最新的场馆实况和预报，值班员密切关注着每个赛区的天气情况。我们的座席，可以说是指挥中心比较热闹的地方了，大家伙儿总喜欢过来询问几句，了解了解最近的天气。

赛事指挥中心的工作是有价值的，赛事指挥中心的工作也是辛苦的。每天早晨，不论多早，在比赛开始一小时之前，大家都已在指挥中心就位，围绕当天的赛事梳理和布置。每天晚上，不论多晚，大家都会仔细总结当天的工作，在所有的比赛项目全部结束以后，才匆匆踏上回家的路。记得赛事项目非常密集的那些天，每晚到家都是深夜，簌簌的雨水加上幽暗的巷道，让人不自觉地就想加快脚步。回家之后倒头就睡，一大早又起床挤地铁，连续好几天没有跟女儿打上照面。跟我们一起参与值班的老师，因为连日的辛劳引发旧疾，但也从未想过打退堂鼓。还有某个部门的同事，家人的手术日程只能推到十四运会之后，因为实在抽不出时间照顾。在我们忙碌的同时，十四运会和残特奥会的赛事活动异常顺利地进行着，我常常在想，最终收获的那份"精彩圆满"上，一定也离不开我们这个幕后团队的努力。

参与十四运会以来，我收获了很多，但遗憾也是有的。从 2018 年攻读博士学位开始，我的整个博士生涯与十四运会完美重叠，这些年，十四运会气象保障和博士科研几乎占满了我的所有时间。2021 年 5 月，我回校学习观摩同窗们的博士毕业答辩，看着昔日一起入学的同学在讲台上自信满满，硕果累累，由衷为他们高兴的同时，羡慕的眼神无从隐藏，多希望自己也是台上的一员。导师鼓励我一鼓作气，争取尽早毕业，可是那时也正是十四运会后期筹备紧锣密鼓之时，十四运会和学业之中，我艰难地选择了前者，博士学习只能暂时搁置。心中虽有万般无奈，但我知道我的选择是对的。今天，残特奥会闭幕式顺利结束，十四运会和残特奥会实现了双重精彩圆满，我更加无悔于当初的选择。

习近平总书记曾这样告诫青年，"心中有阳光，脚下有力量，为了理想，能坚持、不懈怠，才能创造无愧于时代的人生"。我们正处在一往无前的最好年纪，因为短暂的困难浇灭心中的炙热，因为一时的坎坷磨平青春的棱角，这绝非是青年该有的模样。今后的日子里，就让我们一如既往地选择对的那条路，坚定地走下去，书写我们自己的无悔青春吧。

（作者单位：陕西省气象服务中心）

记我与十四运的四个故事

曹　波

　　"全民全运，同心同行"，2021年9月27日，随着陕西西安奥体中心火炬塔逐渐熄灭，以这8个大字为主题的第十四届全国运动会精彩圆满落幕。而我，也在这现场保障的移动应急车内，在视频会商信号前，与"前店"的气象保障人员、与"后厂"的一众位于西安市气象局的十四运气象台的各位气象保障工作者，一同欢呼，尽情分享着这一刻的喜悦。这一刻，我的思绪飘向远方，回顾这几年的经历，着实感到不易。

　　片段一：启程

　　在确定十四运会在陕西召开的那一瞬，陕西气象人已然开始行动。我最初接触到十四运会这个概念，可以追溯至2017年。从被抽调至陕西省气象局"十四运会气象保障能力提升工程项目"方案编写组开始，这一刻，已铸就了我与十四运会的不解之缘。这4年间，从《十四运会气象保障能力提升工程项目建议书》，到《第十四届全运会气象保障工程可行性研究报告》，再到《第十四届全国运动会气象保障服务实施方案》《十四运会气象信息网络建设方案》等，我参与其中数个方案编写，修订数个版本，紧抠设备的每一个参数，细化数据的每一个用途、网络带宽的每一兆的利用率，只为在项目实施的过程中能够物尽其用、地尽其利、货尽其通、人尽其才。科比曾经说过："你见过凌晨四点的洛杉矶吗？"，而我在数次的方案编写中，曾多次在凌晨四点还对着电脑在修改每一个设备参数，在计算每一个系统所产生的数据存储使用率，只为给这十四运会胜利的一幕，提供最真实、最准确、最精准的气象保障服务。全民全运，同心同行。

片段二：保障

随着人类文明建设的发展，新型信息化社会已油然而生，由一条条数据链组成的世界网覆盖了全球各地，而组建网络互通的纽带就是互联网。互联网是人类所创造，也由人类所控制，它不仅开创了新世纪的大门，更是人类文明进步的象征。互联网代表了人类的智慧，也是新时代的产物，渐渐地人类已经离不开网络，所有的交流互通都依靠网络来维持，没有网络也就没有当今的社会。气象专网就是数据传输的重要纽带，网络安全就是数据传输保障的前提。

自 2017 年以来，十四运会气象保障已成为陕西省气象局的重要保障任务。为保障十四运会开（闭）幕式及赛事期间数据正常传输，4年来陕西省气象部门多次着手从广域网传输效率及传输策略开展陕西省气象部门广域网改造。2019 年开始，对广域网传输拓扑进行更改，由以前的树形结构，改为现在的星型结构，各区县气象局网络直连省气象局，并对链路带宽进行升级。改造后大大提高了传输效率，数据下载相较之前明显提升，视频会商声音卡顿、视频马赛克，PPT 演示效果差等问题均得到显著提升。

互联网是一把双刃剑，既为人类造福，也不可避免地带来"伤害"。保护网络安全成了时代发展的新课题。为保障十四运会开（闭）幕式及赛事期间网络及数据安全，近几年连续每年开展汛前网络安全自查工作、中国气象局网络安全攻防演练工作、公安部开展的网络安全攻防演练工作。没有网络，就没有介质，没有网络安全，就没有数据安全。全民全运，同心同行。

片段三：前店

当前，"前店后厂"模式比较流行，十四运会气象保障服务也采取了此种保障模式。在多种"前店"的保障类型中，重要环节就是移动气象台的现场保障。在十四运会气象保障过程中，移动气象台应急车也完成了由之前的中型车辆到现在的大型车辆的新老交替，增设了应急探测车辆。每次保障时望着这大型车辆，在感慨时代进步的同时发现，原来，我已经成为老人手了。在十四运会过去的一年中，"前店"已经服务了十四运会开幕式倒计时一周年活动、咸阳武术套路测试赛、宝鸡特奥会足球赛、延安圣火采集等多项活动赛事，而我，早已熟练掌握了现场网络调试、视频连线、车载电脑、打印机等设备，与"后厂"的配合越来越默契。时光已逝，一代新人变旧人。一切的一切，一年的一年，只为服务十四运会气象保障，只为辅佐陕西，辅佐西安打造那更加美丽辉煌的明天。全民全运，同心同行。

片段四：完美

看十四运气象台，那里有着太多太多的为了迎接十四运会顺利举办而无时无刻辛勤劳作的气象工作者。何其有幸，我在这十四运会即将临近的紧张时期，以抽调的形式，来到十四运气象台，成为那辛勤劳作气象人大部队的一员。在这紧张的工作氛围中，坚守初心，职责担当，每日十四个小时的坚守，与中国气象局气象人的视频联调、与"前店"的视频网络联动、与省气象局的协同，解决了一个又一个的问题。开幕式临近，一个新的任务摆在大家面前，在科室工作重、人员紧张的情况下，时间紧，任务重，我们不畏艰辛，省、市两头跑，在开幕式即将来临之际，完成了保障任务。

期间，8月19日蓝田大暴雨，受灾严重，同时后期新一轮强降雨将至，十四运气象台充分发挥了气象人不畏艰难、迎难而上的精神，决定派出移动气象台前往受灾现场，为西安市救灾应急团队提供现场气象保障服务工作。当下临危受命，我于20日早6时前往驻扎现场一星期，为现场救援队提供第一手气象数据供救灾安排。21日晚间，新一轮强降水如期而至，在整晚守护现场的同时，家中也因强降水而导致排水不利被淹，得知家中妻子带着 7 岁多的大儿子和 10 个月的小儿子在奋力排水，当时的心真的是在滴血。但是职责所在，守护十四运会是我们目前最大的任务。全民全运，同心同行。

终于，在奥体中心火炬塔逐渐熄灭的那一刻，我知道，我们成功了，西安成功了，陕西成功了，第十四届全国运动会完美闭幕，这一刻，我的心，也放下了。这，就是我，与十四运的故事。

（作者单位：陕西省气象信息中心）

团结一心，奋战 50 小时

杨家锋

2021 年 9 月 15 日 21 时 45 分，随着十四运会开幕式胜利闭幕，在陕西省大气探测技术保障中心 7 楼监测平台观看开幕式直播的气象观测系统建设保障团队的全体队员每个人的脸上都露出了欢欣的笑容，发出了震耳欲聋的欢呼声，用热烈的掌声庆祝开幕式的胜利召开。我们保障团队的每一位队员都在为自己能为十四运会的召开贡献自己的力量而骄傲和自豪。

回想起 4 天前也就是 11 日晚上 8 点接到省局通知，截至 13 日最后一次彩排，要在奥体中心主场馆安装 7 套微智气象站为开幕式的演出提供风向、风速、雨量等要素的监测数据服务。陕西省大气探测技术保障中心邓凤东主任非常重视，立即亲自同供应商联系设备供货事宜，安排器材统筹科做好与供应商的对接工作。

12 日一上班，邓凤东主任亲自联系陕西省气象局十四运办协调技术人员进入奥体中心场馆事宜，安排器材统筹科和探测技术科做好设备抵达后的转车、进场及安装工作。在紧张和漫长的等待中，16：25，待安装的 7 套微智气象站设备终于运送至西安市气象局，气象保障团队立即进行设备清点并转移至应急车上，连同安装人员直接抵达奥体中心场馆。

18：00 至 20：30，中心、十四运办、西安市气象局相关人员进入奥体中心场馆，实地选取 7 套微智气象站的具体安装地点，在离地 20 米处选取 2 个安装点、30 米选取 2 个安装点、50 米选取 3 个安装点。在此期间，另一组技术人员进行设备底座的安装。

20:40，中心主任邓凤东带领技术人员搬运设备进入奥体中心 4 层，与场馆部相关部门协调施工、取电相关事宜。22:31，完成奥体中心西南 5 层 30 米高处第一套设备安装；23:30，完成奥体中心西南 5 层 30 米高处第二套设备安装安装；13 日 00:20，完成奥体中心东南 5 层 20 米高处第三套设备安装；13 日 18:47，在落日余晖的映照下，奥体中心东南 5 层 50 米高处第七套设备也完成安装。

安装过程中，位于离地 50 米高处的马道上 3 套微智气象站的安装尤其艰难。首先是设备搬运困难，仅到第五层的观众席上下跨越就有 60 个台阶，一套设备 2 个人需要往返两趟；从观众席顶部再上马道，落差又有近 20 米；且马道宽度仅 50 厘米左右，地面布设备种线缆，护栏上安装了多种设备，通行困难，再抱上设备简直是像蜗牛一样慢慢地挪行。50 米处的设备安装更加不易，空间小，人无法转身，30 多摄氏度的高温下，个个头戴安全帽、腰挂安全绳，不动都是一身汗。安装时下面看台上全是人，哪怕是一个小小的螺丝帽，要是不小心掉下去，也绝对是一个安全事故。大家都高度紧张，紧绷神经，小心翼翼地进行操作。当日 21:53，7 套设备数据均正常上传，此时气象保障团队每个人的脸上才一脸轻松，都洋溢着幸福、满足的笑容。

15 日开幕式直播过程中，看着奥体中心主场馆 7 套微智气象站实时监测的风向风速数据，我们为自己奋战 50 小时辛辛苦苦建设设备发挥了作用而欢欣鼓舞。

（作者单位：陕西省大气探测技术保障中心）

十四运会气象工作者宣言

龙亚星

　　絮语：2021年，第十四届全国运动会、第十一届全国残运会暨第八届全国特奥会在陕西举行，这是全运会首次走进我国中西部地区。落实习近平总书记"办一届精彩圆满的体育盛会"嘱托，三秦大地的所有力量都动员起来了，气象工作者从始至终参与各阶段筹办工作。古代将士出征，必有誓言，甚或传檄而定；今十四运会保障服务，责任重大，使命光荣；在党史学习教育如火如荼之际，且效仿《共产党宣言》体例，以立气象工作者誓言。然陈文实属一己之见，甚或"道听途说"，错漏在所难免，因此只能抛砖引玉，暂奉于方家读者面前。

　　一双慧眼，气象工作者的慧眼，在十四运会的上空——三秦大地巡视。为了对这双慧眼进行神圣的守护，气象部门的一切力量和装备，综合观测员和预报员、公共服务专家和通讯员、微型气象站和移动气象台，都联合起来了。

　　在十四运会筹办的过程中，有哪一次重大活动和赛事看不到气象工作者的身影呢？又有哪一次气象工作者不是全力以赴地投入到他们所负责的工作中去的呢？

　　从这一事实中可以得出两个结论：

　　气象服务已经被地方政府和社会公众公认为是一种必不可少的公共服务；

现在是十四运会气象工作者向三秦人民公开说明自己的观点、自己的目的、自己的意图并且拿自己的宣言来反驳关于气象工作占卜神话的时候了。

为了这个目的，十四运会气象工作者集会于古都西安，拟定了如下的宣言，并公布于此。

一、综合观测员和预报员

至今，一切天气预报、气候预测的基础，都是综合气象观测。

为了充分满足预报员对于三秦大地气象网格实时观测数据的需求，综合观测员在十四运会筹办伊始即开始谋划十四运会专门的气象观测系统。当综合观测员建设和维护的包含风廓线雷达、激光测风雷达、相控阵雷达、微波辐射计、风云四号卫星地面站、水体浮标仪和气象站、天气雷达等，二十三种、一千九百余套气象装备的十四运会综合气象监测系统为预报员维护的十四运会预报业务系统提供出初始的驱动场数据，数值预报模式的天气预报初始结果这时才可以输出到预报员的桌面了。

预报员一般给出 1～7 天的天气预报，并对 0～12 小时短时临近天气预报进行滚动更新。那么，从十几天到几个月，甚至更长时间的中长期气候预测又是怎么做出来的呢？2021 年 9 月 15 日举行开幕式，这个日子不是信手翻着日历随意敲定的哩。

温故可以知新，鉴往可以知来。正如冬去春来、寒来暑往，复杂而瞬息万变的天气系统也有它特殊的规律呢。主汛期、七下八上、华西秋雨、西南暖湿气流、太平洋副热带高压，这些天气预报时常提及的名词，正是劳动人民生产生活和气象工作者智慧的结晶。气候专家再综合空气动力学模型和数十年甚至上百年历史同期气象资料进行大数据分析，这时他们才终于可以谨慎地向组委会提供一个开幕式日期的"最优解"抑或"次优解"了。

二、公共服务专家和通讯员

"气象部门要把天气常常告诉老百姓。"

气象工作者对于天气实况的掌握和天气系统发展趋势的预报及预测，是"酒香还怕巷子深"哩。可欣慰的是，科学技术的进步不仅大大提高了综合观测工作的效率，呈几何量级地缩短了数值预报系统计算的时间，也深刻地改变了所有气象工作者的工作方式。计算靠手（算盘、计算器）、通讯靠吼（扩音喇叭）的时代一去不复返了。

十四运会赛事现场天气实况和预报，运动项目与天气之间的奥秘，偶尔奉上的让人忍俊不禁的天气预报段子，公共服务专家早已织就"天罗地网"，进行"靶向"推送。面向组委会、赛事指挥中心、执委会、竞委会、全运村、场馆、公众和媒体，通讯员运用微博、微信、专题报告、图片、文字和语音等媒介和新闻形式，气象服务终于无缝接入组委会赛事指挥中心、场馆、赛场和其他公共场所。公共服务专家和通讯员的目标是：气象服务就像水和电一样，无所不在、随用随取、无微不至。

三、微型气象站和移动气象台

"昨夜西风凋碧树。独上高楼，望尽天涯路。"

精准的天气预报，精细的气象服务，哪里是敲锣打鼓轻轻松松就能实现的呢。

在一般综合、立体的气象观测网络基础上形成的天气预报、服务产品，时常难以满足运动会项目的特殊需求。这时候，专门面向小微尺度天气状况的微型气象站和移动气象台就应运而生了。

十四运会开幕式当天，"朱鹮"从顺利起飞到平安降落，再到圣火在火炬塔成功点燃，这些精彩瞬间的背后，就凝聚着气象工作者应开幕式威亚负责人需求，在短短 50 小时内，从无到有、勇闯难关而紧急部署在体育场内西北和东南 20 米看台前沿，西南和东北 30 米看台前沿，还有长安花顶棚东北、西北、东南、西南 50 米马道前沿上共八套微型气象站对威亚升降时风向、风速的关怀和守候哩。

是的，气象站是微型的，但参与到该紧急事务中的气象工作者的工作意义却无疑是宏伟而重大的。人民群众对精细气象服务的需求，气象工作者从来不都是"勇于担当、使命必达"的吗？

气象站是微型的，而在十四运会的全部过程，气象工作者心中的"国之大器"却是非十四运会移动气象台莫属了。安康瀛湖游泳测试赛时有他；汉中汉江铁人三项正式赛时有他；延安宝塔山下圣火采集时有他；开幕式和闭幕式现场，毫无悬念地，还有他。

东南西北中，为什么三秦大地处处都留有他穿梭的身影？因为他不仅"硬朗"，自带基于亚卫五号卫星的音视频会商系统、基于互联网的音视频会商系统、十二要素车载自动气象站、5G 网络设备和海事卫星电话，可充分保障应急气象观测、预报和服务信息的互联互通，而且"温柔"，可在三秦大地的任何地方、任何时间连通十四运气象台、综合气象监测系统、天气预报业务系统以及智慧气象服务系统。十四运会移动气象台不愧是气象工作者的"千里眼、顺风耳"。

四、十四运会气象工作者的初心和使命

十四运会气象工作者把自己的所有注意力都集中在十四运会综合气象观测、天气预报与气候预测以及公共气象服务上。

他们同其他服务十四运会的所有力量不同的地方是：一方面，在面对十四运会运动员、裁判员和三秦人民时，他们强调气象工作发挥

防灾减灾第一道防线的重要作用；另一方面，在十四运会气象保障服务的各个阶段，气象工作者始终坚持和发展气象科学与技术。

最后，十四运会气象工作者到处都努力争取关心和支持十四运会气象保障服务工作的各界人士之间的团结和协调。

十四运会气象工作者向来公开地声明自己的观点和天气判断决策。他们公开宣布：他们的目的只有坚守"监测精密、预报精准、服务精细"的初心和使命才能达到。让三秦大地复杂多变的天气系统在气象工作者面前显现出更为严格的规律吧。气象工作者在这个科学革命的过程中失去的只是莫尔斯电码、铅笔和手绘天气图。他们理解的将是整个地球系统。

三秦大地的气象工作者，联合起来！

（作者单位：陕西省大气探测技术保障中心）

丁李敏、曹雪梅对本文亦有贡献，在此感谢！

回眸十四运　难忘一瞬间

徐颂捷

灞桥烟柳，曲江池馆，应待人来。古老的三秦大地热潮涌动，作为中华文明发祥地之一的陕西全力以赴，用最美的模样迎接四海宾朋，以最好的姿态为中国共产党成立 100 周年献上一份厚礼——第十四届全国运动会。

全运会的会徽取自传统礼天玉璧，寓意全国人民以最好的精神面貌庆祝第一个百年梦想的实现和第二个百年梦想的到来。作为综合性赛事的正式亮相，开幕式的重要性不言而喻，尤其是本次全运会开幕式围绕"建党百年、体育盛会"主题。这一晚，奥体中心会场内掌声雷动，欢呼声经久不息，而远在十公里外的西安泾河雷达站内有一群人，却严阵以待，时刻关注着雷达运行状况以及回波运动轨迹，因为有一大波云团自西向东向西安压来，有极大可能导致降水时间提前，将直接影响开幕式现场活动……这群人是本次十四运会的气象雷达现场保障工作组，盛会幕后的服务人员。

2021 年 9 月 15 日 21 时 50 分，开幕式刚刚结束，西安奥体中心上空由阴天转为阵雨，雨势持续增强，现场人员撤离完毕，"长安花"内雨势磅礴，大家此时此刻内心稍微松了口气，十四运会的重点保障工作才刚刚开始。从雷达的巡检到闭幕式的落幕，大家已经驻站坚守数日，雷达设备在复杂天气条件下经受住了重大活动的检验，为开（闭）幕式顺利举行发挥了重要的支撑作用。这是首次在中西部地区举办的全运会，赛事遍布西安、宝鸡、汉中、延安等地，气象保障服务范围广、周期长，涉及的气象雷达数量多。

任务艰巨，陕西省大气探测技术保障中心在收到陕西省气象局的保障方案后，高度重视，积极准备，及时安排雷达保障技术人员以及雷达保障备件。在十四运会举办前，技术人员做好陕西气象雷达的巡检检查以及运行状态评估工作，对天气雷达做了全面的硬件检查和软件定标，检查分析了两个月的运行日志，对潜在的细小问题进行处理，确保雷达的指标良好、运行稳定。

27日，全运会的圣火在西安奥体中心上空缓缓熄灭，十四运会承载着全民的热情和梦想，圆满落幕。气象人一如既往地提供优质、高效、及时的气象保障服务，为精彩圆满的体育盛会贡献气象智慧和力量。

（作者单位：陕西省大气探测技术保障中心）

平凡的一天

王 玮

  2021 年的九月，一个平平常常的日子，阳光透过窗户洒在地板上，使单调而平静的办公室变得有些色彩了。一想到再过几日，四年一度的第十四届全国运动会便要在这拥有三千多年历史的城市——西安开幕，来自全国各地的运动健儿们齐聚一堂，挥洒汗水，创造辉煌，我沉寂的血液也开始沸腾了。

  由于正式比赛日只有短短的十三天，所以有不少项目已经提前开赛，决出金牌，其中就有那神仙打架般的女子 10 米跳台决赛。她从容地来到 10 米跳台前沿，转身背对泳池，双臂举起，微微下蹲，双手往后下摆，然后快速上举，带动身体有力起跳，向后翻腾、旋转，最后自然舒展开身体，犹如一片树叶落入水中，不起一点涟漪荡漾。没错，那个刚刚在东京奥运会大放光彩的全红婵再次以"水花消失术"获得了冠军。

  "吱——"突然一阵柜门开关的声音，将我的思绪拉了回来，转头一看，原来是网络科的马园和王珂在取电脑。只见她们麻利地取出几个电脑包，关上柜门，然后迅速地离开了办公室，看来是又有视频会议需要调试和保障。我看到她们的脸上虽然透着疲惫，但眼睛却有神且发亮。随着开幕式的临近，视频会议会商的次数明显增多，由几日一次、一日一次，到现在的一日几次，时间紧任务重。而网络科的两位年轻姑娘却主动接过任务，用年轻的肩膀扛起责任，用青春书写使命。

办公室后方靠窗户的位置，高大姐和蔡姐正在讨论十四运会新型探测数据的接入和传输。只听蔡姐正在介绍当前十四运会新设备的接入的详细情况。而高大姐则简明扼要地从资料来源、使用现状和传输保障等方面出发，阐述了 X 波段相控阵雷达、风廓线雷达、激光雷达和微波辐射计等 10 种探测资料的数据传输流程和共享方式。讨论很快便结束了，蔡姐收起笔记本，迅速离开去协调各方完成工作。

一阵刺耳急促的铃声在办公室的另一边响起，研发科的老冯快速地拿起话筒。当然，虽然叫老冯，但其实她比我大不了几岁。只见她用头和肩膀夹住话筒，一边有条不紊地操作电脑，一边对着话筒不知说着什么，由于离得比较远，依稀听见"十四运""数据接口""天擎"几个词。想到这段时间她一个人既要负责"AI 天气享全运"小程序的研发，还要为十四运会提供气象数据服务，想必也不轻松吧！

落红不是无情物，化作春泥更护花。平凡之中见伟大，细微之处见精神，他们没有轰轰烈烈的事迹，但他们兢兢业业、勤勤恳恳，在平凡的岗位上坚守初心、铸就不凡。

一阵清凉的微风，吹散了盛夏的余温。

一杯甘苦的咖啡，消除了身心的疲惫。

（作者单位：陕西省气象信息中心）

"拖"住云雨脚步的人

宋嘉尧

2021年9月15日21点35分，在《跨越》的歌声中，第十四届全运会开幕式圆满结束。翩然而至的小雨，伴随着退场观众们尚未消散的振奋与愉悦，落在了奥体中心的会场上。

"这雨太神奇了吧，表演的时候没下，结束了才下！"

"老天爷太给力了，保障了开幕式的精彩圆满！"

"天佑长安！连雨也知晓时间呢！"

……

观众们议论纷纷，一边啧啧称奇，一边穿上了五颜六色的雨衣。这些提前为观众们预备的应急品，派上了用场。

此时的奥体中心，仍旧灯火辉煌。同样的灯火，也出现在十四运会人工消减雨联合指挥中心的大厅里。而那里的灯，已经不间断地亮了一个多月了。灯下的一群人，在开幕式结束的那一刻，长吁一口气。虽然大家都顶着熬红的眼睛，却都难掩激动的心情。因为正是他们，"拖"住了雨带不停东移的脚步，让这场本来可能淋在演员身上的雨，"落空"了。

这是一场和天气较量的"战役"。"战士们"或精通天气学原理，是分析降水的大咖；或潜心云雨的研究，参与过多次重大活动气象保障；或肩负着空中安全的重任，调度调配好每一架飞机的起降和飞行；或保障着地面装备的运输，确保每一辆车安全上路，确保每一发弹

"持证"上岗。这也是一段被弹簧拉紧的时光，连续多天24小时"鏖战"在联合指挥大厅，不舒服的吃了药继续"战斗"，缺觉的趴在桌上倒头就睡。

好在，他们"追"到了云，也"拖"住了雨。

追　云

关中9月份的降水，犹如一个调皮的孩童，每时每刻都有新的面孔。这不，因为台风"灿都"的存在，影响奥体中心的每一块云都有了变化。原本预报16日凌晨才会下的雨，突然就提前到了15日20点前后，不仅西北方的锋面云系"快马加鞭"涌向奥体中心，西南方的碎雨云也"跃跃欲试"，企图加入这场落雨的狂欢。

"再次修改原定飞机作业计划！"14日，专家们经过一轮又一轮的会商，再一次更改了人工消减雨的作业计划。空中探测飞行提前！催化作业飞行提前！所有的地面作业点，提前准备！持续待命！联合指挥中心大厅里，讨论声，争执声，键盘声，电话声，还有计算机运行的嗡嗡声。监测雷达回波的主机已经开始发烫，盯着它的那双眼睛却一直没有休息。

"降雨云层性质是混合云，0°层高度下降，建议更改飞行航线，采用'8'字形。"

"西南方向地面火箭车请迅速集结，做好弹药准备。"

"降水云系已经移动到甘肃东部，请甘肃分指开展作业。"

"空域计划已经批复，请机场作业人员开始设备检查！"

机场的"战士们"刚结束一轮探测，还没来得及吃上一口热乎饭，就又要争分夺秒抢时间，做下一轮作业的准备了。

这云，是一定要"追"的！

拖　雨

一夜未眠。

人工消减雨是项极为复杂且庞大的工作，监测、预报、分析、信息传输、空域申报、物资安全……任何一个环节都不能出任何问题。

为了确保作业方案的科学合理和云雨条件的最新变化，联合指挥中心一遍又一遍地同十四运气象台、国家人影中心等业务单位进行会商，铁心要探明云雨的结构、高度和移动的路径。要"拖"住这云，就必须对它有全面的、立体的、百分百的认识，加密探空，高分辨率的风云四号卫星资料、雷达剖面、风场观测……缺一不可。

天，就快亮了。

7 架飞机在 15 日凌晨就做好准备，排队出发，分别在西北、西和西南方向不停实施飞行，雨没来就"探"云，雨来了就"拖"雨，飞行了近 50 个小时。当他们落地的时候，负责空域和机场进出的同志已经长了一嘴泡。

17 道作业指令从电脑的这一端传送到了上百个指挥员的手机上。48 辆移动火箭车按照指令奔赴作业点严正以待，看着手机上接踵而至的指令，火箭手们熟练地操作着，取弹—装填—检查—发射一气呵成。一道道火光飞入云中，伴随着声声巨响。火箭打散了云雨的发展势头，拖住了云中水汽的聚集和抱团，也拖住了雨前进的脚步。

17 点，雨带距离奥体中心 86 公里。预计 20 点 27 分影响奥体中心。

18 点，雨带距离奥体中心 63 公里。预计 20 点 45 分影响奥体中心。

19 点，雨带距离奥体中心 41 公里。预计 21 点影响奥体中心。

20 点，雨带距离奥体中心 29 公里。预计 21 点 30 分影响奥体中心。

21 点，雨带距离奥体中心 18 公里，预计 50 分钟后影响奥体中心。

这雨，终于"拖"住了！

尾 声

"全民全运，同心同行"。不负总书记的嘱托，第十四届全运会开幕式举办得精彩圆满。圆满的背后，曾有多少人在工作岗位上"日出而作，日落依旧"？又曾有多少人在跌倒中慢慢爬起，继续前行？

　　不负重托，不忘初心，那群"追云拖雨"的"运动员"们，在全运会筹备的赛道里如愿拿到了属于他们的"奖牌"！

　　　　　　　　　　　（作者单位：陕西省人工影响天气中心）

矢志践行初心使命　全力护航盛会安澜

范　承

作为组委会气象保障部的一名工作人员，在气象保障筹办工作一线中，我始终坚持贯彻落实习近平总书记对气象工作的重要指示精神和来陕考察重要讲话精神，增强"四个意识"，坚定"四个自信"，做到"两个维护"，从党史学习教育中汲取力量，把气象保障护航十四运会精彩圆满作为"我为群众办实事"实践活动的重要内容，担当作为，攻坚克难，千方百计完成好各项保障服务任务，为十四运会和残特奥会提供高质量的气象保障。

一是勤学善思，力学笃行，做十四运会和残特奥会筹办工作一线的"求学者"

在参加驻会工作后，我始终自觉地把学习作为一种政治要求、精神追求、工作责任和生活态度。就我个人而言，十四运会和残特奥会对气象保障工作提出的高标准、高规格和高要求，是我不曾遇到过的，工作中经常要面临层出不穷的新困难、新挑战以及新机遇，只有不断加强学习，坚持问题导向和目标导向，强化理论武装，提升专业水平，完善知识结构，加强调查研究，才能基本满足"系统谋划、精细管理、倒排工期、挂图作战"和"最高标准、最快速度、最实作风、最佳效果"的工作要求。同时，三人行必有我师，从领导干部到基层一线工作者，身边的每一位同志都是我"行走的教科书"，以史为鉴，以人为镜，时刻自省，习他人长处补自身短板。"为学之实，固在践履"，用正确的理论来指导工作实践，在实践中不断归纳总结，才能使自己在工作中不失误不掉队不落伍，更好地胜任本职工作。

二是不忘初心，恪尽职守，做十四运会和残特奥会筹办贴心的"服务者"

天气情况是十四运会和残特奥会成功举办的重要影响因素之一，气象保障服务是十四运会和残特奥会筹办工作的重要组成部分。十四运会和残特奥会举办期间正值陕西省暴雨、雷电、连阴雨等高影响天气多发时段。比赛场馆遍布全省南北各市，各赛区气候特征差异悬殊，多种因素的叠加为气象监测预报预警服务工作带来了很大挑战。为减少不利天气条件对赛会赛事的不利影响，科学应对十四运会和残特奥会期间各类高影响天气，气象保障部和全省各级气象部门对标"精彩圆满"，不断加强面向十四运会和残特奥会重大活动和赛会赛事等气象监测预报预警服务能力建设，精密监测、精准预报、精细服务，全力做好筹办工作。

观测资料有限，就建设足够严密的观测网络。我们在全省 13 个赛区新建 81 套观测设备，1 部 X 波段双偏振相控阵天气雷达、7 部微波辐射计、2 部激光测风雷达以及暑热温度等观测设备相继投入使用，初步形成针对赛会赛事的立体气象监测网。

预报存在困难，就钻研精益求精的预报体系。我们开展了精细化网格预报及特殊要素预报等关键技术研发，建成陕西区域数值预报模式，研发延伸期网格预报、西安大城市 1 公里网格预报等客观精细化预报产品及暑热指数等专题预报产品，形成赛会赛事预报预警产品体系。

服务需求严苛，就打造千锤百炼的服务团队与无微不至的服务系统。在组委会和中国气象局的全力支持下，我们对标一流，抽调全省各地市气象局专家人才 65 人组建十四运会和残特奥会气象台。针对十四运会各项测试赛，我们精心组织开展全流程、全方位、全要素测试演练，逐项开展测试赛评估及复盘分析，建立测试赛整改台账并逐项改进，不断磨合贯通各业务条块，努力做到"全面覆盖""应测尽测"。同时，我们研发了十四运会和残特奥会智慧气象服务系统，开发"陕西气象"APP 全运会专版和"全运·追天气"微信并上线运行，全面融入组委会"全运一掌通"官方 APP 等信息平台及各类社会媒体，实现气象信息的快速、智能发布。

三是保持热情，上下求索，做朝着"精彩圆满"方面不断前进的"奔跑者"

我始终坚持事业为上、责任为重、工作为先，始终保持积极向上的精神风貌和奋发有为的精神状态，始终坚守底线，不越红线，始终保持蓬勃朝气、昂扬锐气和浩然正气，始终保持一股闯劲、一股冲劲、一股韧劲，在自己选择的道路上小步快跑，持续前行。自我担起十四运会和残特奥会气象保障工作的协调组织工作的重担以来，经常需要短时间内完成超强度、超负荷的工作。将近 3 年的时间，频繁经历"5＋2""白加黑"及连续通宵加班工作，工作强度最大时曾连续工作近 40 个小时。诚然，当时很累、当时也曾迷茫，但现在无论从什么角度来回望，都该感激那段艰难的时光，因为内心强大了，就可以坦然接受任何挑战。我也一直坚信，只要不忘记初心，就一定能担起岗位和责任赋予的重担。在我看来，所有的努力，很大部分缘于要"办一届精彩圆满的体育盛会"的内心自觉。

时至今日，"精彩圆满"的十四运会已结束一年有余，虽然它被谈及得越来越少，但对我来说，这三年的经历已深深地刻印在生命的轨迹中，很多画面还会不时地浮现在脑海，提醒我要好好珍惜这笔宝贵的财富，继续秉持为十四运会"精彩圆满"默默付出、努力拼搏、一往无前的精神，为陕西气象高质量发展贡献自己的全部力量。

（作者单位：陕西省气象局办公室）

宝鸡十四运会气象服务小记

吴 剑

初秋的宝鸡，一抹斜阳点燃了天边的云彩，阳光下的车流和熙熙攘攘的人群，在满是"秦岭四宝"憨态可掬的十四运会吉祥物间穿梭，透过浅黄浓绿的空隙，都能感受到这座城市的热情和勃勃生机。2021年9月22日，第十四届全国运动会女子水球决赛在宝鸡市游泳跳水馆圆满落幕。至此，宝鸡市十四运会气象保障服务完美收官，亦为此次盛会增添了浓墨重彩的一笔。

窗外，斑驳的阳光洒落在市气象台整洁的桌面，清晰地映照着台长韩洁略显疲惫的双眼，从晨光熹微到暮色降临的百天气象保障服务中，她和自己的团队精心制作的78份《十四运会专题预报》，如一副多彩的画卷记录了此次气象服务准确、精细的全过程，那些指尖跳跃下的朴实文字浓缩着宝鸡气象人的责任担当和初心使命。

时光荏苒，回望2021年4月习近平总书记来陕考察时的重要指示"办一届精彩圆满的体育盛会"，宝鸡气象人深感责任重大，同时也信心倍增、满怀激情。

为高质量做好气象服务工作，早在半年前市气象部门就向十四运会宝鸡执委会提供了9月高影响天气风险评估分析和建议，详细制定赛事气象保障服务方案，并不断动态了解收集服务需求。同时，围绕比赛场馆新建微波辐射计、大气电场仪、天气现象智能观测仪等新型气象设备开展服务。

然而，考验总是没有一种特定的模式。9月3日，十四运会火炬传递进入12小时倒计时阶段，室外起跑点小时雨量却达12.2毫米，密集的雨点砸落在现场便携式六要素移动气象站周围，泛起朵朵水花，显示屏实时跳跃的气象要素信息和不断攀升的雨量格外"引人注目"。

"明天火炬传递期间天气怎样？对活动有没有影响？大雨什么时候结束？"在十四运会火炬传递前的最后一次调度会上，工作人员不断发出疑问。面对"气象三问"，气象保障部副部长、市气象局副局长张小峰为在场人员吃了一颗定心丸。

"预计火炬传递线路，9月4日06时至08时阴天，09时以后以多云为主，气温19～23 ℃，适宜活动开展……"

4日9时，十四运会火炬传递仪式正式开始，经过雨水洗礼的城市慢慢揭开神秘面纱，天空由灰渐蓝像浸染过的水墨画一样徐徐拉开帷幕，火炬传递活动现场，彩旗飘扬、锣鼓喧天，与前期预报高度吻合，各项活动圆满举行，精准气象保障服务经历了一次前所未有的考验。

其实，这场精准预报的背后有秦智网格预报的基础，应用人工智能技术，建成无缝隙、无死角、集约立体化十四运会气象预报业务体系的成果。它不仅能通过监测数据的分析，提前得出比赛区域天气提示，更能在比赛当天提前数小时甚至几十分钟得出预报结论，将可能出现的天气变化及时通知赛事组。

这份充满底气的预报，有来自省、市、县级气象业务骨干智慧力量的集合，从管理、联络、预报、宣传等方方面面落实细化到人的措施；有气象保障团队顶风冒雨赶赴现场安装调试移动气象站，开展现场观测服务的身影；更有身后千万支持理解气象工作的领导、家人的殷切关怀和期望。

调度会回来的路上，暮色已不声不响地弥漫了车窗外的整个街道，绚丽的灯光依次绽放，夜幕到达临界。

"今年宝鸡天气复杂，强对流天气以及暴雨过程多发，华西秋雨提前来临，保障十四运会气象服务圆满，既是使命又倍感光荣。"韩洁充满信心地说。

宝鸡共承担十四运会足球（女子 U18 组）、水球和群众赛事乒乓球 3 个比赛项目，各项目对气象服务的需求亦不相同。期间，气象部门共制作发布气象服务专报 78 期，发送短信 3500 余条，现场服务 7 次，不定时利用短信、QQ、微信群发布服务信息达上千条。这些气温、风速、降水量等要素气象信息不仅精准到场馆，还精细到逐小时。

筚路蓝缕创伟业，初心不忘再出发。如今，十四运会的帷幕已缓缓落下，但宝鸡气象人继续坚持"人民至上、生命至上，切实发挥气象防灾减灾第一道防线作用"的初心和责任却从未停步。在这份精彩圆满的答卷背后，他们将牢牢把握奋力推进气象高质量发展的目标，以只争朝夕、真抓实干的劲头和勇立潮头、争当时代弄潮儿的志向气魄，在谱写宝鸡新时代追赶超越新篇章的道路注入更多前行力量。

（作者单位：宝鸡市气象局）

"失而复得"的水体浮标站

马　艳

　　水清岸碧，鱼翔浅底，长桥卧波，2021 年 9 月 17 日，十四运会铁人三项赛在汉中市天汉文化公园和天汉湿地公园拉开帷幕。赛场既有如诗如画的自然风景，又有健身休闲的运动氛围，独具汉中自然人文特色。

　　然而就在 9 月 4 日，却发生了让参与十四运会气象保障服务的汉中气象人心急如焚的事情：水体浮标站丢失了！

　　"近期天气复杂多变、持续强降水、汉江水位直线飙升，水体浮标站丢失，水体气象数据无法监测，运动员无法获知当天气象要素，尤其是最重要的水质、水温数据，直接影响运动员的穿衣选择啊！"第一个发现水体浮标站数据异常的市气象台值班员小黄，心里万分着急、如坐针毡。

　　同样内心十万火急的，是立即按汉中市气象局领导要求前往现场的汉中市大气探测与技术保障人员。

　　江宽水急，保障人员老孟无数次出现"看到了""找到了"的幻觉，如果用一首歌来描述当时场景，那一定是"泥巴裹满裤腿，汗水湿透衣背，我不知道你是谁，我却知道你为了谁……"

　　苦心人，天不负。5 日 11 时，汉江水位下降，水体浮标站终于在汉江彩虹桥桥闸处"浮出水面"。此时，老孟他们已在岸边寻找 21 个小时，步行 20 余公里。

"找到了！幸亏卡在桥闸上了。"

"50公斤的锚已经卡死，必须破坏锁链才能保证水体浮标站顺利打捞。"

顾不上激动的他们，立即向局领导汇报"好消息"和"坏消息"。

市气象局局长袁再勤、副局长胡相林第一时间抵达现场，联系一江两岸办，协调桥闸关停等问题。

在唯一一处适合打捞点，老孟他们与闻讯而来的一江两岸工作人员把绳子捆在手上、拴在胳膊上、搭在肩膀上……

"一二，加油！""一二，加油！"脚下江水湍急奔流，空中雨丝浅唱低吟，为让大家劲儿往一处使，他们一起喊起了响亮的口号。很快，80余公斤的水体浮标站被打捞了起来。

经过检查，丢失了近1天1夜的水体浮标站已"伤痕累累"。

这是汉中首个水体浮标站，风向、风速和降水等传感设备不同程度受损，怎么维修？如何确保维修好的水体浮标站不被江水冲走、移位？一系列问题困扰着老孟他们。

不会修，那就学！时间紧，那就夜以继日！

"与自动气象站设备原理类似，可以采取居中法进行维修。""采集器电池电压仅10伏，需要立即更换。"

10分钟、20分钟、30分钟……每10分钟一组的标校数据，保障人员测试了近100组后，确定水温传感器数据读取正常、数据准确。

经过多次与厂家沟通、自行测试，水体浮标站顺利维修完成，可以恢复运行。

但，又一个难题接踵而至。

9月10日，汉中市气象局定制的300公斤海用锚通过空运抵达汉中，普通船根本载不动，如何把水体浮标站和新锚重新放回赛区江面观测位置，成了大家又一个关心的难题。

"江上救援队有冲锋舟，而且有经验丰富的海员，可以请他们协助！"参加水体浮标站打捞的中心主任姜宗元提出建议。

9月11日，水体浮标站和300公斤海用锚顺利归位，十四运会和残特奥会一体化智慧气象服务系统水体数据恢复正常。

大家悬着的心，终于放下了。

"水温21.3 ℃，气温17.9 ℃，负氧离子浓度6289个/立方厘米，风向西，风力1级……"比赛当天，十四运会铁人三项赛气象服务产品在赛场大屏滚动播放。阳光不燥，微风正好，是扬鞭之日，更是奋进之时。铁人三项运动员们在舒适的天气条件下，完成1.5公里游泳赛段后，在天汉湿地公园进行40公里自行车骑行和10公里跑步，深度感受真美汉中。

"除了有着非常专业的赛道，十四运会铁人三项赛让我感受最深的就是现场大屏滚动播出的气象产品，内容丰富，具有汉中特色，尤其是增加了负氧离子浓度数据，是自己以前参加相关赛事不曾遇到的。汉中气候很舒适，今后我会经常带家人来汉中旅游、健身。"参赛队员说道。

（作者单位：汉中市气象局）

我与十四运一路同行的日子

方永侠

2021 年，十四运会能在陕西举办，对我们每一个陕西人来说都是一件大事，而有幸能作为一个气象人参与十四运会气象保障更是一件值得自豪和骄傲的事。

咸阳赛区承办的比赛主要有武术套路和足球两个项目，场地主要是在咸阳奥体中心和咸阳职业技术学院（简称"职院"）。我们除了要进行测试赛和正式比赛的保障，还要进行咸阳站火炬传递保障和开幕式人影保障等工作。这期间让我印象最深刻的有三件事。

第一件事，发生在 5 月中旬的武术套路测试赛期间。测试赛前几天，一直跟着领导到职院跑对接，应急车停放到哪里合适？设备电源怎么接？场馆大屏如何显示气象实况和预报？一天更新几次气象信息？……我不断地联系交通、电力等部门，来回在场馆内外奔跑，一点一点解决一个又一个问题。几乎每天我都在下午七点以后才离开场馆，每次都是跑着去学校门卫室接孩子。问她是不是等急了，她说没事还有同学一起等的，不会害怕。正好有天下午两点要开期中考试后的家长会，中午刚忙完武术套路测试赛评估检查工作，我就马不停蹄地赶到学校。我是最后一个风尘仆仆、满头大汗地溜进教室的，孩子看到我终于露出了笑脸。在上台分享家庭教育心得时我解释了迟到的原因。我指着身上的工作服说，因为正在参加十四运会咸阳赛区测试赛的气象保障工作，所以只能一结束工作就匆匆赶来参加家长会。看着孩子仰望我的目光，我知道，虽然我不如其他家长衣着美丽、妆容精致，但我还是那个发着光的妈妈。

第二件事，发生在咸阳站火炬传递期间。咸阳进行火炬传递安排在 8 月 29 日这一天。早在前几天，全局就已经进入特别工作状态，预报从小雨调整为阵雨。市里领导也特别关注天气预报，每次火炬传递部署会必问天气情况。28 日，正值周末，局里特别邀请了省局陈小婷首席预报员到咸阳指导预报，为了做好现场预报，首席刚到局里又马不停蹄跑到点火仪式起点的统一广场去看现场环境，查看现场气象站监测实况，晚上也不断与十四运气象台会商，查看最新预报资料，能感觉到预报员的纠结与压力。第二天凌晨五点，天还黑着，我去酒店接陈首席，她抬头看看天和云，说今天没问题了，我心里就是一松。回到平台又是看各种资料，六点当天第一条火炬传递天气预报发出了"多云"。这两个字倾注了多少人的心血，也铿锵有力地展现着我们的沉着与坚定。八点，我们在离火炬传递最近的地方看着直播，看着太阳渐渐露出的笑脸，看着镜头里火炬手在景色宜人的咸阳湖边奔跑，听着窗外锣鼓喧天、热情洋溢的欢呼，我们也笑了。

第三件事，发生在十四运会开幕式期间。根据省里预报和安排，咸阳要在开幕式前组织人影作业。市里领导很重视人影安全，从 8 月 13—15 日，连续三天跟着领导到县上作业点检查设备、弹药安全、人员到位等情况，我其实是挺愁的。因为爱人长期在榆林横山驻村扶贫，我要是出差就没人接孩子放学了。幸而有可亲可敬的同事们做我坚强的后盾，打声招呼，她们就直接把孩子接回自家去了，管饭还附带辅导作业。有一天我跑了两个县晚上回来已经九点半，开完会十点多，把孩子接回家都快十一点了，她走路都快睡着了，心酸又是欣慰。开幕式那晚，我从县上回来已经快八点，平台上领导同事都在，兴平和武功已经开始密集作业，开幕式的直播已经开始，紧张又热闹。眼看快要下雨，我急忙去另一个同事家接了孩子一起在平台看开幕式直播，她很开心。西安没有下雨，我们都很开心。

　　现在，咸阳赛区的两个项目的正式比赛已经圆满结束，明天就是十四运会闭幕式，此刻，在夜深人静的时候回想起十四运会期间经历的一幕幕，我仍旧心肠澎湃，思绪万千，这一生在陕西近距离经历一次十四运会，并有幸为之奋斗，值了！

（作者单位：咸阳市气象局）

恬淡中演绎精彩

闫　婷

"孩子，看窗外。"2021 年 9 月 20 日 23 时 55 分，在临近中秋的一刻间，延安市气象局大气探测技术保障中心十四运会保障组的技术员段百乐接到一个电话，电话的那头是自己的母亲。

他随即起身，看到站在窗外的母亲，感觉很是惊喜，手里握着的工具还没有来得及放下，便走出了保障车。

"叮铃铃……"又是一阵急促的电话铃声。

"您好，延安气象十四运会保障组……"段百乐迅速调整情绪，一手接电话，一手在《十四运气象保障记录本》上急忙记录着。低头忙碌的他，还没有觉察到母亲已经来到保障车的窗口。母亲将一盒自己制作的月饼递了进来。

"孩子！"母亲带着哽咽声喊道。段百乐暂时顾不上母亲，他忙着接收信息，核对信息，确认信息……直到确保比赛赛道区域站仪器正常接收数据，他才接过母亲手中的月饼。

"孩子，我好不容易来趟延安，中秋节你又上班，我只好来陪你。"看着孩子的辛劳，母亲将所有的委屈都咽了回去。

段百乐人如其名，经常乐呵呵的，他是延安气象局技术保障中心十四运会保障组的组员，在气象装备保障岗位工作 6 年的他，出色地完成 2021 年十四运会的气象保障工作，每一项精彩都在讲述他的奋斗故事。

1990 年，段百乐出生在气象家庭，父亲是一名气象装备保障员。受家庭环境熏陶的他，从小立志要当一名"把脉风云"的气象装备保障员。

2016 年，段百乐来到延安市气象局工作，他毫不犹豫地选择了信息网络、气象装备保障工作。

为了尽快熟悉业务，他从《地面气象自动观测规范》《新型自动气象站实用手册》《台站地面综合观测业务软件（ISOS）用户操作手册》等基础业务书籍学起，并制作成 200 张业务知识小卡片随身携带，有空就背，有机会就实践。他利用休息实践一趟趟地往大气探测技术保障中心实操平台跑，一边跟着师傅学习保障本领，一边询问、揣摩，还不停地在手抄本上记录着……一年下来，段百乐共记录了近 20 万字的业务学习笔记。

熟悉段百乐的人都知道，实操平台是他时常光顾的地方。为提高现场实作水平，他对照《岗位作业指导书》和《应急故障处理》，一项一项实作练习，对照作业程序一遍又一遍练习，对气象装备常见故障反复论证，常常练得汗流浃背。

机遇总是垂青有准备的人。2018 年，段百乐迎来了延安市气象局网络工程、装备保障考试，投入紧张的备考。那一次，母亲托人给他介绍了对象，他只是用力地挥挥手。直至现在，每每想起这件事，他的母亲记忆犹新。她说："他是真的热爱气象保障工作啊。"

2019 年，他考取大气探测技术保障中心上岗证，当上了一名气象装备保障员。

2021 年，对于段百乐来说是不平凡的一年。这一年，单位开始创建十四运会气象保障队。十四运会比赛时间长，项目多，赛场分布广，面对这一系列的问题，段百乐仔细调查研究，反复查阅资料。为了帮助大家掌握操纵精髓，他把气象保障人员组织起来，手把手地教，逐环节地讲，短短一个月，硬是将保障组捶打成一支拉得出、上得去的精干队伍。他还利用休息时间到其他站段学习取经，经过科学实践验证，部署了全面而周密的气象保障服务。

就在这一年7月，他递交了加入中国共产党的申请书。

2021年9月，延安迎来连阴雨和大雾天气，山地自行车、乒乓球、摔跤竞委会场地环境处急需保障人员上前线去告知天气对比赛产生的不利影响。刚刚夜间安装区域站回来的段百乐得知信息后，顾不上吃口热饭就奔赴前线。

领导劝他先回家休息时，他"蛮不讲理"地和领导"争吵"起来："安全靠现场，现场的情况，我们必须掌握，我必须去。"说完，顶着风雨出发了。当领导再次见到他时，他脸色苍白地在赛道区域站旁安装仪器，此刻的他，已经连续54个小时没有合眼了。

由于长期不按时吃饭、长期作息没有规律，段百乐被确诊为肠胃炎。按照医嘱他需要休养，然而他放下手中的药主动申请回到岗位上。

圣火采集前，段百乐参与在下宝塔山星火广场布设4套便携式气象监测站和1部微波辐射计，完成雷电防护，实现数据正常传输，以及向秦智、数据共享网的接入及正常调取。全市观测设备及通信网络运行正常。山地自行车比赛期间，在他的协助下黄陵国家森林公园山地自行车场地建成1套8要素自动站、5套6要素自动站和1套天气现象视频智能观测仪，周边布设3套微波辐射计和1辆车载X波段双偏振雷达，结合原有观测站网，组建了"天基＋地基"的精密监测网络，构建网格边缘气象智能服务体系，同时保障团队和气象应急保障车进驻现场，开展面对面的气象服务工作，第一时间掌握最新天气实况信息，把第一声音传播得更远更深，确保十四运会的精彩圆满。

"小段，中秋节快乐""小段，赶快带着阿姨回家吧"。21日23时，山地自行车比赛结束，段百乐办理离开手续，签字确认，交接钥匙，测温登记……行云流水地办理完手续后，还不忘与大家互致祝福。

看着段百乐忙碌的身影，母亲明白了儿子坚守的意义。段百乐默默走出保障车，车外的路灯显得特别明亮，夜空下，火红的灯笼随风摇曳……

（作者单位：延安市气象局）

不畏风雨　不负韶华

苗　爽

"请火炬传递现场气象保障人员于 9 月 2 日 05：00 在火炬传递现场集合，开展现场气象保障服务。"

2021 年 9 月 2 日，第十四届全国运动会、第十一届残疾人运动会暨第八届特殊奥林匹克运动会火炬在杨凌传递。我对这一天期盼已久，因为我也是一名护卫圣火的"气象兵"。

9 月 2 日，阴天。几天的连阴雨暂歇，空中时不时还飘着零星的小雨，路面还湿漉漉的，真是一场秋雨一场凉。

4：30，我穿上长 T 恤心潮澎湃地走出家门。小区昏暗的路灯下只有我一个人的脚步声，我有些担心跟我一起参与护卫圣火的女子"气象兵"云鸽，她这么早一个人走路会不会害怕呢……小区门口，保安很负责任地"盘问"我了一番怎么这么早出门，我嗫嚅地告诉他："十四运会火炬传递现场气象保障去。"保安说："咱杨凌能参与这么大的赛事，真是天大的喜事儿啊。"虽然他静静地站在小区门口，但应该也感受到了城市盛会的那份悸动吧。

4：50，我到达火炬起跑点，杨凌地标性建筑教稼园现场。祥子哥已经在那等候了。"祥子哥来多久了？""我刚把车停好，云鸽拉着设备也马上到了。"看到女汉子云鸽穿上胶鞋，开上皮卡车的样子，我不由得想用"女子本弱，为'气象兵'则刚"的句子来形容她。"好的，咱们先接电吧"，忙碌的工作就这样拉开了序幕。

5:30，我们三人在现场架好便携式气象站和实况电子屏，我给气象台拨通电话："早上好，刘佩请看一下中心站数据是否正常，现场气象站调试完毕。""好的，数据正常。""收到！"

6:00，电子屏幕设备安装好。其他部门的工作人员也陆陆续续来到现场，大家有条不紊地忙碌着。天慢慢亮了，依然阴天，但是这一刻，我的心暖洋洋的，也特别兴奋，距离火炬传递开始只有一个半小时了。

6:40，气象台最新的现场预报已经发布，07时阴天有阵雨（0.1毫米），实况显示屏也及时更新了预报信息，为忙碌的现场提供一份温馨的预报服务。很多人来到气象实况屏前驻足观看，脸上不时挂着踏实的微笑。我们的现场服务能够得到大家的认可，作为一名护卫圣火的"气象兵"心里美滋滋的。

7:10，清爽的微风拂过会场，让现场热闹的人群有所降温，为了迎接全运圣火忙碌了大半年的人们都在等待着传递开始的那一刻，杨凌气象人亦是如此。

7:30，几滴零星小雨随着开幕式音乐声响起而落下，起跑仪式现场天气越发好起来。火炬传递仪式正式开始了，伴随着热情的音乐，第一棒火炬手起跑开始。看着远去的身影，现场气象保障任务也告一段落，我跟祥子哥、云鸽相互对望，大家都如释重负地笑了。早在前期，我们杨凌十四运会气象保障部已经为火炬传递做过气象保障服务演练，今天的实战就有条不紊了。分解设备，装车，下一个工作点是网球比赛现场。

8:40，我将早上最新的预报送到裁判长办公室，"殷裁判长早上好！这是今天最新的网球专题预报。""好的，谢谢你们，预报做得很准确，早上预报很及时。为了发挥运动员最好的水平，避免运动员受伤，我们已经将比赛推迟了半小时开赛，辛苦你们做好后续预报工作。""您放心，近期天气多变，我们会及时做好预报服务"。

忙起来时间会过得很快，上午为现场各单位分发材料、调试气象监测车、更新显示屏预报、清理网球场观测站，下午更新材料、做核酸检测、为裁判长提供现场汇报、开各部门现场集中调度会……要不是其他同事提醒，我还不知道时间已经到了晚上7点多。"你从凌晨到现在都在现场忙，中午也没休息，赶紧回家吧，你老婆在挂念了。"我感激地跟他们道别："那就辛苦你们了，再坚持两三个小时，今天比赛场次比较多。"

20:00，进家门时，家里已经饭菜飘香，客厅飘窗的远处便能看到我们现场工作的网球场。夜幕中，交警、医务人员等现场的志愿者们，还有我们的气象值班人员仍然在为每一场比赛做好现场服务。他们的家人一定也在等他们回家吃热腾腾的饭，然而他们却坚守在岗位上，并将面临又要下雨的挑战……

晚上躺在床上，准备舒舒服服睡一觉，收到工作群里推送的"杨凌9月3日阴天转大到暴雨……"，我瞬间毫无睡意，心里开始谋划明天的网球比赛气象保障服务该注意哪些细节……

这就是我为十四运会气象保障服务的一天，我们气象人用行动检验一个基层共产党员的初心和使命的一天，不畏风雨，不负韶华！

（作者单位：杨凌气象局）

渭水河畔的气象守护者

许 娜

9月，华西秋雨如期而至，在杨凌水运中心渭水河上，豌豆大的雨滴打破了水面的平静，而河道上艘艘皮划艇不畏风雨、奋勇直前，在水面上留下一道道水波荡漾而去。这一天是十四运会皮划艇静水项目的决赛日，赛道上运动员们争金夺银，而在不远处的塔楼里，一群人正在默默守候。

王百灵是杨凌气象台的台长，以往的她应该是坐在气象台的电脑前分析天气形势、指点"江山"，而今天，她却把气象台直接搬进了十四运会皮划艇裁判室里。不大的办公室里有序地坐落着几张办公桌，从房间偌大的落地窗户望出去便是比赛赛道，而窗户旁摆着两块大屏幕，一个直击比赛现场，另一块屏幕上，8项分钟级气象实况数据尽收眼底。王百灵和中国皮划艇协会竞赛总监、十四运会皮划艇静水项目竞赛处处长兼仲裁委员徐菊生面屏而坐，望着窗外淅沥沥的雨水，二人显得稍有不安。

"今天上午8点45分，我们发布了暴雨黄色预警信号，预计未来6小时内累计降雨量将达50毫米以上，3小时可能达到20毫米以上，雨势还是比较大的。"王百灵一边把高影响天气专报递给徐菊生一边说道。

徐菊生望着材料陷入了沉思。"降雨对于比赛还是有挺大影响的，尤其是那种伴有闪电、雷暴的强对流天气，肯定是要暂停比赛、调整时间的，今天会不会出现这种情况？"

"徐老师，是这样的，咱们这次 22 到 28 号的降水过程，主要是受副高外围暖湿气流和高空槽共同影响，过程前期可能伴有雷雨、大风等对流性天气，不过由于前几天持续的降雨，大气能量已经得到了释放，今天是以持续性降水为主。"王百灵耐心地解释道。

"这样，"徐菊生望了望窗外，雨水仍在拍打着窗户，"那现在一小时下了多少雨？"

"稍等，我帮您查一下。"王百灵调整了一下坐姿，手下的鼠标变得忙碌起来。她调出实况监测气象数据开始查看，"过去一小时咱们水上运动中心气象站下了 3.5 毫米，我再看一下未来一小时情况。徐老师您看，这是未来 6 小时降水的一个走势预报，从雷达分析来看，未来 1 小时降水量将达到 8 到 10 毫米，比目前的雨势是会大一些。"

"王台长，我跟其他委员商量一下吧，跟他们说明一下情况，再看怎么定夺。"徐菊生致意王百灵后走到了其他仲裁委员的办公桌前。

王百灵微笑回应"没问题"后扶了扶滑落的眼镜，又打开了气象服务平台，屏幕上滑过的数据映射在她的镜片上，偶尔能透露出专注的眼神。

片刻，仲裁委员们的讨论声渐渐小了下来，徐菊生整理了一下衣角，向王百灵走去。"王台长，刚才我们商量了一下，由于今天比赛日程比较紧张，如果现在暂停比赛的话，可能会打乱后续的进程，麻烦你们加密一下气象监测的频率，每半个小时提供一次，尤其是降水的实况信息，这样也方便我们随时调整，真是辛苦了。"

"好的，没问题，为你们提供气象服务，保障赛事圆满本就是我们的职责所在，你们有什么要求就尽管提，只要我们力所能及，一定会满足的。我现在就通知我们的工作人员，让他们加密实况监测信息发布频率。"王百灵说罢便拿起手机。

墙上的时钟指针转了一圈又一圈，雨水还在下着，所幸的是并没有对比赛造成太大的影响。随着比赛哨声的吹响，裁判长在成绩单上记录下气象数据，为决赛日画上了圆满的句号。运动员们整装走上红毯，脸上分不清是雨水还是喜悦的泪水交织在一起。他们站上领奖台，戴上奖牌，举起十四运会吉祥物。那一刻，塔楼仲裁室里一阵欢呼击掌，王百灵也如释重负，与徐菊生握手致意。"这是我工作以来第一次为这种全国性的体育赛事提供气象保障工作，第一次零距离与各位体育专家并肩作战，真的非常荣幸。"

徐菊生回应道："这次真的要感谢你们，从测试赛开始就提供各类气象服务，截止到今天怕是发了 100 多期材料了吧，多亏了你们在身后做坚实的后盾，我们才敢放心大胆地往前冲。"

一阵寒暄后，王百灵告别离开，待走到水上运动中心大门口，王百灵回头望了一眼赛道，眼里满是不舍又满是自豪。她默默将挂在脖间的十四运会工作证取了下来，整了整衣襟，迈向另一场新的挑战。

（作者单位：杨凌气象局）

有感于服务家门口的体育盛会

韩娇娇

  人们对气象工作的第一认识就是天气预报，因为它关乎人们的日常生活，包括衣、食、住、行。得知第十四届全运会山地自行车项目比赛在延安市黄陵县国家森林公园举办，县协调会召开后，要抽调专业气象保障队员，我听后很高兴也很激动，想着自己若要能成为气象保障队的一员，那该有多好呀！于是我不断地加强专业技能训练，提升专业素养。最后经过单位研究决定，我很荣幸成为十四运会气象保障团队的一员。十四运会山地自行车项目从 2020 年年底开始筹备。我亲身见证、感受、参与了这场全民期盼已久的盛会。报到的那一刻，我兴奋不已，沸腾的心久久不能平静。

  金秋九月，三秦儿女即将迎来准备已久、期盼已久的"全运时间"。而此时为华西秋雨时段，天气复杂，为天气预报和比赛都增加了难度。9 月 16—19 日，黄陵县出现强降雨过程，黄陵十四运会气象观测站累计降水量为 90.2 毫米。就在比赛的前一日，赛场出现雷暴天气，并伴有 6 级以上短时大风和弱降水，对山地自行车赛赛事准备、运动员训练、工作人员抵离有一定影响。5.2 公里的赛道上，有起伏陡峭的碎石坡道和蜿蜒曲折的黄土丘陵，地形复杂，让比赛面临重重挑战。

  山地自行车项目比赛对气象条件要求高，气象因素影响着运动员的身体机能调节、技能发挥等，对比赛成绩有较大影响。依据山地自行车项目比赛的气象预报需要，黄陵县气象保障人员针对山地自行车项目气象要素的敏感程度，设置符合其需要的气象服务专报类型，提前7天开始发布逐日滚动预报，提前2天开始发布逐6小时滚动预报，提前1天开始发布逐小时滚动预报。比赛当天还在早上、中午分别增发两次逐小时天气预报，如遇突发天气，将实时发布预警信息。为提升预报服务的准确度，我们在山地自行车赛场增设了6个多要素自动气象站、3台多通道地基微波辐射计和1部全固态X波段双偏振雷达，进一步丰富了气象观测手段，确保观测设备稳定，为提升预报服务的准确度提供了更多依据。

在市、县级气象局领导的关怀和指导下，整个赛事有序地进行中。从前期的测试赛到现在的正式比赛，我作为一名专业气象保障队员，不忘初心，牢记使命，以最饱满的热情、最认真的态度，力争提供最专业的气象保障服务。因为我们代表着黄陵十三万守陵儿女的殷切希望，代表着所有气象人的精神情怀。

科技在进步，时代在发展，我们气象人的初心和使命不会变。我们一直在促进国家发展进步、保障改善民生、防灾减灾救灾之路上砥砺奋进，在追逐梦想的道路上一直在努力着。

我们满怀豪情光荣地完成使命，每个人脸上都露出热情洋溢的笑容，更加深刻地感受到：这场盛会，每一环都必不可少，每个人都倾尽一切，每一刻都在竭尽所能。无论是敬业公正的裁判员，还是拼搏坚持的运动员，抑或是无私付出的志愿者，源于我们深爱脚下的这片土地，深爱我们扎根的伟大国度。

作为新时代的气象人，有幸参与此次全运会气象保障，过程虽很辛苦，但这一切却让我深感充实快乐，也更以自己是一名陕西气象人、能为全运会贡献力量为荣！感谢人生这段珍贵的经历为我留下美好的青春回忆，让我的青春之花在新时代气象事业的征途中，在决胜全面建成小康社会、夺取建设社会主义现代化国家新胜利、实现中华民族伟大复兴的中国梦、开启第二个百年奋斗目标新征程擘画蓝图中绚烂绽放。未来还有很多道路要走，很多的困难我们要自己克服。青年兴则国兴，青年强则国强，我们坚定理想信念，做新时代的追梦人！

（作者单位：黄陵县气象局）

留存在心里的清晰记忆

赵 荣

2021 年 9 月 15 日，是中国体育在三秦大地上树立新标杆、书写新辉煌的光荣时间节点。

全运会主火炬点燃的瞬间，注定已铭记在 3900 万三秦儿女的心中，成为中国体育事业发展中浓墨重彩的一个高光时刻。"全民全运，同心同行"，在十四运会主题口号的感召下，体育健儿心手相连砥砺前行，点燃了神州大地的运动激情，凝聚起中华儿女的民族豪情。镌刻着奋进与希望的"旗帜"握在手上，"复兴之火"在盛世"绽放"，承载着同心共筑体育强国，梦的巨轮，正扬帆远航。

在西安，中欧班列"长安号"及时从意大利运回 12000 平方米物料，助力西安奥体中心体育场建设；西北大学科学管控 800 名工人同时施工，成功抢回三个月的工期。如今，伴随着参与提前开赛项目的运动员和观众们不绝于耳的称赞，这些高大上的场馆和其背后所蕴藏的故事，已成为镌刻在人们心中的美好印记。

作为东京奥运会后我国举办的第一项综合性体育大赛，我们不能懈怠！在筹备期积极与执委会加强沟通，实地了解西安赛区部分场馆情况，收集整理资料；积极谋划部署，成立了十四运会和残特奥会气象保障服务筹备工作领导小组；向陕西省气象局汇报筹备工作，争取上级部门支持；多次向西安市政府、执委会汇报筹备工作情况，争取对气象保障筹备工作的支持；推动成立气象保障部并入驻市执委会，协调落实做好执委会气象保障部相关工作；编制《十四运会和残特奥会西安赛区气象保障服务总体方案》，于 2021 年 1 月 22 日通过执委会办公室正式印发；编制完成了十四运会和残特奥会《西安赛区气象保障服务产品清单》《开（闭）幕式气象保障实施方案》《火炬传递气象保障服务方案》和《高影响天气应急预案》等各项子方案；协调三中心充分对接组委会、执委会及各项目竞委会，了解各项测试赛过程中对气象保障服务工作的需求；积极对接场馆建设部、国际港务区规划局开展气象观测设备选址及建设工作；编制《十四运会和残特奥会气象台组建方案》，推动成立十四运会和残特奥会气象台；做好对接沟通，十四运气象台借用技术人员到岗参与各项保障工作；承办保障各类天气会商会议 40 余场，工作部署和安排会议 30 余场。

历史不会忘记，时间长河将永远铭记开幕式上主火炬的点燃、每个场馆建设、疫情防控管理等十四运会气象保障服务中的预报服务、现场服务、应急保障等工作，所有的环节都必将成为十四运会的高光时刻。

（作者单位：西安市气象局）

加强服务 提升十四运会
气象保障服务质量

毕 旭

做出预报后一定要有服务对象、有用户，预报才有意义、有生命。预报是渐进式的，由气候背景分析、气候预测（30 天及以上）、延伸期预报（10～21 天）、短期（0～10 天）、短时（0～12 小时）到临近（0～2 小时）预报不断迭代进行的。如何将这些预报服务出去，让需要的用户收到这个信息是服务面临的一个重要课题。

提高预报服务水平，提升预报预警技术是必由之路。加强各种时效的预报预警技术研究，针对不同的数值模式进行检验对比，分析不同天气形势下的预报效果，对某点历史变化情况进行研究，确定历史气候背景，从而提升预报预警水平。加强服务是提升预报、预警服务质量的重要手段。首先，加强对接是服务的必由之路。面向服务对象，加强对接，了解用户关注点，做出针对性服务。各种预报满天飞，服务对象有很多方式、很多手段获取，当这些获取不能满足用户需求时，他就会拓展新的获取渠道，就会对新的服务渠道提需求，一旦达到要求，这个渠道就会得到他的认可。从用户角度出发，提供体验式服务，站在用户的角度进行体验，做出针对性研究，服务会更加贴近用户，符合用户需求，才会得到用户的认可。重点项目要长期跟进，专人跟踪服务，提升用户体验。可以结合不同的预报服务需求，制定不同时效的预报服务策略，制定服务节点、服务方式，并固化下来，形成预报服务规范。

最后，感谢大家在十四运会气象服务期间辛勤的付出！大家拧成一股绳，劲往一处使，保障服务圆满成功，感谢各位全力配合支持。

（作者单位：西安市气象局）

波澜壮阔　惊心动魄

白水成

首次听说十四运会气象保障服务大概是在 2017 年，当时我还在陕西省气象局观测处，听同室应急与减灾处的同事提起，当时心存疑问，2021 年才举办，有必要这么早就准备吗？随后几年就经常听应急与减灾处的同事不停地调研、写方案，但我并没有参与。真正参与十四运会工作是在 2019 年 11 月 6 日，省局要求制作全省十四运会气象监测装备布局图，郭江峰副处长、张雅斌副主任、刘畅和我忙了一个通宵才完成。随后我便全面介入，观测系统建设、十四运会气象保障、现场服务，几乎就没有停的时候。总体感受是：波澜壮阔、惊心动魄。

"波澜壮阔"要从多个维度说起。首先说时间维度，从 2017 年到 2021 年，历时 4 年，这是我经历过的为了一项任务筹备时间最长的活动，我的内心也从最初的疑问到后来的庆幸，真的是百年磨一剑，精品需要时间来打磨。从最初的筹划，到后来的方案制定、软硬件建设、流程制度设计，每一项工作都赶得非常急。单就西安市大气探测中心来说，在观测系统建设、十四运会平台设备调试过程中，加班加点几乎是家常便饭。再说空间维度，刚开始的感觉是西安市气象局在忙，后来发现全省都在忙，再后来发现中国气象局也在忙，开幕式前发现周边省份都在忙。开幕式当天晚上，在视频会议中听到各方面的汇报，我的脑海中突然闪现出一副波澜壮阔、战天斗地的气象服务画面。第三说指挥层级，中国气象局庄国泰局长在北京坐镇指挥，余勇副局长在西安十四运会和残特奥会气象台调度，陕西省气象局党组成员各有分工、各负其责，省、市气象局其他单位也是分工明细、紧张有序。我当时的感觉是，无论哪一级出错，十四运会开幕式气象保障都不会那么圆满。最后讲参与度，这方面主要说西安市大气探测中心。有同事给我说，这么多年了，没有哪一项工作像十四运会气象观测装备建设一样，男女老少齐上阵，不分白天晚上、工作日还是周末，加班加点赶进度。事后我曾多次浏览建站时的照片，每当看到老领导杨台长工作照片中显眼的白发，看到司机程涛湿透的背影，看到大家在黑夜中忙碌的身影，都有种莫名的感动。大家把十四运会当成了自己的事情，都在为陕西、西安的荣誉贡献着自己的力量，这才是西安市大气探测中心真正的精神。

"惊心动魄"是十四运会开幕式气象保障服务结束后大家用得最多的词语。作为现场气象保障服务的参与者，我有非常深刻的感受。从9月1日开幕式现场气象保障服务隔离开始，我和现场保障团队的其他几个人几乎每天都在奥体中心，为开幕式彩排、火炬传递收火仪式、全流程演练提供现场服务。看着各行各业忙碌的身影，以及迎接即将到来的开幕式时的场景，我也跟着激动、兴奋。有多少人为了这一天忙碌了几年，华润集团一位江苏籍的电工师傅给我说，为了十四运会开幕式，他已经将近一年没有回家了。大家多么期盼有个精彩圆满的开幕式。

9月12日，在移动气象台内听完天气会商后，现场服务团队几个人的心情突然沉重起来，因为会商结论认为开幕式当晚出现降雨的可能性很大。开幕式可能下雨的消息很快被传开，接下来的几天，每天都会有许多人问我开幕式时的天气，包括司机、电工、消防员，甚至是保洁人员。

9月13日，收听完中央气象台的早间会商和十四运会专题会商后，大家的心情稍微轻松一点，因为当时的结论是受台风影响，降水的概率降低。

9 月 14 日，预报结论维持前一天不变，大家心情舒畅了不少。

9 月 15 日，开幕式当天，我们一大早就赶到奥体中心，当时天气晴好，大家心情不错。

8：00，收听天气会商，中央气象台发言完，车内突然静了下来，大家的心情变得十分沉重。根据最新预报，当天下午 17 时有阵雨 0～0.2 毫米，20 时小雨 0.1～0.8 毫米，天气系统的变化让大家猝不及防。随后全天，我们几乎可以说是目不转睛地盯着新一代天气雷达和相控阵雷达的监控画面。

10：49，天空云量较上小时明显增多。

14：55，奥体中心开始飘雨滴。

17：00，上午预报的雨没有下，紧张的心稍有放松。

20：00，开幕式拉开帷幕，现场天气为阴天。

21：17，现场开始飘零星雨滴。

21：20，雨已经到了汉城湖。

21：25，雨到了明光路。

21：30，雨马上到北辰路，大家的心都提到了嗓子眼。

21：33，15 dBZ 回波已到奥体中心上空，我开始自言自语。

21：35，强回波距离奥体中心只有两公里，大家都开始呼喊，结束吧，结束吧。

21：37，主持人宣布，开幕式结束。大家欢声一片，纷纷称赞气象局太神奇了。

21：40，雨滴开始加密、加大，雨渐渐大了起来。

21：53，我在工作群里报告，奥体中心天气转为小雨。

我随后在相控阵雷达业务交流群里说的一句话最能表达在那个惊心动魄的场面下的心情：最后几分钟，我就差数秒了。

（作者单位：西安市气象局）

割舍不断的气象业务情

贾毅萍

随着十四运会开幕式活动圆满落下帷幕，一边大屏上的雨滴越飘越密，九楼平台响起了欢呼声，大家纷纷跑到大屏前拍摄下雨的视频，激动之情无以言表。

对于一个从事气象业务管理工作30余年的老气象业务工作者，我对气象业务工作有着太多的不舍和关心。

记得2019年1月24日，我和赵荣处长陪石明生副局长第一次去西安市体育局对接十四运会气象保障服务工作。当天，对方发给我一份《第十四届全国运动会西安市执委会组织行动计划》邮件，距今已超过了900余天。在这900余天里，尽管我在业务处参与其中只有400多天，但离开业务处后对十四运会气象保障服务工作的关注从未停止。

从参与高陵相控阵雷达的选址，到电子科技大学远望谷体育馆的建站，再到十四运会倒计时一周年启动仪式的现场保障，我用相机记录了全过程。我为能有这样的机会感到骄傲。

2021年9月15日是十四运会开幕式的日子，这天正逢行政值班，我用相机再次记录了精彩的瞬间，也只有经历了才更能体会其中的艰辛和胜利后的喜悦。

那天早上起来，我拉开窗帘赶紧看看天空是否有云。果真西南方有少许扁平的高积云。7点半上班途中我还专门拍照记录下来，心想预报的变天真的要变了。尽管头一天下班途中发现天空飘起了几朵碎积云，还调侃地发了个"祥云迎宾客"的朋友圈，但我心里清楚可能要下雨了，因为我们预报了有雨，加之前几日一直是碧空无云。

上午我坐在办公室时不时望望窗外，云的变化出奇得快，以我经常看云的观察，平时很少有这样的变化，再看着群里白水成副主任一小时一次从奥体中心现场发来的快报，心也和他们一起揪了起来。

14:46，气象台发布了天气警报，再看看白主任不但一小时发来一次快报，还发来了天空实况的视频，明显看着奥体中心附近的积雨云很不稳定，可以想象现场保障人员紧张的心情。于是我也从 15 时开始每小时跑到楼下，楼前、楼后各拍一张天空的照片发给白主任，因为明显看着大院的云比浐灞稳定些许，让他们好心里有数，缓解下紧张的心情。

19 时，我处理好行政值班的事情后便上了 9 楼平台，看到偌大的平台挤满了人，很多人都在站着。我也不知该不该进去，因为离开业务岗位后就很少再来平台了，但看着满平台从领导到值班人员紧张忙碌的身影我又想一起去感受。看到领导们轮番走到大屏前一会儿看雷达图，一会儿看降雨实况图，一会儿又去接听电话，业务人员一起对着屏幕去研究，好多同志顾不上坐下来，那种专注的神态是复盘摆拍得不到的。21 点 40 分，活动圆满结束了，平台上欢呼起来。

为了今天的开幕式保障服务，同事们的确付出了很多。进入特别工作状态这几天，赵荣处长两口子都坚持在平台，连着三个晚上孩子一个人在家；还有的同事带病坚持工作，还有的……临近开幕式前，听十四运办的同事调侃，我现在的感觉就像坐月子，熬一天少一天，实在受不了了；还有的设备保障人员披星戴月，凌晨三四点出现在设备维修的路上，感慨此时西安上空的星星也很多，你没有看到是因为你起得不够早；还有的区县现场保障人员在朋友圈这样写道："凌晨 4 点的天，是冷飕飕的天；凌晨 6 点的帐篷，是朝霞下的帐篷；早上 9 点的比赛，是我看不到的比赛；下午 3 点的脑子，是转了 12 小时的脑子；晚上 6 点的饭，是一天最好吃的饭；晚上 8 点的大屏，是还在会商天气的屏。一天未完，值班继续……"

　　这次盛会气象保障服务的圆满成功，再次体现了西安气象人团结一心、勇于担当、攻坚克难、无私奉献的精神，能成为这个队伍的一员我感到无比的光荣和自豪。

（作者单位：西安市气象局）

"我与十四运"的故事

白慧玲

对西安来讲，2021 年注定是不平凡的一年。第十四届全国运动会首次走进中西部地区，踏上了有着厚重历史文化底蕴的陕西西安。这使得西安再一次站在了聚光灯下，举国关注。气象保障对标"监测精密、预报精准、服务精细"，"用全国气象部门之智，举全省气象部门之力"，集结四级精锐，发挥四级联动。西安市气象局更是重任在肩，责无旁贷、一马当先。自己与本次气象保障工作，可以总结为逐步靠近、主动融入，再到全情投入。虽然本人不是在一线作战，但十四运会气象保障这段经历在我几十年的工作历程中，也是值得一书的大事。让我顺着时间的脉络，将自己亲历的十四运会气象保障的几个小故事，讲给大家听。

我也要做"十四运宣传员"，当"文明使者"。 我是负责老干部工作的，2021 年 9 月 10 日，距离开幕式还有一年的时间。为烘托十四运会宣传氛围，局里组织离退休同志开展了"为新全运加油，为新时代喝彩"的秋游活动。那天秋高气爽、云淡风轻，离退休同志们兴致高昂。看那一个个的行头装扮，女士们衣着鲜亮，男士们运动范十足，个个精神抖擞。大家集结在西安市气象局预警中心气势恢宏的办公楼前，认真聆听十四运办刘丽娟同志对此次西安市局十四运气象台组建工作的介绍，从筹备初期到领导小组的建立，再到具体的工作安排。老同志们听得是津津有味，遇到没听清楚的，还向丽娟发问："十四运气象台在哪儿呢?"丽娟说:"在咱们办公楼九楼呢。""哦,我们市局现在的办公条件太好了,大楼也气派,气象业务、保障能力都比以前强太多了!"那份自豪得意的神情,至今仍历历在目。分管老干部工作的刘局长在旁看大家意犹未尽,补充道:"我们老同志,虽然不能亲自参与十四运会气象保障,但我们每个人都是一张城市名片,也是一张气象名片,所以我们可以用实际行动,做城市文明使者,做十四运会义务宣传员,也是在助力十四运会举办。"同时,刘局长还叮嘱道:"一会儿,大家乘车去看看十四运会正在建设的场馆,一定要注意安全,注意身体。"这时刘局长发现老肖、老牛等几位年龄较大的同志也参与了活动,就笑着问候他们:"你们身体可以吧,也想去看看十四运会的场馆?"老牛抢着说,"我们要去!在西安生活几十年了,全运会在西安举办,还是头一次呢。我们会响应号召,尽地主之谊,做好十四运会的宣传员,当文明使者呢。"大家纷纷附和着,脸上都乐开了花。那天的活动,大家很尽兴,都为这座城市的发展自豪,为西安气象的成就骄傲,为能目睹全运会在自己身边召开而兴奋。

"思想对了头,干活有劲头。"我对本次十四运会气象保障的认识,是有一个非常明显的转变和提高的,可分为三个阶段。第一个阶段:感觉自己既不是业务一线人员,又非领导干部,这事"离我有点远"。第二个阶段:组织和领导交办安排的工作任务尽力完成好,"做好本分"。第三个阶段:主动融入,向主管和总管要任务,"没事找事"。思想的转变离不开学习提高和工作的锤炼。最初我认为十四运会气象保障是业务方面的事情,而我只需要做好本职工作。真是认识不到位,行动就有了偏差。就拿制作十四运会服装来说,一次会后,领导交代我:"需要再做些十四运会的工作服,任务之前已经交给十四运气象台的同志了,他们忙保障的事,还是你去做吧"。为此,我连忙向负责的同事确认此事,她说已经联系好了,我可以不用再去。当时我没有太坚持,但事后有些自责。因为此项工作对我来说驾轻就熟,而那时临近开幕式,他们的保障任务时间紧任务重,百忙之中还要抽时间完成本来我可以分担的事情，浪费了时间和精力。随着学习的深入、十四运会开幕式保障任务的临近，我的思想认识也得到了提升：十四运会是党中央交给陕西、交给西安的一项重大的政治任务。特别是在新冠肺炎疫情持续蔓延的情况下，办好此次全运会更是国家抗疫硬实力和经济社会发展软实力的全面展示。我们必须得有这样的使命担当和昂扬的精神状态，才能只争朝夕、脚踏实地、兢兢业业，圆满完成中国气象局、省局、市委市政府交付给我们的保障任务。作为机关干部，我们必须走在前列，当好表率，做好热情周到文明的东道主。就如李局长在 9 月 4 日服务十四运会气象保障布置会上所讲的："思想上，要进入十四运会气象保障的状态中去；措施上，要快、准、细；作风上，党员领导干部要发挥模范作用，要深入一点，主动补位。要保持战斗、冲刺姿态，确保取得胜利，局机关要为保障团队做好保障，工作中只留精彩不留遗憾。"俗话说得好，思想对了头，干活有劲头。做好十四运气象保障服务工作！这既是一道命令，也是一项任务。方向指明后，我采取了主动出击的作战方式，没任务，就主动向主管、向总管要任务，虽然做的都是小事、杂事，但完成了一样有成就感、幸福感。记得有一次要为第二天一早准备桌牌，因为纸太厚，一晚上打坏了三台打印机，很晚了，眼皮也在打架了，可是当我完成了任务，走在回家的路上时，嘴里竟不自觉地哼起歌来了。哈哈，这夜半歌声是不是有点吓人呢。开幕式那晚的事情也是，"大总管"体恤我年纪偏大，又是女同志，没有给我安排任务，可想想这都到最后关头了，还是应该有始有终。晚饭后，我来到九楼平台，想拾个漏补个缺啥的，可转了一圈，一切都安排得井井有条，没什么可做的，心里还有点不太甘心。突然记起上楼时没看到电梯保障的人员，总算给自己谋得了一份"差事"，心里竟有几分得意。来到二楼，我向专业人员请教了电梯关停的按键后，端端正正地站在电梯前，当起了保障人员。当各级领导分批到达九楼"作战室"时，我感觉自己圆满地完成了开幕式保障的最后一个工作任务，顿时，心情好到飞起。

"火车跑得快，全凭车头带"。一个重大活动的成功保障，我看到的是西安气象人团队力量的充分展现。听说宣布开幕式保障成功的那一刻，李局长哽咽了，真的感同身受，那是一种压力的释放，也是一种成功的喜悦……过往的一幕幕工作场景，像一部纪实片，如实记下了我们的汗、我们的泪、我们的笑，每一帧都是那样可敬可亲。李局长重感冒时，依然夜以继日、不眠不休，台前幕后指挥作战；刘局长虽然爱人住院，仍默默坚守岗位，不曾前往医院陪护。石局长驻扎在十四运会场馆，二十四小时封闭镇守；贾组长临危受命，冲到蓝田防汛救灾第一现场。"火车跑得快，全凭车头带"，领导们率先垂范，同志们当然不待扬鞭自奋蹄。瞧瞧公认的模范老公赵荣，在特别工作状态时索性住在办公室，睡在沙发上，大有三过家门而不入的"勇气"。再看看大总管程恺，平日里很少见他运动，这下可好，重任在肩，怎可无"动"于"中"。楼上楼下跑得欢，忙前忙后严把关，这个质量不行，那个颜色不对，领导发话了，他是总管，这些保障的事，得先过了他这一关。开幕式保障过后，想必他应是瘦了，这方法真是科学有效、值得推广，不花钱还掉了秤、减了肥。还有总协调董长宝，本是妥妥的帅哥一枚，可开幕式前，我们都劝他，衣服该换了哦，头发该理了哦。其实这样的故事还有很多，不胜枚举，他们都在自己平凡的岗位上，践行着共产党人的初心使命。

功成不必在我，功成必定有我！西安气象人正以只争朝夕、真抓实干的磅礴热情，继续迈向气象高质量发展的进程。

（作者单位：西安市气象局）

过往不究　当下不悔　未来不惧

廖小玲

2020 年 8 月，当我还沉浸在做了一年多开拓性的工作被突然叫停的茫然和困惑之中时，又被通知我到新成立的十四运气象台从事另一份和以前截然不同的工作。实话说，当接到这个工作任务时，我有点挣扎和更深的困惑，但经过气象局领导的耐心指导以及和其他也被借调、抽调的人员一起参加了十四运工作培训班后，我才慢慢回过神来，原来这也是一份极具挑战和非常重要的工作！我便暗下决心：一定要努力完成好领导交办的一切工作任务。

2020 年 9 月 14 日，十四运气象台挂牌成立，我有幸也参与了当日的仪式。看到领导们共同揭开十四运气象台牌子上的红色盖布并宣布十四运气象台相关规定和职责时，我深深感觉到自己的责任和使命已然在肩，当时就暗下决心：一定努力工作，不辱使命！

编写、修改再修改工作方案、各项工作流程以及团队磨合等工作持续了大半年后，2021 年 6 月，十四运会进入测试赛阶段。我作为十四运会场馆服务中心的一员，也逐渐融入了与各比赛场馆针对赛事而开展的前期对接、沟通，中期服务保障，后期总结的工作模式之中。在节假日有比赛时，我们中心人员基本是没有休假的。2021 年的 7 月 10—11 日（周末两天），我参加了城市运动公园三人制篮球的现场气象保障服务。10 日，与局领导和其他工作人员前往比赛场馆进行服务需求对接和沟通。11 日，由于其他同行人员无场地工作证而无法进入，只能由我一人进到比赛现场从事气象保障服务工作。记得当天最高气温不是太高（36.9℃），但是湿度一直维持在 60% 以上，在高温高湿的环境下，我一手持便携式自动站，一手拿着手机拍摄记录，之后再编辑信息发送给场地管理人员。从早上 10 点一直到下午 19 点，每个小时观测和记录一次并发送信息。或许用语言表达起来感觉真没什么，但当每个小时架设设备，每个小时观测记录，每个小时编发信息，同时第一时间还要兼顾转发预报中心信息的这些工作只由我一个人进行时，我已经忙到连中午饭都仅用 15 分钟就连吃带来回往返匆匆忙忙完成。那天，大概是因为我忙碌到没时间没吃晚饭的缘故，傍晚 7 点以后我确实感到了疲累。在当我离开场馆时，收到了现场管理人员给我发的信息，说："谢谢啦！辛苦了！快回家休息吧！"我突然有了体会：熬得住无人问津的寂寞，才配拥有诗和远方，其实一直陪着你的，都是那个了不起的自己。回家路上，我的心情被满足填满。

十四运会测试赛对我们来说也是保障服务的测试。通过近两个月测试赛的历练，各中心的工作基本都步入了正轨。8 月下旬，十四运会正式赛开始，我们的保障服务也更加趋于成熟和到位。这时，由于省局对十四运气象台人员进行了再次补充调整，我又被调整到了市局十四运气象台综合办配合做好办公室的相关工作。现在回想起来，若说在场馆服务中心的工作是循序渐进的，那么对我而言，办公室的工作则是速干速成的。从 9 月 3 日到 27 日，十四运会气象保障服务先后进入两次特别工作状态。每天上午的国、省十四运会综合天气会商，下午的当日工作复盘总结，办公室必须提前做好所有会务的一切准备，包括会议议程、参会人员桌牌的打印、放置，人员桌次排序安排，开会期间的服务保障、拍照，会后的宣传报道的编写和发布等；期间根据省局党办的要求，我们还需统计上报每日各中心的服务明星、各中心的重点工作等。这段时间让我首次有种黑白天不分的恍惚感，连着好些天都是早上 7 点从家里出门，晚上 11 点以后回去，可心里一直憋着一股劲，那就是十四运会，我坚决不能掉链子！因此当十四运会开幕式气象保障工作圆满成功时，我除了激动还有自豪——因为我也是其中的一员。

当我和办公室几个人联手负责给大家订制、发放统一服装，订制、发放纪念品和奖牌，组织所有人员召开樊登读书会、一起欣赏音乐会，组织十四运会闭幕式后的总结会等活动获得成功以及领导和同事们的肯定时，我又一次感受到了参与十四运会气象保障的获得感和自豪感！

十四运会落下了帷幕，她对于我们每一个西安气象人都有着划时代的重大意义，对我们参与其中、做气象服务的每个人更是意义非凡！我要说的是，十四运会对我而言，既是从陌生到熟悉的事情，更是从外围到内部的一条路，它丈量了我的能力，更检验了我的承受力。作为十四运会气象服务的亲历者和参与者，或许我所做的工作是微不足道的，比起做天气预报预警的核心业务工作人员来说，我可能并不能算主力。但现在想想，再回头看看，还是会为自己喝彩！因为得到了多少并不重要，重要的是这一路走来有多么的难忘，包括领导、团队、我自己，我们都知道我们的付出是值得的。我想工作和生活是一样的，那就是：释怀昨天，不沉溺过往；珍惜今天，不挥霍时间；无畏明天，不担忧未来。让我们每一个气象人的每一天都溢满欢喜，让幸福气象成为每一个气象人的最美芳华。

（作者单位：西安市气象局）

奉献诠释气象初心 坚守彰显责任担当

刘瑞芳

奋斗新时代，奋进新征程。伴着《追着未来出发》的歌声，2021年9月15日晚8点，第十四届全国运动会在西安奥体中心如期开幕，溢彩流光，精彩纷呈。作为一名保障全运会的气象工作人员，心中倍感骄傲与自豪。

扬帆起航，开启十四运新征程

第十四届全国运动会是在庆祝中国共产党成立 100 周年之际举办的全运会，是首次在西部地区举办的规格最高的体育竞赛活动，更是西安历史上第一次主办的最大规模的体育赛事。本届全运会赛事多、时间跨度长，气象保障需求多样化，而且不同于往届全运会仅在一个城市举行，十四运会场馆遍布陕西 13 个地市，各赛区气候特征差异较大，为气象预报预警服务工作带来重大挑战。十四运会和残特奥会气象台全体同事齐心协力、勇于担当，赛前、赛中、赛后主动服务各赛事竞委会，根据需求预报产品不断丰富。从业务青涩到预报精准，我们圆满完成了 35 个大项 53 个分项赛事及圣火采集仪式、火炬传递、开（闭）幕式等重大活动预报保障服务工作。

乘势而上，奉献无悔青春旅程

2021 年，西安地区降水异常偏多，为 1961 年以来历史同期最多年。秋淋开始时间较常年偏早 15 天，秋淋开始至 10 月全市降水量较同期偏多 2 倍以上，多地出现了超警戒洪水及滑坡、泥石流等地质灾害。作为西安市气象台和十四运气象台首席预报员，在全面做好全市预报预警服务、筑牢防灾减灾第一道防线的同时，我全力做好十四运会气象保障服务工作。暴雨应急期间，我与预报员一起坚守一线，为市委市政府提供实时雨情实况及暴雨发展趋势预报。任务较重时，夜里只能在办公室休息两三个小时，紧接着第二天又主持十四运会天气会商，与各地市气象台对十四运会场馆天气进行综合分析。从倒计时一周年、圣火采集再到开（闭）幕式，有时一天审核各赛事场馆服务产品 60 余期。预测有影响赛事的天气时，第一时间将预警信息发送至各赛事竞委会，降水过程中针对高尔夫等户外赛事逐小时滚动更新预报，连续 30 多天在岗值班值守，始终以饱满的精神、昂扬的斗志奉献坚守在气象服务第一线，努力为十四运会赛事活动的圆满完成保驾护航。

圣火采集仪式期间，我作为十四运气象台值班首席在 16 日下午主持的国省市级专题会商时指出："受切变线和副高外围暖湿气流影响，预计延安圣火采集仪式的 8 时至 10 时多云有小阵雨，9 时之后会有雨，雨量在 0.1~0.3 毫米之间，可能伴有弱雷电、短时大风天气，对圣火采集活动会有一定的影响。"组委会根据气象部门的预报分析将原定于 9 点进行的圣火采集仪式时间提前半小时举行。凌晨 4:30，我主持加密专题天气会商。7 月 17 日 8 时 30 分，在延安宝塔山下的星火广场，运动员手持山丹丹花状采火棒，走上圣火采集台，数秒后橙红色的火苗跃起，第十四届全国运动会、第十一届残疾人运动会暨第八届特殊奥林匹克运动会圣火成功点燃，避开了后期的雷阵雨天气。

开幕式期间，作为预报服务中心值班主任，我与首席们一起综合分析，密切监视云团和雷达发展变化，给出"目前降水系统移速每小时 30~35 公里，今晚奥体中心有明显降水，主要降水时段在 21—22 时，预计降雨量 21 时在 0.2~1 毫米，22 时 0.5~2 毫米。与上午预报结论相比，降水趋势有所减弱"的信息。21 时 37 分，开幕式圆满落幕。21 时 50 分，豆大的雨点在西安奥体中心随风起舞，雨滴密织，转为小到中雨。

凝心聚力，邂逅那段最美时光

9月27日，随着西安奥体中心火炬塔逐渐熄灭，十四运会精彩圆满落幕。回望这段美好充实的时光，降雨成了本届全运会天气的关键词。十四运会在历届全运会中雨日最多、累计降雨量最大，13天中有10天降雨、5天大雨。从圣火采集、火炬传递、开闭幕式，再到各项赛事服务，雨水频繁光顾，给我们的气象保障服务带来极大的挑战。作为一名气象工作者，我将全面总结全运会气象服务中经验和成果，为今后西安大城市气象服务和户外重大活动气象保障工作提供丰富的实战经验。

征途漫漫唯有奋斗，我深知作为一名共产党员，能够在建党百年之际，作为保障全运气象服务人员，参与到赛事活动中来，倍感骄傲与自豪。气象工作任重道远，我们必将砥砺前行，认真贯彻落实习近平总书记对气象工作的重要指示精神，持续深入开展党史学习教育，充分发挥防灾减灾第一道防线作用，全力以赴确保"人民至上、生命至上"，以实际行动奋斗新时代，奋进新征程，推动西安气象事业高质量发展。

（作者单位：西安市气象局）

全心奉献　精心保障　服务全运

王红军

　　刚刚结束的十四运会气象保障服务，取得了空前的成功，真正实现了"智慧气象，精彩全运"这一目标。作为气象保障服务团队的一员，能够在自己生活的城市，用自己的专业技能，为国家级体育盛会的举办出一份力，我感到无比的骄傲和自豪。在整个气象保障服务过程中，作为参与者、亲历者、贡献者，自己收获颇多，开阔了眼界，提升了能力，增长了见识。

　　大气探测技术保障中心的保障团队，为了一个共同的目标，全心服务十四运会。在气象保障服务工作中，我们的队伍得到锻炼，大家更凝聚、更团结，合作共赢，互相配合，相互补台，凝心聚力，攻坚克难，团结协作，无私奉献，攻克了一个个难关，完成了看似无法完成的任务，克服了看似无法克服的困难，解决了最初无法解决的难题，积累了宝贵的团队合作经验。

　　在这次保障服务工作中，我记忆最深的是下面几件事。

　　一年来，为保障十四运会气象服务，我们在全市建设完成了40余套新型探测设备。每个气象站点的建设都要从选址开始，与十四运会各级执委会、组委会进行沟通协调，有的站址的协调甚至用一年的时间才能确定，要和不同的部门、人员，反复地沟通协调。同志们就是凭着一股不服输、不松劲、要干事、要成事的韧劲把这些任务完成。气象站点确定后，中心发挥党员、团员和青年先锋的带头作用，成立了建站突击队，动员中心所有人员投入建站工作。为了赶任务，有时一天要连续建设 2～3 个气象站点，大家兵分几路，从早忙到晚。站点一般都在建设工地，场地条件很差，蚊虫叮咬，尤其夏季，烈日炎炎，大家顾不得擦汗、防晒，甚至顾不上吃饭，加班加点干。年龄最大的陈百江、杨胜利等同志多次加入设备建设队伍。在高陵安装六要素自动气象站时，我和其他 4 位同志早上 7:30 出发，一直忙到下午五点才安装完毕。十米长的风杆，分成三节进行拼装，再用吊装器吊装。风杆很重，拼装时螺丝孔很难对上，有时一个螺丝对不上，需要几个人同时用劲，反复调试角度，不停旋转，花费半个多小时才能对接上。大家分工配合，安装温度、湿度、气压、雨量等设备。做防雷接地时，要把一米多的铜钎子砸入地下。土地干涸坚硬，砸入十分困难，大铁锤一下一下地敲击，大家汗如雨下。

圆满完成了各类天气会商、重大会议的视频保障任务。为保障开幕式气象服务，中心从 2021 年 9 月初就安排 24 小时视频保障值班，每天 4 班轮流倒，确保 24 小时有人在十四运气象台现场。9 月 11 日，新安装的高清会议视频画面出现马赛克，这可急坏了大家，因为明天早上中国气象局余勇副局长要坐镇十四运气象台，与中央气象台进行天气会商。情况突发，时间紧迫，问题必须解决。大家出谋划策，分头忙碌，有的利用现有技术设备检查问题，有的积极邀请陕西省气象局专家帮忙，有的寻求知名的专业公司来现场排查。大家共同诊断分析研判，采用市场上最先进的网络信息诊断系统对所有业务系统逐个排查，从下午 2 点忙到第二天凌晨，终于发现问题，并提出解决方案，从北京返回的视频画面实现了高清显示。十四运会期间，圆满地保障了多频次的天气会商和重大视频会议。

出色完成十四运会现场应急保障任务。在各类测试赛、正式比赛、开闭幕式活动现场，保障移动气象台的各类监测设备、信息传输的正常运行。我参加了秦岭高尔夫测试赛现场气象保障服务，为期四天。工作时间从早上 7:30 直至当天比赛结束，每天基本上要连续工作 13

个多小时。每天三餐基本上都在移动气象台吃盒饭，而且由于疫情防控，住宿地离比赛场地几十公里，中午停赛期间不方便回驻地休息，大家就继续留在移动气象台。现场每小时给预报员播报一次天气实况，随时与十四运气象台会商天气，给竞委会提供最贴心的气象服务。

最惊心动魄、最激动人心的莫属开幕式当天的气象保障服务。从凌晨4点起，国省市级气象人，齐聚在十四运气象台，各个紧张忙碌而有序地工作，监视着天气的瞬息变化，随时汇报天气形势。当习总书记宣布开幕时，从相控阵雷达云图上监测到西方大范围云团正在向奥体中心上空逼近，距离30公里、25公里，降雨时间1小时、半小时，云团的移动揪着所有人的心。此时，天气预报的"利器"就是今年建设的新型探测设备——双偏振相控阵天气雷达，所有人的眼睛都聚焦在雷达云图上。开幕式活动刚结束，雨来了，十四运气象台成了欢乐的海洋，精准预报、圆满服务，气象人再一次创造了经典和奇迹。

十四运会气象保障服务工作虽然结束了，其形成的宝贵经验和精神财富，将激励我们大家继续前进，取得更大的成绩！感谢大家的奉献，成就了事业，成就了团队，成就了自己！

（作者单位：西安市临潼区气象局）

记在十四运气象台当首席的日子

杨晓春

时间过得真快，眨眼间十四运会已经落下帷幕，但回想起来，赛前紧张的筹备、临近时流程地反复优化、开幕式惊心动魄的保障、主赛期中时大时小，时断时续的华西秋雨，还有凌晨的天气会商，反复琢磨修订的服务材料，数不清的电话、微信咨询，仍然历历在目。这许许多多的片段已经深深地印在脑海中，成为我人生经历的一部分，也让我再次成长。

2021 年已经是我成为西安市气象局首席预报员的第 6 个年头了，按道理已经完全摆脱了新上岗时的惶恐与稚嫩，但是随着十四运会的到来，我又重新经历了很多第一次，重新感受了成长的压力与喜悦。

6 月 7 日是十四运会开幕倒计时 100 天，奥体中心要开展大型的庆祝活动。前一天的下午，我接到需要在全国会商中发言的通知，这是所有地市级预报员所没有的经历，对我而言也是一次全新的挑战。其实，第二天的天气不复杂，活动时段以晴到多云为主，但即便这样，短短 3 分钟发言的 10 页 PPT，也花费了我很大的精力去准备。前一天下午到晚上，我收集、挑选北京市气象台、陕西省气象台首席在大型活动保障中的优秀会商 PPT，仔细研究了他们发言的逻辑和内容，认真厘清本次发言的重点和展示内容，建立了发言的模板。第二天早上 5 点钟，我又赶到办公室，分析最新的预报资料，完善发言 PPT，随后的时间里不断反复地演练发言内容。终于顺利完成了中国气象局的会商发言，李局长及时送来了鼓励："晓春，就是要不断挑战自己才能成长，继续加油！"

9月16日，十四运会的火炬传递开始了，随之而来的是越来越多在不同城市举办的赛事。在今年华西秋雨异常偏早偏多的情形下，每一项赛事和活动都离不开气象的保障，十四运气象台的首席需要肩负起与各个地市气象台会商天气的任务。这对其他首席来说可能是轻车熟路，但对于我这个土生土长的西安市气象局预报员来说又是一项挑战。我缺乏分析全省天气的思维方法和经验，也没有主持全省会商的经历。任务当前，我只能不断挑战自己，用更多的时间和精力去调整预报思路、分析模式资料，检验当地的预报效果，模仿其他首席的会商主持。在一场接着一场的天气会商中，我逐渐感觉到了自己的成长和熟练。最终，9月15日开幕式当日，作为值班首席，顶着巨大的压力，我完成了早上的会商任务。

十四运会对于赛场上的运动员来说是一次挑战自我、不断进步、刷新纪录的难得机会，对于承担气象保障任务的一员同样也是如此。盛会过后，留在心中、印在脑海的成长经历就是我们的奖牌。

（作者单位：西安市气象局）

我的故事我的城　盛世全运谱华章

王　登

  2021 年 9 月中旬，相约西安，筑梦全运，全民全运，同心同行。全国最高水平的综合性运动会首次在我国中西部地区举办，也是全运会和残特奥会首次同年同地举办。来自全国各地的代表团和嘉宾齐聚陕西，共享盛会。这是陕西和全国各族人民一起奋力谱写新篇章追赶超越新时代的生动实践，更是彰显中国人积极向上、团结奋进的难得机会。

  9 月 27 日晚，万众瞩目的第十四届全运盛会在古城西安落下帷幕。伴随着吉祥物朱朱在西安奥体中心体育馆扑灭圣火，此次盛会总算画上了完美的句号。

  十四运会和残特奥会气象台全体成员从 2020 年 9 月开始，历时一年的筹备和努力工作，完成了测试赛、正式赛和各项重大活动的气象保障服务工作。何其有幸，生于华夏里，长于红旗下，见证百年。更幸运的是，我被借调到十四运气象台，自始至终为十四运盛会做气象保障服务工作，全身心参与到十四运会的工作中去。我们认真编制十四运气象台各项流程制度，为各项赛事制作气象服务专报，跟随应急车为各项重大活动和户外赛事做现场保障服务工作。

  正因为全程参与，才更加激动而自豪。我还清楚地记着 9 月 15 日晚上，大家齐聚业务大楼 9 楼平台，收看在西安奥体中心体育场的开幕式。那时的开幕式现场，千万红霞汇聚于场内那面巨大的五星红旗，华丽而盛大的表演结束后，奥运冠军用采自延安宝塔山下的火焰点燃了圣火，将气氛推向了高潮。那一刻，我才真正地感受到人民有信仰，民族有希望，国家有力量。那象征着更高、更快、更强的奥林匹克精神和实事求是、解放思想的延安精神正是我们新一代气象人所不断追求的工匠精神。更令人欣慰的是，雨点踩着结束的时间悄然而至。夜已深，人更有梦。

这一年多在十四运气象台所经历的一切，必将成为我人生中宝贵的精神财富。我们要将这种勇于攀登、努力拼搏的精神用在以后的工作生活中，为气象事业的宏伟蓝图留下自己的笔墨。

（作者单位：商洛市气象局）

我和十四运

杜萌萌

2021年9月27日，万众瞩目的第十四届全国运动会圆满落幕。我除了参与西安首站火炬传递外，还以十四运会和残特奥会预报服务中心的预报员为全运会提供气象保障服务。有幸能以两种不同的身份参与这场体育盛事，我感觉无比骄傲和自豪。回顾全运会，有汗水、有喜悦，更有抹不去的记忆。

回想起当日在火炬手投放车中的紧张心情、火炬传递路线两侧市民的热情与喝彩，我仍感觉热血沸腾。8月16日，十四运会和残特奥会首站火炬传递活动从西安开启，从火炬传递点火起跑仪式开始，大家就在火炬手投放车中通过直播实时关注活动进展，当奥运冠军秦凯高举"旗帜"火炬，缓缓跑下仪式台，车内气氛热烈高涨。随着火炬手投放车离自己的传递点越来越近，我的心情也紧张了起来。看着火炬传递路线两侧热情的市民，我在心里对自己说一定要把气象人最好的精神面貌展现出来。下车以后，大家以掌声与喝彩为我加油助威，还有不少人用手机记录现场，我一下子就被这种热烈的氛围所感染，紧张感也随之消失，在加油呐喊声中顺利地完成了火炬传递。

火炬传递活动的成功是众多人全力护航的结果。受疫情影响，参与火炬传递的火炬手需要隔离48小时，进行集中管理，并在8月15日进行火炬传递全流程实地演练。期间，我们可以看到，十四运会和残特奥会组委会的相关负责同志、公安交警、医务人员、志愿者等的辛劳和付出，然而在看不到的地方，同样有人在为火炬传递活动保驾护航，这其中就有我们气象人的身影。前方移动气象保障车在现场开展加密观测，后方的业务人员结合实况信息滚动更新天气预报信息，并针对火炬传递活动给出天气提示，"预计未来两小时内，西安永宁门到丹凤门所在区域阴天间多云，气温 26℃ 至 27℃，适宜火炬传递"。精准及时的气象服务为火炬传递工作提供了重要保障。

我最早开始参与十四运会的相关工作是在 2021 年的 4 月，为全面提升十四运会气象保障服务能力和水平，加强需求对接，先后两次赴秦岭高尔夫球场和西安体育学院鄠邑校区的"四场一馆"进行实地调研，并与高尔夫球和棒球项目竞委会场地环境处对接气象保障服务需求。8 月，我被借调至十四运气象台预报服务中心，为各项赛事和重大活动提供预报服务。9 月，随着赛事活动的逐渐展开，工作也忙碌起来，常常是清晨就开始为当天进行的赛事制作专题预报，一天的赛事保障结束就到了晚上，然而服务十四运会的自豪感常常让我忘了疲累与辛苦。9 月 15 日晚，万众瞩目的第十四届全国运动会开幕式在西安圆满结束。这天，凌晨 4 点我就开始进入工作状态，在加密天气会商结束后，第一时间制作出最新的开幕式当天逐小时预报产品。由于天气形势复杂，保障服务难度大、要求高、任务重，我在连续值守 24 小时的情况下，放弃休息时间，继续坚守在平台，参与加密观测和滚动预报。21 时 50 分，活动顺利结束，开幕式气象保障服务圆满成功，那一刻我觉得一切辛苦都值得。

在参与十四运会气象保障的一个多月时间内，我们先后为火炬传递、开幕式分篇章彩排、开（闭）幕式保障、重大活动和赛事提供预报服务，共发布各种专题预报百余期，参与完成的第十四届全国运动会开幕式期间气候特征分析以及开幕式期间天气的材料以重大气象信息专报方式报送给十四运会组委会、陕西省委省政府，为政府决策和各项赛事活动的顺利进行提供保障。

尽管十四运会结束了，但认真贯彻习近平总书记关于防汛救灾工作的重要指示精神，坚持人民至上、生命至上，对标监测精密、预报精准、服务精细要求，我们依然在路上。我要以火炬传递和十四运会气象保障为起点，以更加昂扬的斗志、更加振奋的精神，投入到以后的工作中去，弘扬"准确、及时、创新、奉献"的气象精神，在本职岗位上做出更大的成绩，让自己的生活走向新的征程。

（作者单位：西安市气象局）

智慧气象　精彩全运

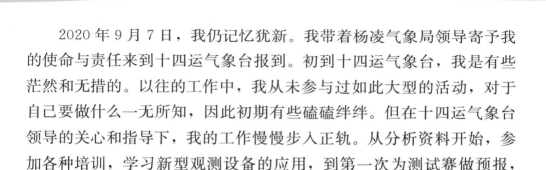

李　萌

　　2020 年 9 月 7 日，我仍记忆犹新。我带着杨凌气象局领导寄予我的使命与责任来到十四运气象台报到。初到十四运气象台，我是有些茫然和无措的。以往的工作中，我从未参与过如此大型的活动，对于自己要做什么一无所知，因此初期有些磕磕绊绊。但在十四运气象台领导的关心和指导下，我的工作慢慢步入正轨。从分析资料开始，参加各种培训，学习新型观测设备的应用，到第一次为测试赛做预报，进行不断的检验，为十四运会比赛打下基础，直到十四运会的圆满结束。

　　2021 年 3 月，测试赛开始了，我们预报服务中心开始一点一点地做预报，一点一点地检验自己的预报成果，发现预报有偏差时，及时总结，及时更正预报，努力为测试赛做好气象预报服务，只为更好地服务十四运会。

　　从 8 月开始，我们工作变得更加繁忙了，一边为火炬传递和开幕式等重大活动做着预报，一边在为提前开始的比赛做着预报，经常有一种今夕何夕的感觉。虽然忙忙碌碌地让人忘记今天是周几，但自己为一场场比赛保驾护航，内心无比充实。

　　犹记得 9 月 15 日开幕式当天，前一天中国气象局余勇副局长已抵达西安。15 日凌晨 4 点钟，各位领导和首席及值班人员已经齐聚十四运会平台，中国气象局余勇副局长跟陕西省气象局丁传群局长坐镇十四运会平台，与中国气象局、省局视频连线会商开幕式当天的天气情况。当天晚上，全体十四运气象台人员一起观看十四运会开幕式，当习近平总书记宣布中华人民共和国第十四届运动会现在开幕时，我们所有人鼓起了掌，那一刻让我有种虽然人没法去现场，但心一直与十四运会同在的感觉。开幕式在 21 点 40 分圆满结束了，雨在 21 点五十几分才倾盆而下。当看到在我们气象部门的共同努力下，开幕式圆满成功，保障雨没有在开幕式期间下起来，那一刻自豪感油然而生，让我想向给身边的所有人"炫耀"我们气象部门在这场盛会上的努力。虽然回到家已经晚上 11 点了，但我激动的心却没法平静下来，我告诉自己赛事还在继续，明天又有新的任务在等着你，你还需要继续加加油。

9 月 27 日闭幕式到来的那天，我告诉自己再加把劲，离成功只剩最后一天了，现在还不能松劲，不能在最后关头掉链子。当天大家都鼓足干劲让闭幕式活动也圆满完成。闭幕式结束后，大家脸上都洋溢着幸福的笑容，只有我们自己知道我们付出了多少辛苦，花费了多少心血，才全力保障了这次十四运会的圆满成功，但一切都是值得的，一切的付出都得到了回报。

十四运会从开幕式到闭幕式只有短短 13 天，但我们已经在十四运气象台扎根一年了。在这一年中，我不停地学习，不断地努力，不断在拼搏，不断充实完善自己的业务能力。虽然我可能不是最优秀的，但我一直在努力向前，努力追上优秀同事的脚步，努力让自己变得更好。

（作者单位：杨凌气象局）

我与"十四运"相约西安

王　琳

1. 你好，十四运会！

2020年9月接到陕西省气象局十四运办的借调通知时，我的内心充满了激动和忐忑，激动的是我有幸与"十四运"相约西安，忐忑的是我作为一个气象预报的新手，担心自己不能胜任如此神圣而又光荣的任务。我来到西安市气象局十四运气象台后发现，将与我并肩作战的还有9位来自不同市气象局选派来的专业骨干，初来时的忐忑不安瞬间消失，只剩激动的心和满怀的热情投入到工作中去。

2. 我准备好了，十四运会！

初到十四运气象台，我们便被召集在一起进行了几轮岗前培训，对相关工作制度、工作流程以及各类气象预报服务系统有了深刻的认识，学习《十四运会和残特奥会西安赛区气象保障服务总体方案》，《十四运会和残特奥会高影响天气应急预案》等方案和应急预案，使我深刻地意识到自己肩负的重任。我在心里暗下决心，一定要为十四运会圆满举办做好保驾护航工作。从2021年3月起，我们便开始给各类比赛的测试赛进行气象服务，为后续正式比赛的气象服务积累经验。比如，马术比赛场地不仅要预报气温、空气湿度、风速，还要预报暑热压力指数，如暑热压力指数超过35℃，则会对比赛造成一定影响；沙滩排球比赛期间不仅要监测比赛场地的温度、湿度、风速，还要监测沙温，沙温达到45℃及以上时，运动员光脚踩上去就会烫脚，此时我们会及时给竞委会发布赛场实况和预报，提醒他们采取相应措施，及时调整运动员的身体状况。在赛事进行期间如遇到突发天气状况，我们会及时发布高影响天气，提醒竞委会采取相应措施，保证赛事正常进行。总之在每项测试赛的气象服务中我们争取做到监测精密、预报精准、服务精细，为十四运会的正式气象服务工作做好充分的准备。

3. 加油，十四运会！

9月15日，十四运会开幕式在西安奥体中心体育场圆满举行，经过一年来的不懈努力和精心准备，我们终于顺利地进入了"考场"。9月15至27日，也就是十四运会举办期间，我和同事们24小时轮流值班，日夜奋战在一线。每天除了制作各项赛事的常规预报，还发布了多期高影响天气预报，及时提醒赛事指挥部门搭建雨棚、准备雨具或调整比赛时间。特别是高尔夫球这种户外比赛，受天气因素影响较大，为了赛事的顺利进行，从9月9到17日，我们每天滚动发布未来七天逐日天气预报、未来三天逐12小时天气预报，包括天气现象、温度、湿度、降水量、风向风速等要素预报。这些气象预报产品通过气象志愿者送达、电子显示屏投放、大喇叭语音播报、微信群转发等形式，多方面、全方位地为赛事做好气象保障服务。

这届以"全民全运，同心同行"为主题的体育盛事会于9月27日落下了帷幕。赛事有期，梦想无尽，在接下来的残特奥会气象服务中，我依旧会用饱满的热情迎接每一份工作。我们将以十四运会的拼搏精神为契机，努力工作，快乐锻炼，为实现气象强国的梦想而奋斗。

（作者单位：铜川市气象局）

我和十四运的故事——气象人的精神

董立凡

2021年9月15日20时40分，西安奥体中心体育场，习近平总书记用洪亮的声音宣布："中华人民共和国第十四届运动会开幕！"顿时，全场沸腾，掌声、欢呼声经久不息。在一个多小时的文艺会演后，第十四届全运会开幕式在主题歌《跨越》掀起的热烈气氛中圆满结束。

在这场精彩圆满开幕式的幕后，是一整支举全省之力、集各方之智的气象保障服务队伍。当象征着光明、勇气、团结和友谊的圣火熊熊燃起的那一刻，这支队伍克服重重考验，以出色的气象保障服务向党和人民交出了一份优异答卷。而我作为一名亲历者、参与者、见证者，感到无限光荣，与有荣焉。

将时针拨回九月之初，我们很难预料，开幕式当天会面临如此复杂、如此多变又如此艰巨的"大考"。8月23日，陕西南部进入秋雨季，较常年偏早了17天，在天气复杂多变的主汛期举办如此重大的活动，给予了气象保障服务极大的压力。副热带高压如同顽皮的少年，好动多变，定点、定时的精准预报，极其困难。

9月14日下午，经与中国气象局会商，15日夜间西安将开始一次连阴雨天气，而开幕式期间以阵雨为主，对开幕式活动影响不大。正当大家松了一口气时，14日夜间最新天气形势更新，副高位置突变，降水将有所提前可能会对开幕式造成影响，所有人放下的心又再一次悬了起来。气象人开始了逐小时的加密观测，并针对开幕式期间天气与中央气象台开始加密会商。

10月15日16时，距离开幕式还有4个小时，西安奥体中心上空一片宁静，但一夜未眠的气象人精神却高度紧张，一个稳定性的降水云团已经如约在西安西南部出现，正缓慢向西安靠近。

泰山压顶，必有铁肩担万钧。关键时刻，向科技要答案，向技术要方法。中国气象局提供的高分辨率风云四号监测信息捕捉高空的风云变化；覆盖在西安奥体中心的相控阵雷达等高精尖设备监测数据的瞬息万变；陕西省气象局自主开发的业务平台提供精细的技术支撑；人工影响天气作业在陕西省上空翻云覆雨。大家顶住了压力科学判断，果然，开幕式结束仅仅十分钟左右，西安奥体中心大雨如注。"圆满成功！"第十四届全运会开幕式气象保障服务的最关键一仗，打赢了。当开幕式活动气象保障服务画上完美句号时，每一个亲历其中的气象人给予了自己最热烈的掌声，这掌声也是对气象人践行气象精神、全力拼搏奋斗的肯定。

凡是过往，皆为序章。气象人过去一年的种种奋斗，如同随风飘落的红花，一一被化作春泥，培育着气象精神这朵鲜花，传承着气象人勇挑重担的光荣传统。

（作者单位：咸阳市气象局）

我和"十四运"有个约定

贺　瑶

　　2015 年，陕西省申办十四运会成功，当时的我还正在读研。那时就想，全运会首次在家乡召开，我会不会参与其中。六年后的 9 月，我已经作为十四运会和残特奥会气象台的一员，圆满完成十四运会的气象保障工作，正整装待发，准备投入到残特奥会的保障工作中去。原来冥冥之中，我与"十四运"有个约定。

　　如果问我，保障十四运会最大的感受是什么？我要说，我骄傲，我是预报员；我骄傲，十四运会在陕西圆满闭幕！

　　是的，我骄傲！因为十四运会气象保障工作圆满成功。2021 的十四运会，面对了极端的降水量，面对了超长待机的秋汛期。十三天的赛程中有十天出现降雨，降雨量历届最多，服务难度空前，服务压力巨大。还记得 9 月 15 开幕式当天，当全场观众都在为全运会圣火点燃而欢呼时，十四运气象台的我们却揪着一颗心，因为一波云团正自西向东向西安压来。它是否会影响这场万众瞩目的盛会？业务平台正紧张有序地开展保障工作：密切监视云团发展变化，细致剖析云团内部结构，反复核对开幕式现场实况。我们，就要做这场盛会的隐形"守护者"。随着开幕式的圆满落幕，奋战多日的十四运气象台终于爆发出了热烈的掌声和欢呼。

　　是的，我骄傲！因为我背靠一个强大的团体。十四运气象台成立之初，从全省各地市抽调了业务人员，大家迅速在西安集结，以最快的速度进入工作状态，适应新的岗位，肩负起全运会气象保障服务的重任。作为一名预报员，我的工作就是在小小的气象平台前分析赛事场馆所在区域的数据资料。一份完整成熟的预报能够服务出去，离不开其他岗位的有机联动，离不开十四运气象台的高效运转。十四运气象台全体人员，用实际行动奏响了一首乐于奉献、连续作战、不怕困难、艰苦奋斗的乐曲。正是由于十四运气象台提供准确及时的天气预报信息，相继争取了延安圣火采集仪式、西咸新区火炬传递、高尔夫球正式赛、小轮车正式赛等户外赛事的窗口期，赛事方提前做好了相关工作，取得顺利完赛的胜利！

是的，我骄傲！因为我正经历气象事业的大步前进。微波辐射计、相控阵雷达、激光测风雷达、暑热压力检测仪、大气电场仪、闪电定位仪、沙温水温指数、分钟级降水预报等，乘着十四运会的东风依次登场。新型设备、新型资料，精密的站网建设，不断发展的气象科技，正将气象信息多层次、多角度地服务于十四运会用户。十四运会的举办，提升了气象科技水平，推进了更高水平气象现代化，成为气象高质量发展的"助推器"。

虽然十四运会气象保障工作落下帷幕，但属于我们的气象工作并没有结束。气象工作是一项很平凡的工作，但是在平凡的工作中成就不平凡的事业，就得需要良好的职业道德情操、过硬的业务技术、坚韧无比的毅力、吃苦耐劳的精神！"观云测天为人民"，我愿继续用我活泼跳跃的热情，坚定我为气象事业倾注一腔热血的初衷！

（作者单位：宝鸡市气象局）

凝聚心力　记录成长

李玉婷

2021年9月15日的西安奥体中心全国瞩目、绚丽多彩，第十四届全国运动会开幕式正在体育场内有序进行中，而那天也是我在十四运气象台进行气象保障最重要的一天。

2020年9月14日，随着十四运气象台的组建与成立，我非常有幸且光荣地成为十四运气象台预报服务中心的一名预报员。十四运气象台成立初期，学习、培训成为我最主要的工作。重大活动气象保障讲座、新型探测资料应用培训班、高影响天气预报预警服务，多样化的信息接踵而至，在很短的时间内，我们快速成长，逐渐担起十四运会气象保障服务这面大旗。慢慢地，我们转换了常规预报业务思路，向要求更高、难度更大的体育赛事、重大活动气象保障转变，定时、定点、定量的精细化预报服务成为新要求、新挑战。

2021年3月开始，十四运会测试赛陆续开展，关于赛事的保障工作也开始练兵。我们调研各个比赛场地/场馆，与赛事相关的竞委会、执委会协调对接需求，明确气象保障的服务方式、服务时间、服务内容与服务对象，紧跟测试赛赛程，根据需求进行跟进式服务，圆满完成了每一场测试赛的保障工作。从最开始一片空白，到最后写满每日值班记录本，我想，每一份预报，每一次会商，每一次培训，每一天复盘，每一份总结，都凝聚了我们的全部心力，记录我们了的成长与成熟，也记录了十四运气象台这个朝气蓬勃、满心拼搏、充满凝聚力的集体斗志昂扬，准备接受实战的勇气与决心。

从 7 月开始，圣火采集仪式活动、火炬起跑仪式活动、火炬传递等重大活动稳步进行，气象保障工作却经历了跌宕起伏的纠结与担心。圣火采集仪式在延安宝塔山举行，活动当天延安有对流性天气，十四会气象台提前预报，精准服务，根据天气情况提出建议。组委会将活动开始时间提前半小时，10 点之前所有活动结束。活动结束之后，现场出现了一次明显的强对流天气过程，尽管预报精准，服务精细，圆满完成了保障任务，但我们不敢有丝毫松懈，以最快的速度投入复盘分析总结，寻找服务缺口，为后续的重大活动，为开闭幕式气象保障积累经验。8 月中下旬到 9 月，陕西迎来了秋汛，降雨频繁，暴雨频发，造成的山洪地质灾害也一次多过一次。而此时正是全省十四运会火炬传递的主要时间，我们迎来了一次巨大的挑战。于是加密会商、视频连线成为工作常态，十四运气象台的值班员，有条不紊地进行各项工作，提供定量的精细化预报、滚动的逐小时预报服务，建议组委会抓紧降雨间歇，开展火炬传递工作，圆满地完成了火炬传递气象保障任务。

看着开幕式倒计时的时间从几百天到几天，我的内心既激动又焦灼。激动的是，能在建党百年参加全国最大的体育盛会，并成为气象保障的小小一员，我感到自豪且光荣。焦灼的是，开幕式的当天有一次明显的降水天气将会影响奥体中心，气象保障服务迎来了最大、最艰难的挑战。开幕式前，十四运气象台提前 3 天进入了特别工作状态，所有值班员 24 小时在班在岗，严阵以待，迎接十四运会最重大的气象保障活动。9 月 15 日清晨 4 点 30 分，业务平台灯火通明，业务人员正在紧锣密鼓地进行加密会商，中国气象局首席、人工影响天气中心、国家卫星气象中心以及陕西省气象台、十四运气象台先后分析了活动现场的天气预报，进行综合研判后确定了预报结论，15 日夜间 9 点开始西安奥体中心有降水天气过程，对开幕式表演、观众入（离）场、交通等具有较大影响。气象台内气氛异常紧张和严肃，一场雨水天气正在悄然靠近奥体中心，逐渐逼近开幕式现场，一份份逐小时滚动预报，针对观众、交通、决策、公众的气象服务专报发向组委会、执委会。十四运气象台人头攒动，预报人员实时监测雷达、卫星云图，滚动更新最新预报信息；现场服务人员实时反馈；保障人员监控设备运行情况，保障会商系统，一切井然有序。

　　我想，十四运会不仅是全国运动员的十四运会，更是我们每个人的十四运会，现在的我们都为此努力，倾注全部心血，希望做到最好，希望气象保障精彩圆满，希望开幕式精彩圆满。一年多的工作与生活，让我收获良多，我坚信在建党百年的伟大征程上，我们定会搭上全民全运勇敢拼搏、坚持不懈的快车，同心同行，走向下一个百年。

（作者单位：安康市气象局）

我和十四运　2021年不一样的9月

金丽娜

2021年9月是不一样的9月。9月15日，第十四届全国运动会在西安奥体中心体育场开幕，开幕式空前盛大。不巧的是，当天晚上正好有一个较大范围的天气过程，但在全国各级气象部门的共同努力下，保障了开幕式的正常进行。

9月15日至27日，十四运会的各项赛事集中进行着，但今年的9月，降水异常偏多，西安市9月平均降水量347.1毫米，与常年同期（1991—2020年30年平均值）相比偏多2.3倍，是1961年以来历史同期第一多值年。

虽然早在半年多前，我们已经做了充分的准备，撰写并出版了《十四运会和残运会期间西安赛区气象条件及气象风险分析报告》，并在9月初完成了《第十四届全国运动会开幕式期间气候特征分析》，针对降水情况制作了《关于西安奥体中心9月气候特征及十四运会开幕式期间降雨漂移分析的报告》。但早来的秋淋天气加大了气象服务工作的难度，各项比赛对气象预报和服务的要求无形中也提高了很多。好事多磨，经过气象人上下共同的努力，我们圆满地完成了这一项已经筹备一年多的气象保障服务工作。

作为十四运气象台场馆服务中心的一分子，我很荣幸地参与了整个十四运会的气象保障服务工作，包括各项分析报告的撰写，赛事赛会的场馆服务及重大活动决策和咨询气象服务，为火炬传递、开闭幕式、赛事赛会以及社会公众的气象服务把关，进驻赛会赛事及专项活动现场开展决策服务，对场馆服务、公众和媒体服务产品审核把关，进行重大活动及赛事服务总结及效益评估等。

虽然累，但快乐着！虽然忙，但充实着！十四运会期间，不管是气象预报人员，还是场馆服务人员，大家基本都是早上五六点起床，晚上十一二点才睡觉。这段经历虽然短暂，但却是我人生中的一笔宝贵财富。其中印象最深刻的是十四运会篮球比赛场馆的现场服务工作，比赛场馆里各个岗位的工作人员各司其职，井然有序，我们现场服务人员与大后方保障人员紧密联系，播报实况天气。

当闭幕式结束时，我的心情无比澎湃，感觉一切都值得了。我想这是作为一名中国人、一名陕西人、一名西安人的幸福感。最后，我想说的是，十四运会，我经历过，努力过，学习过，相信自己会越变越好！

（作者单位：西安市气象局）

不忘初心　砥砺前行　匠心筑梦　再启新程

高雪娇

在会歌《追着未来出发》的乐曲声中，第十四届全运会会旗缓缓落下，燃烧了 13 天的主火炬渐渐熄灭。气象部门齐心协力，汇全国之智、举部门之力为十四运会"精彩、圆满"地提供了高质量气象保障服务，圆满完成保障任务。

不忘初心，不负韶华。十四运会标准高、范围广、规模大，各赛区天气气候差异大，比赛项目高影响天气种类多，做好气象保障服务极具挑战。2020 年 9 月，陕西省气象局组建十四运会和残特奥会气象台，各方人员在西安集结组成气象保障精锐力量，以高昂的斗志、饱满的状态做好迎战准备。对标"监测精密、预报精准、服务精细"，以时不我待、只争朝夕的劲头，践行气象初心，全力以赴为十四运会提供高质量气象服务。

我作为十四运会和残特奥会气象台场馆服务中心工作人员，与中心各位同志尽快适应新的工作岗位，团结协作，同心同行，在各自的岗位上履行职责、贡献力量。

精心服务，砥砺前行。每一份服务材料、每一个服务产品、每一句温馨提示、每一条风险建议，都汇聚了气象智慧，彰显了气象责任。

精心设计，场馆气象服务产品各具特色。比赛场馆、场地电子屏是现场实时画面转播和各类信息展示的首要载体，通过电子屏滚动播放监测实况及天气预报，可以让比赛现场工作人员、运动员、观众及媒体在第一时间获取最为可靠的天气预报，全方位满足比赛和观赛需求。为了确保最佳显示效果，产品以图片形式进行制作，设计产品时增加场馆和项目元素，充分展示了各大场馆场地人文特色，体现不同竞技体育项目特点。在直观显示天气信息的基础上，场馆专题图片产品还展现出艺术体操的轻盈优美、田径及球类等力量型对抗性运动的激烈，使严谨的天气预报数字信息更有"温度"，能读得懂、用得上。

团结协作，赛事现场服务开展高效。十四运会和残特奥会气象台各部门紧密协作、相互配合，心往一处想，劲往一处使，扎扎实实履行各自职责，高效开展赛事保障服务。其中，现场保障是赛事全流程服务的重要一环，在十四运会和残特奥会气象台预报服务中心为竞委会提供专题预报产品的基础上，场馆服务中心派出工作人员开赴比赛现场，后方服务人员与现场保障人员全力配合打好"前店后厂"组合拳。遇有降雨、高温、大风等高影响天气时，移动气象台和现场保障人员与竞委会沟通赛事进展情况，明晰准确服务需求，同时利用便携式气象站开展实时加密观测；预报服务中心根据各类监测数据及现场反馈，滚动更新临近预报。现场保障人员通过与竞委会"面对面"沟通交流，解答其高度关注的影响赛事筹备组织、人员进场散场及赛事进行的各类高影响天气，实时通报天气实况，结合高影响天气指标及时分析评估各类风险并提出相应建议，向竞委会工作人员介绍讲解"全运·追天气"APP及微信小程序中实况监测、预报预警及自动告警提醒，确保竞委会掌握的动态天气信息来源可靠、准确精细。

科学严谨，彰显气象创新科技力量。陕西省气象部门针对十四运会建立了高密度、立体化、综合性的气象观测网络和多要素、全时效、精细化的气象预报服务系统，相控阵雷达、激光测风雷达、大气电场仪、沙温监测仪、暑热压力仪等新型探测装备在赛事保障中发挥了至关重要的作用，与十四运会监测、预报、服务三大系统共同组成了预报服务的"百宝箱"，是开展精细预报和跟踪服务的有力判据，更是预报服务人员在参考数值预报的前提下，敢于发挥主观能动性精益求精的"强心剂"。尤其是高尔夫这项户外运动，在开阔的球场遇有雷雨天气时，挥着金属球杆的运动员形成一个制高点，极易遭受雷击。其社会关注度高、保障要求高，测试赛和正赛期间恰逢降雨天气，气象保障面临严峻考验，赛事是否受到雷电影响是首要回答的问题。高尔夫球场大气电场仪按照分钟级加密观测运行，一体化智慧气象服务系统同步绘制出最新动态曲线，根据波动频率和幅度研判场地及附近区域出现雷电的可能性及强度，按照"早、准、快、精"服务目标，及时做出雷电预报预警供竞委会统筹安排，针对高尔夫的专项雷电监测预警服务切实保障了赛事安全举行。

感恩新时代，奋进新征程。十四运会是历届全运会降雨时间最长，降水强度最大的一届运动会。从圣火采集，到火炬传递，再到开闭幕式及各项赛场、赛事服务，雨水频繁考验着广大的气象工作者。十四运会气象保障服务的时时刻刻、点点滴滴都融入了气象人高度的责任感和使命感，在圆满完成了气象保障任务的同时，也生动诠释了"准确、及时、创新、奉献"的气象精神，展现了"精彩十四运，智慧新气象"的气象服务理念。十四运会精彩圆满闭幕，但气象服务永不落幕。在新的时代、新的征程，气象工作者也将步履坚定，砥砺前行，以更高的广度、深度和精度不断融入社会发展与服务人民中去。

（作者单位：榆林市气象局）

风雨兼程共奋进　携手服务十四运

曹雪梅

2021 年 9 月，全国瞩目陕西，在这里，我们举办了第十四届全国运动会，这是一场绚丽的视觉盛宴，是一场激动人心的盛事，这也是全运会首次走进中西部地区。我们所有陕西气象人用自己执着和追求卓越的精神化为前进的动力为全运护航。

2020 年 9 月，十四运会和残特奥会气象台刚刚成立，从陕西省各地市抽调了业务人员，仅仅两天时间，所有抽调人员就在西安完成集结，大家以最快的速度融入新的集体，适应新的岗位，肩负起全运会气象保障服务的重任。

十四运气象台是一支年轻的队伍，但我们也是一支充满担当的队伍，我们都格外热爱这个岗位，日夜兼程，尽心竭力，克服恶劣天气带来的一切不利影响，一丝不苟地做好各项业务工作，为各级政府和人民群众提供优质的全运会气象服务，彰显了陕西气象人坚强勇敢、爱岗敬业、顽强拼搏、无私奉献的崭新形象。

全运会倒计时 1 周年、倒计时 200 天、倒计时 100 天、圣火采集、火炬传递、开幕式、闭幕式等重大活动气象保障服务中，我们进入特别工作状态，24 小时值守，密切关注天气形势的发展变化，确保气象服务任务圆满完成。

2021 年 3 月，全运会测试赛项目陆续展开，十四运气象台以实战要求、正式赛流程开展各项服务，主动加强了对外服务的频度和级别。

我所在的场馆服务中心，承担着西安赛区各赛场（馆）现场气象保障服务的任务。每项测试赛开赛前，我们都亲赴现场，与各竞委会工作人员进行沟通交流，游泳、篮球、现代五项、排球、田径、高尔夫等多个项目的现场对接，深入了解气象服务需求。我们经历了从无到有、从有到精的过程，在对接、服务、复盘的闭环中，不断理清思路、完善流程、改进措施，形成了快速响应的现场气象服务机制，使智能监测、智慧预报、精细服务在保障赛事服务中充分发挥效益。

7月，全运会首场比赛正式拉开大幕，十四运气象台以"准确、及时、创新、奉献"的气象精神和"早、准、快、广、实"的服务要求，严密监测天气、及时精准预报预警、用心用情提供服务，精益求精保障赛事活动全流程，确保十四运会气象保障服务做到"监测精密、预报精准、服务精细"。

8月下旬，随着华西秋雨期的到来，陕西进入连续性暴雨多发期，恰逢十四运会开幕式彩排及各项赛事进行中，十四运气象台全员坚守一线，分别在各自工作岗位上忙碌着，有的时候忙起来只能在办公桌前趴一会，有的同事一整天下来也只能在椅子上将就休息两三个小时。凌晨4点天气会商，5点开始制作发布当天赛事逐小时预报，现场服务人员提前入驻比赛现场，比赛期间逐半小时提供赛场实况及预报信息……我们为十四运会提供了最优质的气象保障服务。与此同时，全省多名首席专家共同参与到十四运气象台首席值班工作中来，为十四运气象台的预报预警、现场服务、决策服务等把关。

9月15日晚，十四运会开幕式在西安圆满结束。开幕式结束后，伴随着那场让气象人揪心几天的雨的落下，整个十四运气象台爆发出了热烈的掌声和欢呼。有人眼圈红了、眼睛湿了，疲惫从一张张脸上透了出来，大家说得最多的一句话就是"想好好睡一觉"。有人在欢呼声中默默退场，因为家里还有等着妈妈哄睡的宝贝。陕西气象人的努力，在跌宕起伏的开幕式气象保障工作中，经受住了考验。

十四运这场盛会给了气象人展现自我的舞台，更是给了我们不断进步的动力，全运会气象服务的一系列经验和成果，为今后的气象保障服务工作提供了丰富的实战经验。

十四运会帷幕现已落下，但气象人没有休息日，"一年四季不放松，每一次天气过程不放过"是我们服务永恒的主题，"想为各级领导所想，急为人民群众所急"是我们服务的新思路，"以人为本，无微不至，无所不在"是我们服务的新理念。

（作者单位：延安市气象局）

"我们"的十四运

汪媛媛

2021 年 9 月 27 日，随着陕西西安奥体中心火炬塔逐渐熄灭，以"全民全运，同心同行"为主题的第十四届全国运动会精彩落幕。此时，西安市气象局十四运会和残特奥会气象台爆发出热烈的掌声，盯着大屏幕的一群人齐声欢呼，胜利的喜悦洋溢在每个人的脸上。此刻，身在其中的我，也不禁流下了激动的眼泪，因为这是甘甜的、幸福的泪花。冲刺阶段历经 48 个日日夜夜，我们圆满完成了重大赛事的气象保障服务，用实际行动向习近平总书记作出的"办一届精彩圆满的体育盛会"重要指示交上了一份满意的答卷。

据统计，十四运会赛事的 13 天中有 10 天降雨、5 天大雨，累计降雨量为历届之最。作为一名气象工作人员，如果要说对这届全运会的印象或者给出一个关键词，我觉得应该是"晴雨难测"或"降雨"，复杂多变的天气和频繁的降雨给气象保障服务带来巨大挑战。我时常思索，什么是气象人精神，如何弘扬气象人精神？为民管天，观云测雨，这样一项看似简单却意义重大的工作，我们气象人要把它提升到怎样的境界呢？带着这个疑惑，我们一起走进十四运会气象保障服务团队，听听他们背后那些太多不为人知但又不得不说的故事。

最强"夫妻档"——他在我也在

在十四运会气象保障服务团队中，有这样一对夫妻，丈夫潘留杰是十四运气象台副台长，妻子张宏芳是赛事指挥中心的气象服务首席，他们一个在台前一个在幕后，生活中同心工作上同行，他们不舍昼夜、忘我工作，只为共同服务保障好每一场赛事。开幕式当天，夫妻两人从凌晨 4 时一直工作到晚上 10 时，当提及 8 岁无人照看的儿子时，潘留杰忍不住红了眼睛，他最想做的就是赶紧给儿子买点饭回家，因为他还没吃饭。十四运会结束以后，他们最大的愿望就是带孩子出去坐飞机玩一趟，因为一句"爸爸带你坐飞机"这个最简单的承诺，潘留杰说了快三年，由于疫情和工作的原因，一直也没能实现。

我不知道像他们这样"夫妻搭档"的气象人还有多少，但是我知道云去风又起、未雨绸缪气象人是我们每个气象工作人员爱岗敬业、热忱服务、坚守初心、不忘使命的真实写照和日常缩影。从他们的身上我看到了气象人的奉献与担当。

最美"后厂人"——精细服务精彩

为了做好十四运会气象保障服务工作，陕西气象人已经奋战 700 多天。在整个十四运会气象保障服务工作中，陕西省气象局首创的"前店后厂"工作模式让服务保障更精细，指挥调度更有力，整体运行更高效。

胡江波，自去年十四运会和残特奥会气象台组建以来，几乎每天坚守在岗。为了能够更好地服务高尔夫比赛，9 月 11 日，他作为气象专家进驻高尔夫球场，开展为期 15 天的相关气象服务，为比赛成功举办提供第一手气象监测数据。"工作虽然辛苦，但当看到每场赛事都能顺利圆满结束的那一刻，成就感和满足感瞬间冲淡了疲惫，弥补了一切。"胡江波如是说，我知道这一切只因心中有梦，为了我们"监测精密、预报精准、服务精细"共同的目标。

两代"气象人"——在传承中发展

汪媛媛的父亲是一位老"气象人"，或许是因为耳濡目染，2011 年大学毕业后，她也选择了这个行业。作为陕西省气象服务中心的编导，她已经在气象局工作了 10 年。因为业务娴熟、认真负责，她有幸被抽调到十四运会和残特奥会气象台场馆服务中心，主要负责场馆服务产品制作、全省气象服务快报编写、现场大屏图片制作、每日工作复盘总结、向十四运会执委会网站微信群发布各类气象服务专报、现场气象保障服务等工作。无论是凌晨深夜的工作平台，还是下着大雨的赛事场地，到处都有她忙碌的声影。

在汪媛媛看来，自己是属于"承上启下"的那一代。几十年前，气象人缺技术、缺设备，依旧刻苦钻研，只为寻求突破。现如今，气象人则更追求更准确、更精细，只为及时、准确预报。正是因为一代又一代的"气象人"数十年如一日对日月风云的守望，才有了全运会精彩落幕，气象服务圆满收官。

除此之外，"精彩十四运，智慧新气象"的服务理念也融汇于开（闭）幕式和每场赛事活动，服务于城市安全运行和民众生活之中。智慧气象应运而生、应需而动，以十四运会和残特奥会追天气 APP、微型便携式智能自动气象站为代表的一系列科技创新和研发成果，在提升赛事服务智能化、个性化和精细化的同时，不断提升了气象保障综合服务能力。

十四运会已经圆满落幕，气象服务却从未停歇，我们十四运会气象保障服务团队未雨绸缪、攻坚克难、用心服务，又一次在复杂天气条件下经受住了重大活动的检验，圆满完成了党和国家交代的任务。我想大家和我一样，已经从"我们"的身上找到了想要的答案，不是每个人都拥有轰轰烈烈的事业，也不是每个职业都处在光环的照耀之下，但是能用心热爱自己看似平凡的事业，坚持不懈用心将它做得尽善尽美，这就是一个气象人对社会的无私奉献。我们也将继续传承好的经验做法，始终把"准确、及时、创新、奉献"的气象精神融入血脉，转化成推动气象高质量发展的强大动力，在全面建设社会主义现代化国家和气象强国新征程上全速奔跑。

（作者单位：陕西省气象服务中心）

十四运会开幕式奥体现场预报保障服务

刘　峰

2021 年 9 月 1 日上午 11 点左右，我接到赵荣处长的电话，让我参加十四运会开幕式现场保障服务。接到通知后，我立即与团队负责人白水成副主任联系，接下来就是做核酸、取封闭证件、整理工作所需的资料、收拾行李。下午 6 点核酸结果出来以后，现场保障工作小组成员收到工作群通告各自出发，去规定酒店进行封闭，保障十四运会开幕式现场气象服务。

封闭期间，我们乘坐酒店大巴前往奥体中心与组委会气象保障部进行工作对接，同时现场保障了 9 月 6 日、9 日各篇章的合成排练，10 日火炬传递收火仪式演练，11 日的带妆、带机、带观众全要素、全流程彩排，12 日火炬传递收火仪式，15 日的开幕式。

通过现场气象保障部（石明生副局长）不断与组委会相关部门工作组沟通联系，9 月 10 日下午移动气象车顺利进入奥体中心。现场工作人员架设便携式气象站，移动气象车搭建 5G 无线通信网络，打通服务现场与中国气象局、陕西省气象局、西安市气象局十四运气象台的视频会商系统，调取气象卫星资料、天气雷达资料、地面实况资料、数值预报产品等进行天气研判，密切监测奥体中心的天气变化，同时对现场天气实况进行反馈。

作为十四运气象台预报服务中心一员的我，密切关注开幕式当天的预报结论变化。自从移动气象车进入现场、设备调试正常、通信网络搭建完成后，每天 8 点收听中国气象局全国天气会商、10 点 30 分参加陕西省气象局全省天气会商，不定时参与十四运气象台组织的加密会商天气，认真听取并记录各级气象部门的会商意见，及时向移动气象台负责人汇报。

15 日开幕式当天，7 点从封闭酒店乘坐大巴前往奥体中心，在车上我和白主任讨论了开幕式当天的服务工作，决定每小时发一次实况天气，如遇天气变化，不定时发奥体中心实况。很快车就到达奥体中心北三门，大家快速走到安检口，都想着第一时间通过安检到达移动车上进行保障服务。通过安检到达移动车后，大家一起动手，调试设备，检查仪器，确保工作有序开展。在等待天气会商期间，白主任对当天的任务做了分工，我的工作任务主要是每小时实况天气的发布及通过业务系统密切监视奥体中心及周边天气变化及时反馈。8 点 40 分，十四运气象台组织的天气会商开始，我认真记录每家会商单位发言的预报结论。由于天气系统变化，降水提前，开幕式活动期间有降水，当时大家心情变得十分沉重，我也意识到当天天气复杂，必须做好现场实况服务，才能确保后台有准确的预报结论。我们时刻紧盯着雷达回波，14 点 58 分，奥体中心现场出现零星降雨，我们的心一下提到嗓子眼，担心降水提前，有可能影响观众入场及开幕式活动。我们迅速调取最新雷达回波仔细分析，通过分析预计降雨量不会加强，只是分散的回波影响，并立即向白主任汇报。9 点 50 分，开幕式活动刚结束，让整个现象保障团队揪心的雨从天而降，移动气象台内大家这才松了一口气，欢呼起来，鼓起了热烈的掌声。

十四运会开幕式活动圆满落下帷幕，有幸参与这么重要的现场气象保障服务，我们感到无比光荣和自豪，同时也感受到了气象人同心协力、精益求精、无私奉献的精神。

（作者单位：延安市气象局）

参与"十四运"气象应急保障工作的体会与启示

张颖梅

十四运会"落户"陕西,作为西安气象人,能有幸参与新中国成立以来西安最大规模的全国性赛事的气象应急保障工作,我倍感荣幸和自豪。回顾历时两年的努力,尤其是今年我们参与的开闭幕式应急气象保障工作,成为我人生难忘的美好回忆。

保障一场盛会,感受到了"一盘棋"思想的强大力量。所谓"一盘棋",就是统一领导、统一指挥下、统一行动,科学判断形势,坚定信心、明确责任,以高度的政治责任感和使命感,把措施办法落实到位,全力以赴拼搏。我们提前谋划,确立机构和人员,明确职责和任务,细化方案和流程,参与了多次应急演练。尤其是在 2021 年 9 月 3 — 16 日,我们进入十四运会开幕式气象保障服务工作状态,密切监控全省仪器设备运行,做好仪器设备抢修保障,做好跨省视频会议保障,做好探测数据实况采集传输……每日计划每日复盘总结,时时事事处处"满格电""在状态"。每个部位、每个"零件",都能牢固树立"一盘棋"思想,着眼大局、胸怀大局、服务大局,才会形成强大合力。

保障一场盛会,人尽其才形成团队合力。十四运会应急保障前期的站网搭建和准备工作较为复杂,真可谓"台上一分钟,台下十年功"。大家在原本就繁重的工作任务中又增加了特殊任务,"人少事多"的矛盾凸显。面对此情此景,中心全体总动员,迎难而上,将原有常规工作和十四运会建站工作有效结合,按照领导党员模范带头、职工自愿报名、分组进行的原则，从建站选址、设备预埋土建、仪器安装调试、电网搭建，到数据采集传输等，每个环节都有条不紊。

建站初期，建站地点为正在计划建设的新工地，不通市电、道路艰险、车辆无法到达等，对台站建设带来极大的挑战。保障人员积极采取果断措施，临时租用发电机、购买油料现场供电，自行搭建网络，用肩膀扛双手抬设备，不辞辛苦，克服诸多不便，通力合作，分工明确，安装细节设定到具体每个人拧哪个螺丝，以提高效率。还有些建站地点路途遥远偏僻，保障人员吃盒饭，搭建帐篷夜宿现场，抢时间装仪器，汗水浸透了衣服，擦伤了手依然投入工作，以仪器设备为伴，加班加点调试数据……克服重重困难，无论周末假期还是夜班之余都放弃休息，大家参与到台站建设中。

看着同事们辛勤忙碌的样子，我被深深感动，突然感觉到"人心齐泰山移"。虽然初期我没有深度参与十四运会建站，但我用实际行动发挥特长助力十四运会气象保障。记得 2020 年 8 月，中心安排我到西安市大气探测技术保障中心办公室工作，但由于泾河站值班人员非常紧张，看到领导们为泾河值班人少和十四运会建站人员紧张双重困难叠加在一起而发愁焦虑时，我主动提出兼泾河业务值班任务。白天在市局中心办公室上班，晚上去泾河值夜班，次日再回市局上班，就这样"白＋黑＋白"一直坚持了半年，直到泾河新人到岗。创新方式，将流程管理和工作清单管理应用实践，确保了办公室工作和泾河业务工作都得到有序开展，我用这样特殊的方式支持十四运会建站组网工作。

保障一场盛会，搭建了一张综合立体观测网。我们在传统综合观测站网的基础上，新增了移动气象台 1 部、相控阵雷达 4 部、风廓线雷达 1 部、测风激光雷达 2 部、微波辐射计 4 套、多要素自动气象站 20 套、35 米梯度风观测系统 2 套、天气现象视频智能观测仪 3 套、总辐射及紫外辐射观测仪 1 套、大气电场仪 2 套、暑热压力监测仪 1 套，共计 41 套，建成了天地空一体化的综合立体监测网，为观测精密、预报精准、服务精细创造了气象高速度、气象高效率和气象高质量，成为十四运会气象保障的硬核支柱。

保障一场盛会，深深感受科技的魅力和力量。为了保障十四运会，中国气象局、陕西省气象局业务单位相关专家现场指导。我们学习了"天衍"、"天衡"、卫星等许多业务系统应用，实现"温压湿风雨"等基本要素站点、格点、三维无缝隙"一张网"和重要天气自动识别和任意位置格点化产品，实现分钟级无缝共享发布应用，实现十四运会和残特奥会主会场个性化按需定制和场馆线上巡游，加速了观测资料的快速业务应用和服务，精彩纷呈，使十四运会服务更加科学精细。我有幸和专家们面对面交流，收获很大。

尤其是 9 月 15 日开幕式当天，天气复杂多变，为预报员和领导决策提供及时准确的天气实况资料显得至关重要。应急保障中心人员利用全国多普勒雷达组网数据、最新的相控阵雷达资料、场馆和周边的新型探测设备资料、"雪亮工程"图像产品资料、奥体中心移动气象台实况以及自主研发的微型智能观测仪资料等综合分析，一起"追天气"，非常幸运的是，开幕式结束后奥体中心主会场的雨才降落，保障了开幕式的精彩圆满！大家欢呼雀跃，这种欢呼是我们靠"一盘棋思想"、靠"高科技支撑"、靠"人才汇聚"、靠"努力拼搏"等换来的。总之就是"越努力、越幸运"！

保障一场盛会，运用 PDCA 全面质量管理方法，做到目标责任化、思维结构化、管理清单化、过程精细化、结果绩效化。十四运会保障中，运用 PDCA 全面质量管理方法，即 Plan（计划）、Do（执行）、Check（检查）和 Act（处理），要求把各项工作按照作计划、实施、复盘检查、实施效果四大步对日常工作和十四运会气象保障统一谋划。针对十四运会活动启动、倒计时一周年、测试赛、火炬传递、开（闭）幕式等重大时间节点，有机构、有目标、有人员、有职责、有结果，做到管理到位、人员到位、技术到位、保障服务到位。尤其在 9 月 3—16 日的冲刺时刻，中心领导同事，聚焦目标，根据职责和分工，清单和任务，各司其职，团结协作，紧盯日计划和日任务，精益求精，扎实落实，随时沟通进度和存在问题，先行解决。遇到难以解决的问题时，申请技术支持或邀请外援沟通协调解决。做到日计划日复盘，持续改进完善，让气象应急保障工作质量不断提升。

保障一场盛会，让我学到如何做工作清单。 我印象非常深刻的一件事就是跨省跨市视频会议系统保障。面对多种模式切换操作和多个会场会议保障时，仅有的力量远远不够。为此中心撰写了保障操作清单，图文并茂，一目了然。大家积极参与培训，让复杂的会议保障瞬间变得简单清晰。可以说一份可执行的工作清单会让人提高效率，减少失误。

保障一场盛会，让我学会如何将复盘总结的思维推广应用。 复盘总结简单理解就是对过去已经发生的事情进行情景再现，分析研判，提取精华，总结不足。首先，学会发现问题，就是找到目标与现实之间的差距。其次，发现问题之后，展开头脑风暴，列出 N 种解决问题的答案。第三，对所有答案进行分类，类别最好在七种以下。第四，对分类完成的答案按照重要程度进行排序，就找到了主要矛盾和次要矛盾。第五，按照问题的主次顺序，进行持续跟进解决。复盘总结，让我学会了今后怎样发现问题解决问题，做到心中有数。

总之，十四运会气象保障给我们留下了很多体会和启示、感动和收获，让我感受到科技与人才在重大活动保障中发挥的强大力量。在欢庆成功与喜悦之后，我们仍需清醒地认识到，很多业务系统还要学习应用，很多新型探测资料还有待利用，对复盘总结之后发现的问题不足还需持续改进提高。最后我要继续努力，以十四运会气象保障服务为新的契机，"迈向新征程，奋进新时代"，为西安气象高质量发展贡献智慧和力量！

（作者单位：西安市气象局）

使命在肩，奋斗有我

贺晨昕

第十四届全国运动会作为东京奥运会后我国第一项综合性体育大赛，承载着非同寻常的意义。不同于往届全运会仅在一个城市举行，十四运会赛事遍布西安、宝鸡、渭南、杨凌、汉中、咸阳、延安等地，赛事服务范围广、时间长。以习近平总书记关于"办一届精彩圆满的体育盛会"的重要指示为根本遵循和行动指南，为做好十四运会气象保障服务，我们奋斗不止。

回想第一次走进十四运会和残特奥会气象台，映入眼帘的巨大的显示屏立刻吸引了我的目光。比赛项目、场馆名称、天气、今日赛事、明日赛事、高影响天气、新型观测设备等一目了然。"秦岭四宝"朱鹮、大熊猫、羚牛、金丝猴几个吉祥物热情奔放、灵动可爱，衬托得工作氛围很是浓郁。之后的一年里，我同十四运气象台所有工作人员，一起经历了从集结培训、十四运会倒计时一周年启动仪式、倒计时200天、倒计时100天、圣火采集、火炬传递，再到后来开（闭）幕式，一次又一次进入特别工作状态，加班加点，顾不得休息，拼尽全力只为了精细的服务能让每个细节更加圆满。

使我记忆犹新的是十四运会开幕式彩排的前一天，西安24小时内降水量达8毫米，奥体中心主场馆飘起了雨，安保特勤等相关部门措手不及。但这样的降水量，又远未达到气象部门24小时内50毫米降水的"入门级"蓝色气象灾害预警的报警标准。面对如此变化多端的天气，十四运气象台拧成一股绳，聚成一股力，迎难而上，积极作为，加严加密监测天气，及时精准预报预警，用心用情提供服务，针对特殊情况动态调整，对这类高影响天气做到以小时、分钟预报，全力保障十四运会开幕式平稳顺利进行。

终于到了 9 月 15 日晚，全体十四运气象台的工作人员一同观看开幕式。这一晚，可容纳 6 万人的主体育场座无虚席，从中共中央总书记、国家主席、中央军委主席习近平宣布运动会开幕，到全运会圣火在西安奥体中心点燃，全场掌声、欢呼声经久不息，仿佛一片欢乐的海洋。我的目光紧盯，期盼着开幕式万无一失的结束。终于，杨倩点燃主火炬，十四运会圣火熊熊燃起，冉冉升起的圣火，燃烧在我们的眼中，燃烧在我们的心里。随着十四运会主题歌《跨越》的响起，开幕式在激情洋溢的气氛中圆满结束。

接着，更令我感到为之振奋的事情发生了，距离开幕式结束仅 10 分钟的时间，奥体中心场馆内外风雨大作，大家不约而同地鼓起掌来，眼里涌起层层"浪花"，不少人拿着手机记录着这来之不易的喜悦。我想这必是气象保障服务大型活动史上里程碑的一刻，这里面承载着多少的努力，是所有人配合默契、衔接紧密换来的圆满成功！

"众人拾柴火焰高"，十四运会的顺利开幕，是对陕西气象服务工作最大的褒奖。未来，我们将继续努力，为接下来十四运会比赛的顺利进行和残特奥会的召开贡献自己的力量。

（作者单位：陕西省气象科学研究所）

聚焦西安十四运气象保障风采
致敬中国共产党一百华诞芳华

郭庆元

千呼万唤始出来，一百年来西安级别最高最大的体育赛事，终于在习总书记的殷切关怀、全国人民的瞩目聚焦，以及陕西人民的热切盼望中，盛大开幕了！

那一刻，陕西这片热土的千万人心，被盛会的激情聚拢！西安这座古城的创新发展，被盛会的流量激活！

运动健儿们在十四运会赛场上挥洒汗水，奋力拼搏，为观众带来了精彩纷呈的一次体育盛宴。我作为一名气象保障工作人员，为了十四运会已经奋战无数个日夜，不自卑也不自傲地讲，在新冠肺炎疫情尚未结束的时候办这一场体育盛会，它的难度超越以往任何一届全运会。

面对困难，气象人选择及早着手，迎难而上，将巨大挑战化作成长机遇。早在 2016 年，十四运会气象保障服务筹备工作领导小组及其办公室已经成立；2017 年，选派骨干人员赴天津全程参与十三运会气象保障工作积累经验；2020 年，十四运气象台揭牌成立……近 6 年的谋划筹备，近百次的专题会议，数千人投身其中。

科学的顶层设计为气象服务筹备工作稳定有序推进指明了方向。在中国气象局党组的坚强领导下，气象人对标"监测精密、预报精准、服务精细"要求，针对服务需求，一一破解难题。

观测资料有限，就建设足够严密的观测网络。以奥体中心为核心，全省在西安城区各场馆周边建设各种现代立体探测设施 18 类 82 套，在十四运气象台安装降水会商、保障服务产品制作平台、卫星加密资料应用系统、十四运·天气实况业务系统、天衍综合气象观测等系统，实现了地、空、天一体化多源观测资料实时与历史调阅查询，监测产品深度融合，满足了个性化按需定制。

预报存在困难，就钻研精益求精的预报体系。气象部门聚焦"分钟级、百米级"精准预报要求，按照"全流程、全要素、全方位"测试的竞赛组织要求，建立了现场信息反馈机制、气象服务对象反馈评价机制和紧急情况下的叫应机制，使智能监测、智慧预报、精细服务在保障赛事服务中充分发挥效益。

服务需求严苛，就打造千锤百炼的服务团队与无微不至的服务系统。65 人组成的十四运会气象服务核心团队经过多次业务培训，积极响应省局重大活动保障特别工作状态响应命令，切实履行职责，细化服务措施，夯实责任到人，扎实开展气象监测预报预警与专题保障服务，在十四运会多项赛事保障中发挥了重要作用。

而我，十四运气象台综合协调办公室的一名基层工作人员，在服务十四运会气象保障过程中，收获巨大。虽然工作冗杂，无法全面凸显工作业绩，但是我深知办公室是一座桥梁，连接了执委会、竞委会、省局、区县局、本单位领导以及单位的每一位职工，我需要起到承上启下的作用；我需要有足够的耐心，性格要沉稳随和，做事要游刃有余，要能随机处理突发状况。我不断告诫自己，要尊重每一个职业，要不断千锤百炼，要不断地突破与创新……当开幕式结束后整个奥体下起了沥沥小雨时，我热泪盈眶，有三千万三秦儿女万众一心的感动，有千年古都展现的文化自豪，也有因日夜工作无法照顾孩子的愧疚。我们说只留经典，不留遗憾，是否经典由万千中国人去评判，但对于每一个参与其中的人而言，我们真的不曾留有遗憾。我为我曾为十四运会贡献力量而深感自豪！

人生百年，能参与几次全运会？生在华夏，该拥有多大荣耀！

（作者单位：西安市气象局）

经历·星辰

刘丽娟

事情要做

说起来挺有意思也很幸运，我是西安市气象局第一位被抽调参与十四运会和残特奥会气象保障服务的工作人员，见证了十四运会气象保障服务工作从无到有、从没有头绪到井井有条的全部过程。当时一切才刚刚起步，有三件事情在持续推进，一个是组建十四运会和残特奥会气象台，一个是气象保障工程建设，还有一个是各类方案的编写。这对我来说，是个极大的挑战，很多事情做起来没有参照、没有标准，需要有全盘规划的能力，更需要有快而准的组织能力。伴随写不出的规划计划、写不完的汇报材料、改不完的各类方案，我心里悄悄地打了退堂鼓。但是，事情要做！大概领导也看出了我的状态，一遍遍地带我修改，一点点地指引方向，在无数个文件修改稿中，在一幅幅五颜六色的流程图中，在一个个完成的任务中，我也得到了最纯粹的磨炼和历练，对文字是！对心性更是！

服务要好

慢慢地，十四运会测试赛、正式赛开始，业务平台承担着多项赛事并行及各项活动保障服务的压力，我们十四运办的一套人马同时也承担着十四运会和残特奥会气象台综合协调办公室工作。十四运会和残特奥会气象台有首席服务官，我们常笑称自己是后勤服务官，也确实如此，我们就是要做好人员的服务、会议的服务、服务的服务……

业务人员需要什么我们解决什么，现场需要什么我们提供什么，领导要求什么我们落实什么。哪里需要补，哪里需要分，哪里需要沟通，哪里需要协调，交给我们，你放心。服务无小事，在对外的赛事和活动保障中如是，对内的综合协调保障更是！

未来可期

局长说，我们应该为能参加这次盛会的气象保障服务工作而感到骄傲，感到自豪。是的！回想起来，我已参与过西安世界园艺博览会、两届欧亚经济论坛以及春晚的保障任务，与各类活动执委会和主办方打过不少交道，主要是文件的流转、证件的办理等工作，现场感受过他们的工作氛围。有的时候一个小小的房间里坐十来个人，都是为保障活动从各单位抽调的精兵强将，流水线式的工作，大家凝心聚力，快速高效地完成一项工作，我想经历过都会有成长有感触。在这次十四运会气象保障服务工作中，我们因为各类活动、接待、沟通协调等工作多次到市执委会及场馆，接触到不同单位不同年龄的工作人员。让人记忆犹新的是宣传部的一个小姑娘，年龄很小，与我们开短会沟通新闻发布会的相关事宜。我惊叹这个年轻的小姑娘思路非常清晰，目标非常明确，谈吐精义简要，十几分钟的时间明确了所有发布会细节以及各方职责，特别值得学习，不禁感叹出来走走总会有或多或少的收获。这只是工作场景的一个小小的缩影，其实工作场景不停切换，细节有很多很多，文字的限制不能展开来说，亲身经历后感触更深。经历即财富，对现在的我是，对未来的我更是！

一切尘埃落定，十四运会气象保障服务取得圆满胜利，回头看看，留下的都是美好，好像当时的难也没有那么难，当时的怕已悄悄变成了动力……十四运会是一颗别样的星辰，在属于我的星空中光彩夺目、熠熠生辉。

（作者单位：西安市气象局）

精细化气象服务护航十四运

高宇星

为中国人民谋幸福，为中华民族谋复兴，是中国共产党人的初心和使命。预报准确、预警及时、服务到位，是我们气象工作者的初心和使命。气象预报预警不仅是每日定时做出预报、发出预警信号，而且要密切结合城市防灾减灾工作的需要服务民生，这是我们的责任担当。陕西省举办 2021 年第十四届全国运动会，为确保重大活动的气象保障到位，西安市气象台从首席到预报员，全程参与国省市级气象台专题会商，抽调预报员至十四运气象台参与业务值班，首席预报员全程参与十四运会气象保障，指导发布滚动服务专报。通过提升天气会商质量，加强技术分析和总结，加强数值天气预报的综合定量的应用能力等措施来抓实效。在关键天气、关键时间节点，主动作为，主动担当，保障服务出成效，全力奉献十四运会。那段时期，全台上下迅速调整状态，发挥团队精神，攻坚克难，把精力集中到十四运会气象服务和汛期服务上来，融入全省十四运会气象保障服务大局。西安市气象台积极开展模范先锋示范岗活动，形成你追我赶、人人争当模范先锋的良好氛围。

可能对很多人而言，气象只是简单的天气预报，但对我们气象工作者而言，气象预报已经不只是日常发出报文和数据，而是与百姓息息相关的风霜雨雪。在自然灾害中，气象灾害就占到了百分之七十。每次有大风、暴雨、暴雪等天气过程，气象台的电话总会响个不停，预报员们忙得坐不下来，时刻监测雨量、雷达回波、卫星云图。我们深知，气象台的预报雨情出现在哪里，政府的应急救援准备工作就跟进到哪里；我们深知，眼中看的是气象数据，手里握的却是福祉民生。风停了，雨小了，天渐渐地亮了，悬着的一颗颗心才能慢慢放下来。这样的工作性质，让我们这些气象预报员们责任感与压力共存，上夜班的时候，室外空调滴水的声音、风吹树叶的哗啦声，都能让我们心头一紧，怕雨下、又怕雨不下，怕雨下大、又怕雨下不大。气象是一项默默奉献的光荣事业，更是一个义不容辞的伟大责任。气象是昼夜不息的数据监测与推演，是与百姓福祉息息相关的风霜雨雪。

2021年以来，在党史学习教育的助推下，以"学史明理、学史增信、学史崇德、学史力行"为目标，气象台党支部把十四运会气象保障当作重点任务，发扬不怕苦、连续作战、特别能战斗的作风，努力把党史学习教育成果转化为十四运会气象保障工作的务实举措。正值汛期，天气变幻莫测，面对多轮强降水天气，全体党员干部在开展十四运会气象保障和汛期工作中做表率、冲在前，充分发挥好模范带头作用。8月19—20日、21—22日，我市相继出现了区域性暴雨天气过程。两次天气过程正值十四运会火炬传递活动在各陕西城市之间举办，由于天气形势较为复杂，西安市气象台、十四运气象台与国省气象台进行加密会商，联合研判降水趋势以及对火炬传递活动的影响。8月19—20日，蓝田县出现罕见特大暴雨，九间房等5个镇不同程度受灾。

肩负十四运会气象保障任务的同时，我们也不放松汛期重点工作。针对此次暴雨天气，气象台于8月16日提前三天向市政府及相关部门报送《重要天气报告》，提前预报暴雨量级、落区和时间。8月19日9时，市气象台再次发布"降水消息"，并通过电话、短信、QQ群、微信群、传真等多种方式在第一时间向各级政府领导、相关部门及广大群众发布。市气象台密切跟踪天气形势，提前发布预警信号，滚动加密提供精细化预报服务产品。针对"8·19"蓝田大暴雨，按照要求市气象局紧急成立了气象监测组。8 月 21 日 6 时 40 分，预报员刘峰作为气象监测组先遣成员之一，随移动气象台紧急抵达蓝田县受灾地区，协助救援指挥部开展现场气象保障工作。全体预报员进入应急状态，加强监测和精细化预报，气象台应急岗每两小时提供一期天气服务专报，每隔一小时提供一次雨情通报，24 小时不间断为救灾相关单位提供精细化预报材料。8 月 21 日傍晚，气象台值班员严密监测天气，准确及时发布暴雨预警信号，并通过雷达降水反演推算，第一时间计算出大暴雨落区，提供精准服务。市气象局党组书记、局长李社宏不间断向市委市政府汇报最新降雨情况和未来天气形势；首席预报员认真研判天气形势；值班预报员严密监测雷达回波和卫星云图；服务中心工作人员认真编发对外服务材料，同时通过直播方式回复记者和网友的提问；各部门在各自岗位上开展紧锣密鼓的预报与服务工作，所有人员忙碌一整夜，8 月 22 日 7 点，雨势减弱。市气象台以保障人民群众生命安全为宗旨，每次过程不放松，密切监测天气，加强资料分析，及时向决策部门滚动提供精准预报，最大限度降低气象及次生灾害不利影响。

（作者单位：西安市气象局）

精彩全运　气象万千

——写在十四运会开幕式的夜晚

陈欣昊

（一）

人们常说，每当一下雨

西安也就变成了长安雨中的城墙，巍峨耸立

墙下的行人，步履匆忙徜徉在雨中

灞河边的木栈道上，雨滴划破湖面感受千年前长安的痕迹

回首看

今天的西安也早已焕发新颜

十四运的旗帜在蓝天白云下招展

圣火在万众瞩目中点燃

长达一年的筹备和不分昼夜的奋斗

终迎来西北第一个举办全运会城市的殊荣

（二）

灯火通明，是谁将城市点亮

红旗招展，是华夏健儿动人的身姿

身处十四运气象保障后方的我们

没有时间欣赏动人的歌曲

没有余力关注周遭的一切

耳边回响着陕西人民见到主席时激动的呐喊

我们全部的心神却仿佛都被一张雷达图所控制

看过无数遍的数据仍在被反复刷新

心神不宁地回顾着早已得出的预报结论"天气形势不利"

人影作业效果未知

恨不能身处云间感受最细微的变化

又希望化身龙王掌管四时之雨

却又心知，唯有做好手头的工作才不辜负长久的努力

（三）

繁华落幕瞬间磅礴而下的雨水

仿佛是怪我们不让它们也见见这激动人心的盛大仪式

又好像姗姗来迟的孩子在诉说着自己的激动

在开幕式顺利结束后的欢呼声中

我真地看见了鲜花

即使未能身处现场，我们也在贡献自己的力量

激动的掌声

在为成功怒放，在为胜利歌唱

这鲜花没有开在我的眼前

它开在了我们的心上

（四）

1921 年的南湖

那蒙蒙细雨中红船上的先辈们

何曾会想到千年华夏，

百年侵略的悲歌终将被嘹亮的歌声所代替

听黄河汩汩，谱华夏篇章

看运动健儿，挥斥方遒

百年共筑新时代，万众共享新全运

我们在这里

用科技让天气服务人民

我们在这里

致力于践行绿水青山就是金山银山

我们在这里

和所有陕西人一起

高声喊着陕西欢迎你！

西安欢迎你！

（作者单位：西安市气象局）

我与十四运

杭崇星

第十四届全国运动会于 2021 年 9 月 15 日至 27 日在陕西省举办。全运会是我国规模最大、水平最高、影响力最大的大型综合性运动会，虽然已经举办到了第十四届，但是前十三届都是在北京、上海、广东等发达省或直辖市举办。在西部省份举办全运会，这是破天荒的第一次。

陕西能举办这么高水平的运动会，作为陕西人，我感觉很荣幸。我是陕西西安人，又是气象人。我们知道，历时近两周的运动会，开（闭）幕式、各个户外比赛项目都会受到天气因素的影响，所以气象保障工作非常重要。为了做好气象服务，陕西省气象局未雨绸缪，很早就成立了十四运气象台，全面做好十四运会气象保障服务。作为西安市气象台的一名普通职工和共产党员，我深知在建党百年、新中国成立 72 周年之际，做好十四运会气象保障服务的重要意义。在十四运会举办期间，我遵循西安市气象局和气象台的要求，不休节假日，全力以赴为工作，做好气象台的后勤保障工作。

果然，气象人的精心准备没有白费。在十四运会举办期间，天气状况比较复杂，尤其是十四运会的主要举办地西安地区的降水偏多，为 50 年来历史同期之最。十四运会举办了十三天，西安就有十天在下雨，马拉松比赛的选手们更是在大雨中跑完全程。但由于我们气象预报、预测非常准确，气象服务非常到位，让运动会的组织者、运动员、裁判员都事前有预案、有准备。所以尽管天气状况复杂，但依然没有影响到十四运会成为一届成功的盛会、圆满的盛会、胜利的大会！

十四运会已经结束了，回忆起这一年来工作的点点滴滴，我仍然有很多的感慨。在省局、市局的正确领导下，我们终于以自己的辛勤和努力做好了这次气象保障服务。

作为陕西人，我骄傲！

作为西安人，我骄傲！

作为气象人，我骄傲！

（作者单位：西安市气象局）

服务十四运　奉献我的城

薛　荣

服务十四运，奉献我的城，能参与到这样一场盛大的活动中来，我倍感骄傲与自豪！

十四运会召开的两年前，我们就开始为这场盛大的活动着手准备，研发新系统，建造新雷达，学习新技术，培训、学习、加班都是家常便饭，只为第十四届全运会能在这座千年古都顺利召开。

2021 年 9 月 15 日，该是载入史册的一天，西安站在世界舞台的中央，聚焦了全球的目光。作为一名参与十四运会工作的东道主，我也一直期待着这个神圣而激动人心的时刻。但那时，我内心更是五味杂陈、焦灼不安的，因为维持了近一周的艳阳天偏偏在这一天要结束，这真是老天考验我们的时候，而这一天恰巧又是我的夜班！

开幕式活动对天气要求非常严格，全现代化的电子设备布满整个演出舞台，如若出现明显的降水，将会对电子设备产生不利的影响，演出效果也会大打折扣，观众的观看体验也会受损，这是我们都不希望看到的！

15 日 18 点，我乘坐地铁去值班室。因为部分道路封锁，地铁乘客非常多，换乘都成问题，无奈的我等了好几趟列车，终于挤上了，我也放心了，因为这么重要的日子我可不能接班迟到！

到达办公室的那一刻，我震惊了！整个会商室满满当当，所有的领导及值班人员齐聚一堂，有会商天气的，有制作服务材料的，还有后勤忙前忙后给大家服务的，一片繁忙又热闹的景象！

我坐在工位上，又一次打开了这令人忐忑不安的数值预报雨量图，心情变得好沉重！最新的预报资料显示，雨量又变大了！19 时，会场区域云量增多，天色阴沉，感觉随时都有下雨的可能！而在现场执勤的姐夫给我发来天气状况的视频，云在天空摇摇欲坠！此刻的我多么希望开幕式快点开始，早一分钟开始就多一分钟保障，可又明知是不可能的！一小时的预报该如何做，预报到几点降水开始出现，根据最新的气象资料对开幕式时段的天气进行会商研判，综合中央气象台、陕西省气象台及相关专家的预报意见，十四运气象台最后的预报结论认为 21—22 时有零星小雨，22—23 时有小雨，降雨将对嘉宾和观众退场、交通出行有一定影响。

20 时，开幕式活动准时开始，所有人的目光都投到了现场的开幕式精彩演出活动中，而我却不敢有一丝松懈，仍然坚守岗位，紧盯雷达及实况资料，每过一分钟，心情就更紧张一分钟，看着大片的回波一步步逼近主会场，内心排江倒海！照这样的移动速速，似乎是撑不到开幕式结束的！开幕式现场绚丽多彩，恢宏大气，将陕西传统文化及高科技融合得淋漓尽致，不禁让人感叹，真是一场视觉的盛宴啊！想想这么美好的夜晚若是被雨打扰了，该是多么令人遗憾啊！

而此刻，老天似乎也不愿打扰这份美好，放慢了脚步，雨带缓缓自西向东移动着，活动顺利进行。21 时 40 分，全运会圣火在西安奥体中心熊熊燃烧，全场欢呼声经久不息，此时此刻所有人都松了一口气。21 时 59 分，当我们从电子大屏上看到奥体中心出现明显降水时，所有会商室的同仁都欢呼惊叫了起来，真如掐指算好的一般！高兴之余，我们继续投入到对嘉宾、观众和演员退场和交通的保障服务中，直到所有工作结束已是凌晨。虽然身心疲惫，但我能参与开幕式保障活动并圆满完成保障任务，一切都值得。

（作者单位：西安市气象局）

十四运开幕式前·盯住

翟 园

2021 年 9 月 15 日，作为一名普通的气象预报员，我有幸见证了十四运会开幕式前气象部门惊心动魄的 17 个小时。

9 月 15 日凌晨 3 点，位于西安奥体中心东南方 16 公里处的西安市气象局灯火通明，9 楼十四运会和残特奥会气象台人头攒动。"各个数值模式都对于原本乐观的形势场有所调整，副高在快速南退，移速较之前也明显加快，开幕式有降水的概率很大了。"中央气象台首席预报员——特聘首席指导专家马学款、预报中心主任毕旭、值班副台长潘留杰、值班首席预报员杨晓春紧盯着十四运会一体化预报预警系统的各个模块。杨晓春右手不停地刷新系统，看着电脑屏幕上稳定少动的 588 线，原本紧张的心情又多了一丝沉重。他们正在为凌晨 4 点要开始的第 8 次十四运会开幕式天气大会商做准备。"你们继续跟踪 588 线演变趋势。如果有降雨，精确一下降水云系几点移动到西安？几点开始影响奥体中心？雨量有多大？""大探中心检查一下相控阵雷达运行情况，一旦有系统进入我们的网，就盯死它，务必摸清它的内部结构，精准掌握它的移动方向和速度。"十四运会和残特奥会气象台台长李社宏第一时间赶到会商室指挥。预报服务中心、应急保障中心摩拳擦掌准备对这个不速之客进行全面"体检"，会商室的气氛从短暂的沉重重回紧张忙碌。

指针拨回 9 月 5 日，开幕式前 10 天，气象部门第 1 次组织十四运会开幕式天气大会商时，专家组就给出了"开幕式当天阴有阵雨"的预报结论。9月13日08时，距离开幕式还有2天，第2次十四运会开幕式天气大会商时，盘踞在西南方的四川、重庆等地的华西秋雨以及副热带高压的西伸加强，一旦副高加强偏西，华西秋雨将偏强，导致降雨显著偏多，而上海、浙江、江苏、安徽等地又由于台风"灿都"的影响下着台风雨，全国降水的格局以台风雨和华西秋雨为主，给15日开幕式的天气又加了一重考验。这些都引起了预报专家们的关注，也考验着专家们的技术。"未来2天，既要关注本地中小尺度天气情况，也要考虑到华西秋雨北上的影响。"中国气象局党组书记、局长庄国泰语重心长地嘱咐。

凌晨4点，第8次十四运会开幕式天气大会商准时开始。中国气象局党组成员、副局长余勇亲自坐镇指挥。"综合EC模式和十四运会一体化预报预警系统等多个系统的预报意见，目前降水系统移速每小时30～40公里，可以肯定今晚奥体中心有明显降水，主要降水时段在21—22时，预计降雨量21时为0.2～1毫米，22时为0.2～2毫米。"专家们的结论让在场的所有人感到压力倍增。

西安市委书记王浩、市长李明远、副市长玉苏甫江·麦麦提等多次打电话到西安市气象局，西安市执委会现场保障组副组长门轩到移动气象台询问。他们关注的焦点都是"这个雨22点前下还是22点后下"。这种精细到一个点位、精细到每分钟的预报恰恰也是预报员的极限挑战。

最终，马学款、毕旭、潘留杰、杨晓春密切监视云团和雷达发展变化，细致剖析云团内部结构，认为该降雨云团会迅速减弱消散，给出最新订正预报"预计降雨会在晚上9点50左右开始影响奥体中心，在自然条件及人工影响的共同作用下，与上午预报结论相比，降水趋势有所减弱，降雨量2毫米"。

"演职人员入场完毕，奥体中心开始飘雨滴。"14时05分，十四运气象台现场保障组领队白水成从现场发回消息。"这个不是大系统影响，是局地冒的一个小泡，一会儿就散了。"预报中心主任毕旭坚定的判断给现场组吃了一个定心丸。

14 时，奥体中心的天依然阴沉沉的，时不时有零星阵雨飘下，观众正在有序入场。16 时，天气的短暂骚动过后，形势减缓，天空云量也有所减少。"下午 3 点前的降水是好的现象，能量提前释放，有助于减弱后面的天气过程。"驻会保障的十四运会和残特奥会气象台副台长石明生现场向副市长玉苏甫江·麦麦提汇报了天气情况。

20 时，西安奥体中心上空积雨云逐渐累积。"长安花"在灞河之畔美丽绽放，全运圣火与盛世榴花的交相辉映，场内一片沸腾欢呼。21 时 50 分，伴随开幕式最后一首歌曲刚落，豆大的雨点随风起舞。而此时的预报员们已经"转场"，投入到了这轮华西秋雨对各类赛事影响的预报服务中。

这就是我们这个普通的岗位不平凡的一次气象保障！

（作者单位：西安市长安区气象局）

赞十四运气象保障服务

杨　睿

古城秋水破初寒，
全运新开举国欢。
开幕典成雨如注，
智慧气象保平安。
精准监测预警报，
逐时服务获点赞。
抖去雨愁洗征尘，
助推赛事勇夺冠！

（作者单位：西安市气象局）

气象"赛场"不留遗憾

杨亦典

2021年9月27日晚，第十四届全运会在淅淅沥沥的小雨中谢幕，正如同细雨迎接她到来的那晚一样。雨水如同主人一样，微笑着迎接这场盛会的到来，又轻轻地送她离开。灯火与荣耀在这座城市交织、绽放，顽强拼搏的体育精神谱写着这个金秋的美丽乐章。

于我而言，这个九月是特别的。特别在于，作为一名年轻的预报员，我是第一次亲身参与到如此高级别的气象保障服务工作中来，这是一次难得的学习机会和对理论知识水平的全面检验。同时，进入九月以来西安连阴雨过程持续，平均降水量较历史同期偏多近2倍，13天的赛程中就有10天在下雨。这对每一位预报员来说都是一种挑战，不仅仅要关注降水对于赛事的影响，做好跟踪服务，也要加强监测做好常规天气服务，尽可能地减少连阴雨天气对农业、交通、防汛等各方面的影响。

短短的13天，是成长巨大的13天。在开幕式结束后，奥体中心落下雨滴的时刻我感受到了无上的荣光和喜悦。这喜悦里夹杂着汗水、感动和辛劳，也真真切切地体会到了气象服务的重要意义。13天里，我从各位首席预报员的身上学习到了严谨的态度和对高质量预报的无限追求，从同事的身上学习到了事无巨细、认真负责的工作态度，最重要的是明白了天气预报不仅仅是通过预报员的手发送出去的一段文字，它关乎着社会发展的方方面面，不容懈怠。提供精准、精细的预

313

报，是作为气象人的责任和使命。

十四运会气象保障服务工作虽然已圆满结束，但气象人的使命和担当仍然在继续。面对着日益复杂的天气形势，气象保障也如同体育竞技一样，只有不断地学习，进步才能走得更远。作为一名年轻的气象人，需要通过一次次的历练迅速成长起来，迎接下一次挑战，守护一方的安康。即使长夜漫漫，我们也要在气象保障的"赛场上"奋力拼搏，不留遗憾。

（作者单位：西安市气象局）

十四运会交通气象保障服务工作实录

王　珊

2021 年 9 月 18 日，天空下起了蒙蒙细雨。在西安市大气探测技术保障中心主任宁海文、市气象台台长毕旭、市公共气象服务中心主任徐波等领导带领下，我与气象保障部工作人员一行，应邀来到十四运会执委会交通指挥中心，就十四运会交通气象保障服务进行交流座谈。

进入十四运会执委会交通指挥中心大厅，首先映入眼帘的是设在大厅中央的十四运会省市交通组织保障调度指挥平台，十四运会西安赛区交通保障的主要线路、备用线路及沿路相关信息，在大屏上面不停地闪烁变化。

十四运会执委会交通指挥中心黄处长充分肯定了气象服务在十四运会开幕及交通保障工作中发挥的重要作用。同时，他也迫切地提出，由于今年华西秋雨偏早、偏强，近日频繁的强降水及连阴雨天气对西安地区十四运会交通运行形成了一定的不利影响，交通气象保障显得尤为重要。

座谈双方重点就西安地区十四运会赛事期间两站一场等重点保障区域、重要涉赛及迎（送）宾线路、闭幕式人员集结疏散等重要时间节点的交通气象保障工作等进行了深入沟通交流。经过商榷，双方现场建立了十四运会交通气象专题预报工作微信群，形成了赛事期间交通气象保障服务即时沟通反馈机制，并在原有的场馆服务产品基础上，拟在赛事期间增加"两站一场"等交通气象服务产品，确保十四运会交通气象保障服务顺利进行。

座谈双方表示，为确保十四运会期间阴雨恶劣天气下涉赛道路交通安全、畅通、有序，后期将进一步加强沟通合作，切实加强恶劣天气赛事道路交通安全管理和气象保障服务，适时启动恶劣阴雨天气赛事交通保障工作预案，全力保障全运会期间赛事道路交通安全稳定。

回到局里后，我的工作任务就是继续积极与交通指挥中心工作同志对接，根据主要涉赛线路及交通气象保障需求，参与设计西安赛区十四运会交通气象服务专报模板，并按照西安赛区交通气象保障需求，及时提供各类交通气象服务信息。

就这样，我怀着无比神圣与光荣的心情，每日将十四运会交通气象服务专报及各类高影响气象预报信息及时发送至"十四运会交通气象信息共享群"里。遇有重要高影响天气发生时，公服中心徐波主任也及时在群里向交通指挥中心工作人员对天气实况及变化趋势进行跟进式详细解读。每次信息发布过去，我们都能收到市交通指挥中心黄凯主任诚挚的感谢。9月28日上午8时许，随着大雾黄色预警信号及暴雨黄色预警信号的解除，我们的十四运会交通气象服务圆满结束！市交通指挥中心黄凯主任在工作群里表示了诚挚的谢意："感谢各位领导对十四运会交通组织保障的大力支持。咱们的气象预报服务，为我们提早安排运输计划，提醒驾驶员注意行车安全起到了重要作用！期待后续的深度合作！"徐波主任表示："只要能有用就好。期待保障结束后气象＋交通更深入的合作共赢！"

十四运会圆满闭幕之后，西安市交通信息中心向西安市公共气象服务中心发来了感谢信："十四运会赛事举办期间，正值暴雨、连阴雨、大雾等高影响天气多发时段，给交通保障和运输安全带来了严峻考验。西安气象部门提供的西安赛区十四运会交通气象服务专报，为1022辆保障车辆、4万多趟次运输任务的完成提供了及时、有效的气象指导，在合理调度运输人员、提早安排发车计划、保证运输车辆安全等方面发挥了重要作用，极大地助力了全运会赛事的成功举办！"

在十四运会交通气象服务中，西安市交通指挥中心为我们的一次次点赞与致谢，使得我的内心感到无比幸福与自豪。作为气象人，我为能够在十四运会气象保障中尽一点自己的绵薄之力感到无比荣幸与骄傲。同时，我也深深认识到，正是有我们强大的十四运会气象保障团队通力合作与支持，有我们气象监测精密、预报预警精准与保障服务精细的大幅度能力跃升，才使得我们的十四运会交通气象保障赢得了交通指挥部门的高度赞誉。这也正是十四运会气象保障实战为我们重大活动气象保障服务能力提升带来的前所未有的机遇与惊喜！

随着十四运会闭幕，我们的十四运会交通气象保障服务完美收官，同时也是我们交通气象服务的新起点。正如徐波主任所说，期待保障结束后"气象＋交通"更深入的合作共赢！

（作者单位：西安市气象局）

不辱使命，做合格的气象探测人

曹 梅

2021 年 9 月 27 日，随着西安奥体中心火炬圣火逐渐熄灭，在西安举办的第十四届全国运动会圆满落幕。气象保障服务又一次写下了浓墨重彩的一笔。作为一名在气象探测岗位工作二十几年的老观测员，我有幸为十四运会的气象保障服务工作贡献自己微薄的力量，回顾全运会，有汗水，有喜悦，更有抹不去的记忆。

8 月初，我们就开始为十四运会气象保障做好各项准备工作。都说气象探测是气象部门最基础的工作，是在幕后服务的人，在九楼平台听气象首席分析天气时，开头语经常是"从今天 07 时的高空探测中可以看出……"。每当听到这样的描述，我就感到自己的岗位平凡而神圣，那一张张高空图、地面图中并没有我们的名字，却是我们"监测精密"的印证。8 月 1 日，台站开始使用长望的探空仪，但这批长望探空仪质量有问题，眼看着还没到 10 日已经淘汰了十个仪器了，我有点着急了，但库房已经没有其他厂家的仪器了，只有长望的仪器。这样的情况怎么保障十四运会？我一方面给长望厂家打电话沟通，寄回去淘汰的十个仪器，另一方面抓紧写了一个书面的报告，请求省局储备库能给予一定的帮助。令人欣慰的是，第二天省局储备库的杨科长就打来电话，同意先给我们五箱太原的探空仪供十四运会气象保障使用。过了几天，上海长望那边也打来电话，告知他们的仪器确实有问题，是仪器中的一个零件检测不到位导致的。

9月1日，陈奇发来了信息，并给高空观测运输氢气的张师傅发来文件，在9月13至29日十四运会召开期间，危险品不得上路，国庆期间的1—7日危险品不得上路。自7月份启用临时氢气房后，为了安全起见，我们台站半个月运输一次氢气，这么长时间不能运输氢气，我们得好好合计一下运输的时间，9月13日至10月7日，只有30日一天能运输，我和陈奇在纸上统计着每天大概的氢气使用数量，计算着每次运输的量，和运气的张师傅反复沟通，最后决定9月12日给台站存储60瓶氢气，以保证用到十四运会闭幕。

9月8日，台站召开9月份的质量分析会。十四运会召开在即，台站的高空、地面、大气成分等各项业务都要在十四运会期间起到保障作用，为了保证这么多观测项目都能运行正常，我决定组织大家把所有的仪器都检查维护一下。维护完仪器，我又组织大家学习了十四运会开幕式期间的14—16日高空加密观测任务的文件。我感觉十四运会的脚步离我们越来越近了。

9月13日09时，陕西省气象局启动了十四运会开幕式特别工作状态，要求实行24小时应急值守和主要负责人在岗值班制度。虽然距开幕式还有两天的时间，但我不敢怠慢，13日早上赶到台站，和观测员一起巡视了各类仪器。下午南京大桥厂的陈伟老师乘高铁从南京到西安，专程为十四运会开幕式期间的探空雷达保障而来。这为我们顺利完成保障任务增强了信心。

9月14日早上07时，我们协助业务员顺利施放了气球。近几天探空雷达运行还比较平稳，天气也晴好，给高空探测业务带来了便利条件。早上9点，中心领导通过视频会议的方式召开了科长会，我简单汇报了一下台站的准备情况。上午和陈伟老师一起分析了前几个月探空雷达出现的一些问题，陈老师把台站备份1~8号板逐一换到雷达主机上去检查性能。19时，观测天气晴好，探空观测十分顺利。

15日开幕式当天早上07时的探空观测至关重要。早上陈老师也早早到了值班室，天气晴好，探空观测顺利完成。上午王主任打来电话通知，最新天气预报显示，开幕式当天的降水过程预计要提前到下午5点，全体业务人员都要严阵以待。刘一玮和王琼也到了站上，陈老师不放心，决定对探空雷达再次检查维护。于是，我们配合陈老师再次对探空雷达的室内室外进行了检查。下午我和刘一玮、王琼又把观测场所有的仪器维护了一次，我们都在等待着晚上的神圣时刻。

下午5点多，当天值班的陈奇、赵杰也到了站上。6点，杨珍、任丹阳也来了，站上一下子热闹了起来。台站一共11个人，有7个人都到了。陕西省大气探测技术保障中心的刘佳奇也带着中国气象局气象探测中心和几个雷达厂家的技术人员到了站上。

为了确保万无一失，我给大家简单做了分工，我和王琼负责L波雷达跟踪，杨珍负责备份接收机跟踪，男士们负责施放气球，任丹阳负责给大家拍照留念。放球前几分钟，风速非常小，我们准备在第一点施放，18时13分时，风向突转，变成西南风了。我们迅速商量，决定还是在第二点施放。因为第二点一直有干扰信号，施放时需要非常小心，陈老师建议我们躲过风廓线雷达的干扰，在北边施放。我们通过对讲机，指挥室外拉着气球和探空仪逐渐向第二点东北移。19时15分到了，抓住信号稳定的时机，我们迅速施放了气球，雷达跟踪正常，大家都松了口气。

大屏幕上习总书记的讲话振奋人心，开幕式的表演精彩纷呈，但我们还顾不上观看，因为探空观测还没有结束，各项业务还在进行。作为一名平凡的气象探测人，我们没有鲜花也没有掌声，大家更不知道我们是谁，但我们默默奉献，俯首甘为孺子牛；不辱使命，为精彩全运做贡献！

（作者单位：西安市气象局）

精密监测我参与　我为全运添力量

王雯燕

　　和十四运会的交集最早始于 2020 年 9 月。月初中心接到任务，月底前在每个赛事场馆各建设一套区域自动站，初步统计共 18 套。中心技术保障科连同科长只有 4 人，其中一名老同志身体不好经常住院。时间紧任务重，负责中心工作的白水成副主任在动员会上说："建站任务必须完成，哪怕牺牲换休时间，大家一起上。"其他科室党员们率先带头，普通职工也纷纷报名，轰轰烈烈的建站活动由此拉开，我有幸参与其中。

　　这个 9 月西安似乎被往年都会光顾的华西秋雨遗忘，每天都被太阳肆意地照着。早上冉冉升起的太阳和我们一起来到施工场地，晚上八九点车辆才行驶在归家的路上。当时多数场馆还在建设当中，选好的站址附近除了施工车辆、忙碌的工人，什么都没有，而且多数情况下车辆不能直达，大家手提肩扛进场，扶桩、拧螺丝固定、调整标校，每一步都马虎不得。烈日下，大家挥汗如雨、热火朝天的干活场景深刻地印在脑海中。难忘的还有在施工的场馆附近如厕真的不方便……在中心全体人员共同努力下，也多亏了那个月每天都有的太阳，建站任务才能在规定的日期内完成，再后来，天气现象视频智能观测仪、暑热压力检测仪、大气电场仪、相控阵雷达等设备也相继建成并投入使用，在火炬传递、开（闭）幕式气象保障中发挥了很大的作用。期间，中心要求昼夜应急值守，每次打开设备及数据监控链接查看时，我心中的自豪感和价值感都会油然而生。

十四运会参与比赛的不仅有运动员，还有许许多多忙碌的技术保障和服务人员。精密监测我参与，我为全运添力量。

（作者单位：西安市气象局）

"幸福气象"护全运

杨 瑾

（一）

百年庆典震宇寰，

五星光耀映五环。

盛世长安盛世景，

同心同行迎全运。

三秦大地旌旗红，

四海神州歌太平。

精彩盛会将令下，

万众瞩目聚长安。

众志成城齐行动，

古城日日换新颜。

（二）

西安气象英雄兵，

向党看齐写忠诚。

上下同心一盘棋，

人人肩上有责任。

灞河畔渭水之滨，

守战位令到即行。

七百余个日日夜，

呕心沥血保全运。

精益求精信念坚，

万无一失气象情。

（三）

一声开幕响彻天，

八方宾朋聚长安。

天气复杂乌云翻，

闻令而动除万难。

精准预报到分秒，

科技预警神通显。

长安四周皆是雨，

唯有奥体现阴天。

战天奇迹世惊叹，

西安气象美名传。

（四）

全民全运好圆满，

常来长安成经典。

幸福气象为人民，

如山责任记心间。

若要战时凯歌还，

唯有平时攻难关。

牢记初心责在肩，

不负使命迎再战。

成绩归零再出发，

守正创新开新篇。

（作者单位：西安市气象局）

有温度的幸福生活

钟 鸣

　　"生下来，活下去"，合在一起就是生活，是每个人都须直面的。写下这个题目的时候，正值十四运会召开之际，使我越发热爱生活，特别是在心底里祈愿每个人都能过上有温度的幸福生活。

　　隔三岔五的周末，我都会去菜市场，来碗早豆浆就油条，买买菜，看看人间烟火。与各色各样的人打交道，体验着真实的生活，觉得自己还接着地气。叫卖声里，我感受到豆浆的温度和营养正进入口腹，进入血脉，进入肌肉与骨骼。排队的间隙，我趁机与人们寒暄着：聊十四运会，聊天气，聊家长里短，聊国际风云。我很愿意这样，听听新鲜事，然后淡淡地一笑，感受着这种美好——既没有死气沉沉，也没有刻板无趣。平淡平凡的生活里，有一种我想要的温度。就像每天"出门看天气"，我能从"进门观成色"的父母叮嘱里，看出每个人的喜怒哀乐。大多数的时候，我们每个人都能保持着正常的心情，对待着平常的人事，欢度着日常的生活，寻常的一天就悄无声息地过去了。

　　我喜欢这个四季分明的城市——西安，还有份对西安秋天的偏爱。

　　2021 年 9 月 15 日，万众瞩目的第十四届全国运动会和残特奥会开幕式在西安圆满举办。为全面助力十四运会，单位成立十四运会相控阵天气雷达运行保障党员突击队，设立雷达应用和技术保障两个小分队。党员、积极分子、业务骨干积极报名，踊跃参与"1 号工程"任务中。雷达应用小分队通过邀请专家培训，加强雷达值班值守、监测分析、预报预警、评估检验等，和局领导及其他业务人员就相控阵雷达软件使用、雷达图像识别、在保障过程中如何发挥相控阵雷达作用做进一步的讨论和交流。技术保障小分队的"四朵金花"迅速掌握工作本领，坚持每日雷达站点巡检，认真检查雷达整机工作状态、市电、网络、基数据生成情况等，并做好巡检记录。巡检发现土蜂窝 1 个、电力供应隐患 1 次、网络安全隐患 1 次等，均及时妥善处置。开幕式当天，我们紧盯两部雷达设备运行，适时精准监测，为精细化预报预警服务提供重要的数据支撑，X 波段双偏振相控阵天气雷达发挥着捕捉雷雨大风、短时强降水等强对流天气的重要作用。当开幕式圆满结束后，我们欢呼，跳跃！用来庆祝这个历史时刻。

每天出门，天气预报不再局限只是阴晴雨，还有体育赛事天气预报、穿衣指数、锻炼指数、污染指数等，高影响天气与我们的生活息息相关。我所居住的小城，每天能吃着油条喝上热豆汁，每周能咥顿羊肉泡馍，穿得舒服，再读几本书，偶尔看场电影，这样丰衣足食的生活算不算小康？固然小康有硬标准，但我觉得，就每个人心里的软尺度而言，这已经算是有温度的生活了。

而有温度的生活恐怕就是这样，快乐生活，努力工作，实现自我价值。2021 年，我过了一个不一样的中秋节。单位举办了"服务十四运、奉献我的城·我们的节日"主题活动，全体干部职工通过文明交通志愿者活动、亲子文明活动等多种载体来庆祝十四运会的召开。大家围在业务平台，看着设备运行，品着月饼，话说中秋，谈体育赛事，分析天气形势，谈家乡的明月，谈自己的岗位贡献。作为新时代党员干部，我们要担起时代赋予的责任，时刻谨记"一个党员就是一面旗帜，一个岗位就是一份责任"，充分发挥党员先锋模范作用，继承和弘扬好"准确、及时、创新、奉献"的陕西气象精神，立足气象服务岗位，学党史、悟思想、聚力十四运，守初心、担使命、观泾渭风云，用心用情做好十四运会气象保障服务、环境气象等各项气象服务工作，让品牌创建开花结果，为"十四五"开好局、起好步提供坚实的气象保障服务，为实现中华民族伟大复兴的中国梦添砖加瓦。

朝阳下的奔跑是我们燃烧的青春，通过学习强国、樊登读书、业务学习等多元素赋能，汲取着知识的力量，大家是否和我一样，拓展着眼界，享受着从外而内的温暖生活？我相信，认认真真平平淡淡地过好每一天，过上有温度的生活，这是每个人和千家万户的心愿。

太平常了，太普遍了，生活恰好 19 度……

至于一些人内心向往的，除了物质生活之外的精神生活，或者叫文化生活，几行小诗，一支小曲，一个"抖音"或"小红书"即可，想要再过得舒心，有点闲暇时间，提前步入小康。对于这样的诗和远方，我想，按照目前国人的生活状态和国家的发展情形，应该为期不远了。至于个别人研究更高境界的生活哲学问题，太形而上学就不讨论了。

更心欢喜的是，有温度的生活里，变化的不仅仅是看得见的，还有看不见的，比如观念、需求、满足。心头没有了高消费之感，心中也没有了奢侈之念，心里没有了羡慕嫉妒，人们放松了争先恐后的生活节奏，放慢了生活的匆忙脚步，也宽容了各种各样的生活方式。原以为有温度的生活就够好了，但叫我钦佩的还有更精彩的生活：信念。2021 年，西安召开十四运会。面对复杂的天气形势，我看到了我们的班长周德宏，一个 50 岁的"青年人"，以单位为家。他口头总说"老了，干好这份事业就行，不要宣传"，殊不知多少个日夜连轴转，多少个应急值守，两小时的加密观测，开展决策气象服务……在他的带领下，大家一起护航十四运会，班子全体成员日夜坚守，两小时加密报告；雷达厂家派驻专家进行业务探讨；选派骨干到蓝田支援，一起处理电力保障、捅马蜂窝，流血流汗，有力保障了十四运会开幕式圆满召开。大家一起庆祝我们的成就，在工作群中"举手欢跳、鼓掌欢庆、手舞足蹈、欢呼雀跃、笑逐颜开……"真是一个有温度的幸福大家庭！他讲道："立足岗位，虽然我们做的都是小事情，但是我们有温度了，我们克服困难做好了，做到让上级、让群众放心了，这让我们又一次感受到我们高陵气象人散开是一盘棋，聚起来就是一团火。"

走进大街小巷，大家传说着气象部门如何厉害；回到家中，家人们为我们气象人竖大拇指，气象局就是牛，奥体中心开幕式没下雨，奇哉！听得我心潮澎湃，听得我热泪朦胧，我们也为新时代做出了微贡献。

生活就是这样，不论精彩瞬间还是普通日常，也不管是潜移默化还是沧桑巨变，都一天天过去了，都一天天在过着，都有温度的生活着，而且会一直向前，永远朝着美好而幸福的生活。我们高陵气象人用实际行动为"办一届精彩圆满的体育盛会"交上一份满意的气象答卷！

（作者单位：西安市高陵区气象局）

高陵气象局头号工程"天眼"气象雷达保障十四运会圆满召开

张晓梅

值此中国共产党百年华诞之际，恰逢全国第十四届运动会在西安举办，按照省市统一安排部署，高陵区倾力建设两部 X 波段双偏振相控阵天气雷达，鼎力服务十四运会气象保障。

你可以看到，距离主赛场奥体中心 20 公里举世瞩目的"泾渭分明"旁，一个 45 米高的雷达塔楼高高矗立，这就是陕西首部 X 波段双偏振相控阵天气雷达。该雷达是 X 波段双偏振相控阵天气雷达组网中十四运会气象监测网络的重要成员。建设之初，雷达运行保障就被确立为西安市高陵区气象局服务十四运会的头号工程。

靠前准备，有序推进 X 波段双偏振相控阵天气雷达首次落户高陵。2020 年 3 月，高陵区气象局在省市气象局全力支持下，积极向区政府报送《关于建设全国"十四运会"气象雷达相关事宜的请示》，并与西安市自然资源规划高陵分局、区住房和城乡建设局商建选址事宜。10 月 27 日，在高陵区鹿苑大道与渭阳一路十字东北角举行 X 波段双偏振相控阵天气雷达建设项目开工仪式，标志着 X 波段双偏振相控阵天气雷达首次落户西安。2021 年 3 月，天气雷达完成安装及调试，并进入试运行阶段。5 月 13 日，西安市气象局党组成员、副局长石明生和十四运办工作人员赴高陵区气象局开展相控阵雷达建设调研工作。5

月底，天气雷达现场验收完成。5月和7月，陕西省气象局党组成员、西安市气象局党组书记兼局长李社宏一行调研雷达运行情况，并强调确保雷达在十四运会期间安全运行。9月，我们进入特别工作状态。为发挥党支部战斗堡垒作用和党员先锋模范作用，保障相控阵雷达的稳定安全运行，确保气象保障到位和赛会顺利举办，区气象局党支部成立"护航十四运"暨相控阵雷达运行保障党员突击队，设立技术应用和后勤保障两个小分队，坚持每日到雷达站点巡检，认真检查雷达整机工作状态以及电力、网络、雷达基数据生成情况等，并做好巡检记录。在一次巡检中我们发现土蜂窝，及时报警处置，排除安全隐患。

攻坚克难，技术保障 X 波段双偏振相控阵天气雷达稳定运行。2020 年 12 月，西安市高陵区气象局举办十四运会气象保障服务学术论坛，加快十四运会相控阵天气雷达的建设和使用。2021 年 6 月 3 日，首次举办 X 波段双偏振相控阵雷达技术保障及产品应用培训，邀请北方天穹信息技术（西安）有限公司技术专家详细讲解相控阵雷达使用操作流程、维护保障和产品软件终端应用等，为全力保障十四运会气象服务奠定基础。6 月 11 日，省气象服务中心和省气象台十四运会项目组成员到高陵区气象局进行相控阵雷达的应用技术交流。6 月 22 日，十四运会和残特奥会组委会部分党支部在高陵区气象局开展主题党日活动观摩十四运会气象监测新科技，提升了十四运会气象监测保障能力，增强了十四运会气象保障服务的信心和决心。6 月 24 日，高陵区气象局领导班子成员及全体业务人员参加市局业务处举办的相控阵雷达应用培训，并进行交流探讨。历经 3 个月值班值守，雷达技术应用小分队在一次次的天气过程中密切监测分析、预报预警、评估检验。遇到重要天气过程，高陵区气象局领导同业务人员就相控阵雷达软件使用、雷达图像识别，以及在气象保障服务过程中如何发挥相控阵雷达作用做深入的分析和研讨，做到精准捕捉气象信息、精细解密天气信息。

加密监测，科技支撑"天眼"雷达守护十四运会开幕式圆满举办。

2021 年 9 月 15 日，万众瞩目的第十四届全国运动会和残特奥会开幕式在西安圆满举办。为全面助力十四运会，西安市高陵区气象局积极对接陕西省气象局十四运办，通过专家入驻、培训，利用 X 波段双偏振相控阵天气雷达有效捕捉雷雨大风、短时强降水等强对流天气，为实时精准监测天气、精细化预报预警服务提供重要的数据支撑。全体人员齐聚力量就相控阵雷达软件使用、雷达图像识别、在保障过程中如何发挥相控阵雷达作用展开积极讨论，精准保障十四运会。

历经一年半的建设保障天气雷达，高陵气象人加强天气监测预警业务和雷达运行保障工作，默默守护"天眼"雷达。当十四运会开幕式圆满结束那一刻，所有人内心激动万分，欢呼！跳跃！庆祝高科技气象服务水平保障现场无雨，我为自己见证历史，也为做一名气象工作者而自豪。

（作者单位：西安市高陵区气象局）

气象保障助力十四运

李朋举

莫问几时知风雨，
八百秦川气象魂。
欲迎全运体育将，
肯与天高定乾坤。
万千变化似无常，
看我置身苦作寻。
精业为民常相伴，
追赶超越心中存。

（作者单位：西安市临潼区气象局）

盛世全运　气象助力

史　钰

全民全运，同心同行，喜迎第十四届全运会在西安举行。

十四运会展现了全国人民万众一心、团结向上、奋力拼搏、逐梦圆梦，为中华民族伟大复兴不懈奋斗的精神风貌，呈现了中华民族伟大复兴的深厚历史渊源和广泛现实基础。

我有幸参与了十四运会鄠邑区气象网络保障工作。作为一名技术保障人员，我承担了全局的气象网络保障所涉及的电脑软件、硬件、网络、打印机等维护工作。在十四运会这个特别时期，任何一个细节都可能关乎气象保障服务的及时率和准确率。我身感自己所处的工作无限荣耀且压力巨大。在网络装备工作中，我尽可能地用自己所学的专业知识降低设备使用故障率并做好网络备份和相关演练，特别是地面测报用机和网络设备。一旦出现故障的时候，我能及时熟练地处理解决，决不能影响十四运会气象服务工作。

体育学院区域自动站处在鄠邑区十四运会主场馆内，该区域站的维护是提供十四运会气象服务的核心工作之一。由于当前疫情的原因，在不影响单位正常工作的情况下，只有固定的人能进入馆内。十四运会期间阴雨连绵，该站出现了通讯问题，无论白天还是黑夜，骄阳还是暴雨，我都会 24 小时无要求第一时间到达现场将出现的问题及时处理，确保设备正常有序运行，保证数据上传真实、可靠、安全，有效地提高了十四运会期间的服务效率。这将是我人生旅途中难以忘怀的工作记忆。

我的生命因有这段记忆而亮丽，生命因之而炫出色彩。生命的短暂和青春的易逝提醒着我们必须珍视旅途中的每处风景。往前期待时总是永无止境的漫漫长路，往来时回顾却疾如电光石火的一梦。运动健儿们曾用生命在运动场上挣扎过搏斗过，在他们眼前，那片湛蓝上闪烁着无数闪光的银芒，正是全运会这种永不服输的精神在激励我前行。我觉得作为一名气象工作者，为全运会保驾护航是我的使命和责任。在今后的工作中我们将时刻谨记着气象人的初心与责任，认真履行气象防灾减灾职责，扎实做细做实气象工作，做一个爱岗敬业的共产党员，让人生旅途大放异彩。

（作者单位：西安市鄠邑区气象局）

国之盛会　与有荣焉！

张　楠

一件天空蓝色的十四运会气象服务工作服，一张十四运会气象服务工作证，虽没有豪迈的宣誓，没有振奋的号角，也没有激昂的步伐，然而我心中仍旧热血沸腾。全国的体育盛会，能为之贡献微弱的力量，是何其有幸！

一百多年前外来侵略，鸦片战争、《南京条约》，国人从此被烙上耻辱的烙印，"东亚病夫"人人可欺，当时的国人可会想到，一百多年后的今天会涌现出如此多的体育健儿，代表中国站在世界奥运的赛场上，为国之荣光，民族之强顽强拼搏。从 2008 年第一次成功举办北京奥运会，到以奖牌榜第二名的佳绩完成 2021 年东京奥运会比赛征程，我们为强大的中国奥运健儿感到骄傲，此时，谁又敢轻言我们懦弱，又有谁能随意欺辱！

2021 年，翘首以盼四年的第十四届全国运动会在西安隆重开幕。作为西北五省第一个举办全运会的城市，西安以饱满的热情迎接着全国各地的体育健儿。这场全国规模最大的综合运动会，展现出了中华民族更高、更快、更强、更团结的体育精神。翻开历史的档案，20 世纪初的西安，或许只有古老、刻满风雨沧桑的城墙能让人回想起昔日的汉唐盛世雄风。时光荏苒，沧海桑田。而今，古城墙上高耸着巍峨的城楼，彰显出历史的从容与坦荡，而护城河碧波荡漾，给喧嚣的都市带来缕缕宁静。何其有幸，生于华夏，生逢盛世当不负盛世！人近中年，能与一千多万西安人共同见证这场激情澎湃的体育盛会，点燃的是奋斗的热情，激发的是强国的斗志！这就是体育精神的魅力！

身为土生土长的西安人的我，又成为服务全运会的一名气象工作者，"与有荣焉，幸甚至哉"！然而今年又是不同寻常的一年，提早到来的秋淋，给十四运会的运动员们和气象保障工作带来了严峻的考验，气象保障工作更是压力空前。2020年成立的十四运气象台，即为十四运会气象保障做好了充足的准备。经过前期测试赛的多次演练，气象保障服务已然有序地进行着。一年多的时间里，十四运气象台每位工作者，为了做好开（闭）幕式和每一场比赛的保障服务夜以继日、披星戴月，没有一丝怨言。面对复杂的天气形势和繁重的保障任务，每个气象服务者都抱着必胜的决心，没有攻不下的堡垒，也没有战胜不了的困难。激光测风雷达、相控阵天气雷达、微波辐射计、风廓线雷达等60多套新型气象探测设备与已有的气象探测业务系统共同组建成十四运会气象保障精密监测系统。气象以智慧之眼，洞察着天气细微变化，应需而动。技术先进、功能完备的十四运会智慧气象服务系统、十四运会气象预报预警系统，以及"前店后厂"的服务模式，精准服务每一场比赛活动，为每场赛事活动圆满完成保驾护航。

迈开勇毅果敢的步伐，就能踏上壮丽的征程；心怀坚定不催的信念，就能拥抱光明的未来。这件普通的工作服和这张简洁的工作证，就是每位十四运会气象服务者战胜一切难题的神兵利器。四年一次的体育盛会，凝聚着无数人的汗水和智慧，能让亿万人民在体育竞技中激发爱国热情、深受鼓舞，能为书写民族伟大复兴中国梦激昂篇章添上精彩的一笔，是无数中国人的梦想。"长风破浪会有时"，让我们"只争朝夕，不负韶华"，向更辉煌的岁月迈进，奔向更美好的明天！

（作者单位：西安市气象局）